香荷芋

香沙芋

紫荷芋

龙香芋

海陵爆竹香丝瓜

香丝瓜

紫扁豆

水 瓜

海陵四季白萝卜

兴化小香葱

刮老乌

五月水红菱

溱潼二角菱

飘香藕

苏甜 4 号

彩　佳

苏蜜 518

苏椒 17

苏崎 3 号

日本粉王

探　春

荷兰绿宝石

申　雪　　　　　　　　　　　青　皮　　　　　　　　　　　夏王子

优　秀　　　　　　　　　　　大叶菠菜　　　　　　　　　　西　芹

茼蒿 - 净杆王　　　　　　　　　　　　　　　绿领 9 号

白圆叶苋菜　　　　　　　　　　　　　　　苏豇 3 号

白玉春　　　　　　小黄姜　　　　　　马铃薯——郑薯 2 号

芦笋——盛丰 F1

水肥一体前端　　　　　　　　　水肥一体终端

水肥一体技术

丝瓜密植栽培

甜瓜立体栽培

南瓜立体栽培

西瓜立体栽培

立体栽培技术

西瓜嫁接育苗技术

豇豆防虫网栽培技术

杀虫灯

粘虫板

性诱剂

绿色防控技术

熊蜂授粉技术

机械起垄覆膜　　　　　　　机械采收　　　　　　　机械清洗

机械化技术应用

大棚慈菇与草莓轮作

大棚慈菇与西瓜轮作

大棚番茄与水稻轮作　　　　　　　　　　丝瓜套香菇

姜小三　毛欣宇　主编

TAIZHOU
SHUCAI YUEZHI

泰州蔬菜月志

中国农业出版社
北　京

图书在版编目（CIP）数据

泰州蔬菜月志 / 姜小三，毛欣宇主编 . —北京：
中国农业出版社，2022.6
ISBN 978-7-109-29520-9

Ⅰ．①泰…　Ⅱ．①姜…　②毛…　Ⅲ.①蔬菜园艺－概
况－泰州　Ⅳ．①S63

中国版本图书馆 CIP 数据核字（2022）第 095540 号

中国农业出版社出版
地址：北京市朝阳区麦子店街 18 号楼
邮编：100125
责任编辑：李昕昱　　文字编辑：黄璟冰
版式设计：李　文　　责任校对：周丽芳
印刷：中农印务有限公司
版次：2022 年 6 月第 1 版
印次：2022 年 6 月北京第 1 次印刷
发行：新华书店北京发行所
开本：787mm×1092mm　1/16
印张：12.5　　插页：4
字数：280 千字
定价：68.00 元

《泰州蔬菜月志》编委会

主　　编：姜小三　毛欣宇

副 主 编：冯　翠　袁志章　胡志鸿　马光辉

编写人员（按姓名汉语拼音排序）：

陈春生　冯　翠　郭金萍　何松银　胡志鸿　姜小三

姜应兵　李　立　李　爽　刘云飞　栾改琴　马光辉

毛欣宇　缪　辰　缪　昕　钱荣祥　钱小华　邱　宁

施菊琴　孙剑霞　孙敬东　王建军　王玉强　吴新颖

伍少云　许爱霞　袁志章　赵　艳　周有炎　朱　华

前　言

民以食为天，随着人民生活水平的提高，消费结构的不断优化，蔬菜已成为人们餐桌上的必需品，而且需求比例逐渐增加。近年来，随着蔬菜产业的迅猛发展，泰州市蔬菜种植面积逐步扩大，到 2019 年年底，全市蔬菜播种面积约 9.42 万 hm²，其中以露地为主，占 70.3%，钢架大棚占 27.2%。品种结构不断优化，四新技术（新技术、新工艺、新材料、新设备）的应用，供给保障能力逐步提高，蔬菜产值约占种植业总产值的 30%，蔬菜产业已经成为泰州市农业支柱产业之一，成为农民增收的重要渠道；在满足人们消费需求、保障消费者身体健康和提高生活质量等方面发挥了重要作用。

《泰州蔬菜月志》以泰州地区的气候特点、土壤资源、设施条件、产业布局、种植品种资源及栽培技术为背景，所涉及的蔬菜按农业生物学分类法分成白菜类、根菜类、茄果类、瓜类、豆类、绿叶菜类、葱蒜类、薯芋类、水生蔬菜、多年生蔬菜十大类，并进一步细分，列出包含大白菜、小白菜、甘蓝、萝卜、辣椒、番茄、丝瓜、西瓜、甜瓜、豇豆、芹菜、香葱、大蒜、韭菜、马铃薯、芋、莲藕、芡实、芦笋等主要蔬菜种类；针对这些类型，收集整理了地方特色品种和近年来引进推广的新品种，将地方传统栽培经验和近年推广的四新技术相结合，以简表的形式总结了该地区每月种植的主要蔬菜种类，不同茬口在不同栽培方式下所采用的品种、播种期、需种量、育苗方式、定植期、行株距、采收期、产量，以及各类蔬菜主要病虫害绿色防控方法；并进一步详细描述不同蔬菜类型在不同茬口、不同栽培方式下的栽培技术要点。本书内容具有较强的实用性、可操作性和指导性，种菜者可以通过此书，做到合理选择品种，合理安排茬口、播期和种植密度，科学管理，快速掌握蔬菜绿色高效种植技术，少走弯路。

本书由南京农业大学泰州研究院、河海大学农业科学与工程学院、泰州市农业农村局、南京东邦科技有限公司、江苏省农业科学院泰州市农科所的研究推广人员以及靖江、泰兴、兴化、姜堰、高港、海陵等一线农技人员联合编著。由于编者水平有限，书中难免有不妥之处，希望同行专家和广大读者批评指正，不吝赐教。

编者

2021 年 5 月

目　　录

1

一、泰州蔬菜概述

泰州地处长江下游北岸、长江三角洲北翼，四季分明，热量充裕，降水丰沛，土壤肥力较高，适宜蔬菜生长。泰州素有"鱼米之乡""银杏之乡""水产之乡"的美誉，是国家重点蔬菜和加工出口基地。随着农业产业结构的不断调整，蔬菜逐渐成为农民收入中不可或缺的来源之一。姜堰区和兴化市是全国蔬菜产业重点县，以香葱为代表的脱水蔬菜产量全国第一。

（一）土地与水资源

1. 土地资源

泰州全市总面积 5 790km²，其中陆地面积 82.74%，水域面积 17.26%。耕地总面积 29.53 万 hm²，其中水田 24.13 万 hm²，占耕地总面积的 82%。按农区分，高沙土农区 9.13 万 hm²，里下河农区 15.33 万 hm²，沿江农区 5.07 万 hm²。

泰州土地资源类型比较丰富，根据农业区域差异规律，可分为沿江、高沙土、里下河三大农区，不同农区自然生态条件、经济社会发展水平差异明显，农业生产各具特色，土地资源利用方式也有很大差异，各农区耕地土壤养分状况及其变化趋势也不相同。全市耕地分为水田、旱地、望天田、水浇地和菜地 5 类，其中水田比重最大。耕地土壤主要有水稻土类、潮土类等。2020 年，全市有机质平均值为 2.428%，其中，沿江农区土壤有机质最高，为 3.053%，高沙土农区土壤有机质最低，为 2.04%。土壤 pH 5.84～8.08，平均值为 7.21。全市大部分地区肥力较高，排灌方面，适于各种设施蔬菜生长，但是全市高沙土农区、沿江农区耕地土壤普遍缺钾。为了加快推进农业供给侧结构性改革，土壤质量较差的地块需要通过培肥改良，提高土壤有机质和钾含量，改善土壤环境，进一步促进蔬菜高质量生产。

2. 水资源

泰州市区域内水网稠密，河道纵横，依地势和主要河流的分布状况，分属淮河、长江两大流域。尽管境内河湖众多，水网密布，但从总体上说水资源较为贫乏。全市水资源具有人均占用量少、过境水丰富、利用率较低等特点。全市多年平均地表径流量 21.55 亿 m³，人均年占有量不到全国平均水平的 1/4。全市过境水资源量较多，主要通过抽引江水的方式利用。因此，推进节水措施是促进泰州蔬菜可持续健康发展的必要举措。可通过节水灌溉、引进和优选抗旱品种、调整作物种植结构、提高土壤对天然降水的蓄积能力和保墒能力等措施，进一步提高水资源利用率。

（二）气候特点

泰州地处长江下游北岸、长江三角洲北翼，属北亚热带湿润气候区。境内多为平原地区，气候湿润，四季分明，夏季高温多雨，冬季温和少雨，具有无霜期长，热量充裕，降水丰沛，雨热同期等特点。全市气温最高在 7 月，最低在 1 月，冬、夏季南北的温差不大，常年平均气温 14.4～15.1℃，年平均积温 5 365.6℃，年平均降水量 1 037.7mm，年平均雨日 113d，年平均日照时数 2 176.3h。作物生长季较长，日平均气温高于 10℃的作物生长期平均为 223d，高于 15℃的喜温作物生长期 172d。受季风的影响，降水变率较大，且南北地域之间亦存在着差异。泰州地区的温度带属亚热带，干湿区属湿润区。

泰州全年日照 2 000h 左右，年日照率为 50％左右，属于江苏省中等偏少地区，且日照全年分布不均。8、9 月高温强辐射，日照时数多，8 月是全年日照最多的月份，达206.8h；低温季节日照少，1 月日照时间最少，为 145.1h。低温阴雨寡照和高温干旱对我市冬夏两季蔬菜的生产极为不利，造成了泰州冬、春季和夏季两个明显的蔬菜供应缺口。

1. 温度

泰州境内平均气温为 14.4～15.1℃。7 月温度最高，月平均气温达到 27.5℃左右。8—9 月，受太平洋上暖湿气流的影响，易出现高温闷热天气，极端最高温度达到 38.5℃。秋季降温快，冬季不太寒冷，1 月为全年最冷月份，月平均气温在 2.4℃，极端最低温达 −12.1℃。

全年累计气温在 0℃以下的天数多年平均为 52.3d，其中最低气温在 −10℃以下的，年均 0.1d。气温在 30℃以上的年均 67.3d，最高气温在 35℃以上的年均 14.7d。

2020 年，全市无霜期为 239d。霜期的起止，年际变化很大，初霜期常年出现在10—12 月，终霜期在 3—4 月。初霜期最早出现在 10 月 22 日（1979 年），最晚出现在 12月 4 日（1994 年、1998 年）；终霜期，最早出现在 3 月 8 日（1992 年），最晚出现在 4 月15 日（1980 年、1987 年）。

2. 降水

泰州位于我国长江中下游地区，常年降水量为 1 037.3mm，以液态雨水为主，占全年降水量的 90％。受季风影响，降水量年际间差异悬殊，地区变化大，季节分配不均匀。夏季为全年降水最多的季节，7 月前后的梅雨季节降水量全年最高，为 185.2mm。

泰州雨量充沛，但各月分配不均，甚至年度间也有巨大差异，尤其从北到南降水量差异较大，这对蔬菜生产非常不利。常年空气湿度较高，导致蔬菜病虫害蔓延快，发生严重，因此应加强排灌系统建设，发展设施蔬菜，推广膜下滴灌技术。

3. 灾害性天气

泰州冬季冷空气活动频繁，易受到寒潮侵袭。当冷锋过境时（即北方冷空气南迁时），全市普遍降温，气压上升，有时还会出现大风、雨雪、霜冻等天气。冷锋过境后，天气转晴，形成"三日寒，四日暖"的寒暖交替的天气变化过程。

旱涝：泰州地区因降雨的月、季和年际变化，雨水集中时造成了涝灾。少雨时造成旱灾，出梅后受副热带高压控制，出现高温伏旱，连续两旬总降雨量少于10mm。

连阴雨：正常年份的初夏（6月中下旬至7月中上旬）多出现阴雨连绵的天气，梅雨天气一般持续23d左右。春季连阴雨一般在3—4月出现概率较高，造成农田渍害；秋季连阴雨一般在9、11月出现概率较高。

寒潮低温：寒潮是泰州市冬半年主要的气象灾害，入侵时，会造成剧烈降温，有时还会出现大风、大雪、冻害等灾害性天气。平均每年5.5次，造成大幅度降温和雨雪天气，甚至造成河湖封冻，对蔬菜生长极为不利。

冰雹：每年3—6月均有降雹记录，以3—5月出现概率较高，全市降雹范围较小。

台风：泰州每年的夏秋季节，常受到台风的侵害。台风出现时，多强风、特大暴雨等灾害性天气。台风一般在6—10月，其中8月最多，7月次之。

（三）种植面积及类型

随着种植业结构的调整，泰州蔬菜产业发展加快。泰州蔬菜类亩*均产值是谷物类农作物的2.9倍，蔬菜产值约占种植业总产值的30%。据调查统计，2019年全市蔬菜播种面积9.42万hm²，其中白菜类及绿叶菜类2.39万hm²、根菜类及薯芋类0.93万hm²、瓜菜类0.97万hm²、茄果类1.37万hm²、葱蒜类1.27万hm²、水生菜类0.24万hm²、瓜果类0.41万hm²。种植的蔬菜中白菜类及绿叶菜类面积最大，占总播种面积的25.4%，产量占总产的23.9%，其次是茄果类和葱蒜类面积较大，分别占总播种面积的14.5%和13.5%。目前，兴化脱水蔬菜生产加工和油菜产业、姜堰食用菌产业、高港有机蔬菜和盆栽菜产业、靖江芦笋产业、泰兴萝卜产业等蔬菜基地特色越来越显著。蔬菜生产结构主要包括智能温室、钢架大棚、小棚和露地，其中以露地为主，约占70.3%；其次是钢架大棚，占27.2%；智能温室仅占0.1%。

（四）产业布局

泰州蔬菜产业布局主要分为1个板块和4条产业带。1个版块，即为城北现代农业走廊蔬菜板块，为0.33万hm²的时鲜、设施茄果、食用菌等蔬菜生产中心板块，以海陵北郊、华港、农业开发区和姜堰的淤溪、俞垛、溱潼、桥头、沈高等乡（镇）为主，4条产业带，一是特色水生蔬菜产业带，为0.4万hm²的荷藕、菱角、芡实等水生蔬菜种植产业带，以沿332省道兴化李中、周奋、沙沟、中堡、缸顾等乡（镇）为主。二是脱水加工蔬菜产业带，为0.67万hm²的香葱、青梗菜、甘蓝等蔬菜种植产业带，以沿333省道的兴化垛田、兴东、临城、竹泓等乡（镇）为主。三是设施蔬菜产业带，为0.33万hm²的设

---

* 亩为非法定计量单位。1亩≈666.67m²。——编者注

施番茄、草莓、韭菜等蔬菜种植产业带，以沿 231 省道兴化昭阳、开发区、临城、陈堡、周庄等乡（镇）为主。四是设施和速冻蔬菜产业带，为 0.4 万 hm² 的设施茄果、韭菜、萝卜等蔬菜种植产业带，以古高公路高港胡庄、泰兴新街、黄桥、分界等乡（镇）为主。泰州蔬菜产业规模经营主体数量累计为 584 个，其中种植大户 344 个，家庭农场 57 个，农民合作社 146 个，农业企业 37 个。

（五）品种资源

近年来，泰州蔬菜产业发展越来越快，南京农业大学、江苏省农业科学院泰州农科所（泰州市农业科学院）等科研院所不断从国内外引进名特优蔬菜新品种，丰富蔬菜类型，改善品种结构，形成了大宗蔬菜与特色蔬菜并重的生产格局。其中大宗蔬菜有小白菜、大白菜、油菜、甘蓝、芹菜、白萝卜、马铃薯、黄瓜、南瓜、冬瓜、西瓜、甜瓜、豇豆、四季豆、茄子、辣椒、番茄、大葱、莴苣、苋菜等；特色蔬菜有香丝瓜、白萝卜、香葱、芦笋、扁豆、香菇等；水生蔬菜有菱、莲藕、茭白、慈姑、芋、芡实等。

（六）栽培技术

随着农业产业结构调整和供给侧结构性改革的不断深入，泰州蔬菜种植产业逐渐由注重产量向注重品质转变，在栽培技术、育苗技术、施肥技术、病虫害绿色防控及机械化栽培等方面取得了较大发展。一是育苗技术有了较大改进。如轻型基质育苗、苗床电热线加薄膜覆盖、节本嫁接换根育苗等技术，促使传统育苗向集约化、标准化育苗发展。近几年，泰州农科所利用食用菌废弃物生产叶菜类、瓜类蔬菜育苗基质，提高废弃物资源化利用。二是配方施肥、农药减量施用及降解膜应用技术逐步推广。为配方施肥、有机肥替代化肥、降解膜替代普通地膜及生物农药等，制定了一系列技术规程，并在全市推广，减少土壤和环境的污染。三是水肥一体化技术有了新提升。按照作物生长需求，进行全生育期养分测定，将精准施肥与膜下滴灌结合，进一步提高水、肥利用率。四是土壤改良技术水平逐渐提高。由于土地连年种植及不合理的施肥方式，导致土壤环境恶化、养分失衡，通过使用生物菌剂、秸秆还田、高温闷棚、轮作换茬等技术，减缓连作障碍发生，建立健康的土壤环境。五是不断推广熊蜂授粉技术。该技术在瓜类和茄果类蔬菜上应用较多，既减少人工成本，又改善蔬菜品质，尤其是用于西瓜和甜瓜种植，效果较好，在姜堰、兴化等地区逐渐推广，取得了较好的成效。六是绿色病虫害防控水平不断提升。由于种植环境的改变，病虫害发生和类型也有较大变化，在遵循高效、低毒、无残留的原则下，采用物理防治与生物防治相结合，大力推进生物农药的使用，并利用天敌昆虫、生物菌剂、嫁接换根、抗病品种等方式减少农药使用，促进蔬菜健康安全生产。七是机械化种植技术。包括使用多功能田园管理机进行旋耕、开沟、起垄、覆膜等作业，机械育苗、种植和采收等有一定的发展。

近年来，泰州形成了区域特色栽培模式，取得了较好的效益。如，兴化香葱的一年三茬模式，年产量在 10 000kg/亩左右，产值 18 000～22 000 元/亩，成本（含人工）6 000

元左右，年纯收益 12 000～16 000 元/亩。泰兴新街的萝卜，一般大棚一年种一茬，露地两茬，年产量 15 000kg/亩，产值 20 000 元/亩左右，成本 8 000 元/亩左右，年纯效益 12 000 元/亩左右。靖江马桥的芦笋，平均产量 1 500kg/亩，产值 20 000 元/亩左右，纯效益在 10 000 元/亩以上。种植结构也逐渐多样化，如兴化的陈堡、周庄和姜堰的沈高等乡（镇），推广的"大棚番茄＋水稻轮作"模式，全市应用面积在 400hm² 以上，"番茄＋水稻"全年产值 17 000 元/亩以上，纯效益 10 000 元/亩左右，实现了"千斤粮、万元田"。在姜堰罗塘街道、沈高镇等地推广的"大棚慈姑＋草莓轮作"和"大棚西瓜＋慈姑轮作"模式，应用面积 26.7hm²，纯效益均在 10 000 元/亩以上。在高港区光普农场应用的有机生态型盆栽蔬菜，利用东北森林草炭灰、蚯蚓粪、稻壳发酵为基质，有机生产，集观赏食用于一体，年销售额 640 万元，利润 273.3 万元。

二、泰州各月气候特点及蔬菜简明栽培技术

（一）各月气候特点及蔬菜栽培对应措施

泰州各月气候特点及蔬菜栽培对应措施见表1。

表1　泰州地区各月气候特点及蔬菜栽培对应措施

月份	总日照时数/h	月平均气温/℃	极端低温/℃	月平均降雨量/mm	生产对应措施
1	145.1	2.4	−12.1	42.6	本月日照、气温、降雨指标均为全年最低，同时发生寒潮的概率较大，易造成大幅降温和雨雪天气，对蔬菜生长造成不利影响
2	137.6	4.4	−9.7	46.8	本月日照和气温均有所回升，降雨量较少，冷暖变化较大，要注意做好蔬菜的保温栽培措施，尤其是春季提早栽培的瓜类、茄果类作物
3	154.0	8.4	−5.4	77.6	本月温度回升，雨水量增加，冷暖空气活跃并交替影响，易出现低温连阴雨，晚霜冻（倒春寒）天气
4	179.1	14.4	−0.8	68.4	本月重点抓紧各类蔬菜作物播种、育苗、定植；加强露地蔬菜和棚栽蔬菜的田间管理；棚栽的蔬菜要及时采收
5	204.0	20.1	5.5	84.3	本月要重点做好三沟配套，防止雨涝；加强田间管理，注意防治病虫害，棚栽的早熟蔬菜，要及时采收；继续做好绿叶蔬菜的播种，以及夏播蔬菜的播种和育苗
6	162.4	24	12	145.7	本月是春播蔬菜作物盛收期，也是春播蔬菜作物中、后期田间管理期，正处梅雨季节，要注意做好深沟高畦窄厢栽培，做到沟沟相通，雨停田干；加强棚栽蔬菜的田间管理，分批分期播种快生菜
7	198.3	27.5	15.3	185.2	本月温度较高且降水量较多，也是病虫害高发季节，主要农业气象灾害有高温天气造成的日灼伤，台风天气带来大量雨水无法及时排涝引起的田间渍涝，因此既要狠抓在田蔬菜管理，又要抢播速生蔬菜堵淡补缺保供应

（续）

月份	总日照时数/h	月平均气温/℃	极端低温/℃	月平均降雨量/mm	生产对应措施
8	206.8	27.0	17.2	156.6	本月为盛夏季节，雨涝、伏旱、高温热害以及强对流天气都可能发生，处暑后常出现"秋老虎"天气。生产上要注意预防高温热害、伏旱、雨涝等农业气象灾害
9	180.1	22.9	9.0	88.0	本月日照时数、气温和降水量均明显降低，属于蔬菜黄金生产季节，提高播种质量，保证苗全、苗齐、苗壮，精细管理延后栽培的各类蔬菜；合理安排搭配早、中、晚熟蔬菜品种；搞好混播、间作、套种，提高土地利用率
10	175.1	17.4	1.3	55.7	本月温度逐渐降低，对秋延后栽培的喜温蔬菜要在本月中下旬进行扣棚，使其继续生长，延长结果期；搞好田间蔬菜的管理；及时有效防治病虫害
11	159.6	10.9	−4.4	56.6	本月气温下降幅度增加，降水量较上月亦有所增加，在蔬菜栽培上要注意培育壮苗，增强抗寒能力，如遇大霜，晚上加盖草帘
12	154.7	4.9	−10.8	29.8	本月温度全年最低，降水量最少，应注意加强秋菜的田间管理，做好越冬蔬菜的播种、定植和防寒工作，利用棚室设施定植前的空闲时间抢播一季速生性叶菜，做好明年早春设施栽培蔬菜的育苗工作。在蔬菜栽培上，尽量少浇水，但应追肥1~2次，提肥苗。严寒前期，最好搭盖塑料小拱棚保护植株，也可喷施磷酸二氢钾等叶面肥，提高植株抗性

（二）各类蔬菜各月栽培简明技术

泰州地区各月适播蔬菜栽培技术见表2～表12。

表2 泰州地区1月蔬菜栽培简明技术

蔬菜种类	主要品种	栽培方式	播种期	大田需种量/(g/亩)	育苗方式	定植期	行株距/(cm×cm)	采收期	产量/(kg/亩)
绿叶菜类	红苋菜、花红苋菜、青苋菜等	大棚+小棚、撒播	1月	1 000~1 500	直接撒播			3月至4月上旬	1 000~2 000
	大板叶茼蒿、小叶茼蒿、杆子茼、净杆王等	大棚或小棚、撒播	1月	1 500~2 500	直接撒播			3月	1 000
	大叶空心菜、泰国柳叶空心菜等	大棚+小棚、条播	1月	8 000~10 000	直接条播		行距20	3月下旬至6月下旬	2 000~3 000
	大湖659、绿波生菜、大速生、玻璃生菜、奶油生菜等	大棚+地膜	1月中下旬	25~30	72孔穴盘大棚+小棚	2月下旬至3月	散叶25×20 结球35×30	3~4月 4~5月	1 500~3 000
	青梗香菜、泰国大叶香菜等	大棚+小棚、撒播	1月	5 000~8 000				3月	1 000~2 000
白菜类	上海青、苏州青、皇冠、紫衣菜等	大棚+小棚撒播	1月	500~800				3月中旬至4月中旬	1 000~1 500
	早甘40、H-60、巨丰、绿宝石等	露地或地膜	1月中旬	30~50	50~72孔穴盘小棚或大棚	3月上中旬	(40~45)×40	5月中旬至6月	3 000~4 000
	优秀、黛秀等	露地或地膜	1月下旬	20~25	72孔穴盘室	3月上旬	50×40	5月上中旬至6月	1 200~1 500
薯芋类	克新4号、郑薯2号、荷兰15等	小棚+地膜	1月中旬	20 000~300 000	苗床催芽		50×40×25（大行距×小行距×株距）	4月	1 500~2 000
	香荷芋、香沙芋、荷芋、龙香芋、紫蒲芋等	大棚+小棚+地膜	1月上旬	120 000~150 000	苗床催芽		60×40×35（大行距×小行距×株距）	8月下旬至9月中旬	1 500~2 000

二、泰州各月气候特点及蔬菜简明栽培技术

（续）

蔬菜种类	主要品种	栽培方式	播种期	大田需种量/(g/亩)	育苗方式	定植期	行株距/(cm×cm)	采收期	产量/(kg/亩)
瓜类 黄瓜	津春2号、津春4号、冠军100、罗马王子水果黄瓜、荷兰水果黄瓜、南水3号等	大棚+地膜或大棚+小棚+地膜	1月中下旬	100~120	50孔穴盘、大棚+小棚+地热线或加温温室	2月下旬	60×40×30（大行距×小行距×株距）	3月下旬至5月中旬	3 500~5 500
西瓜	小兰、早春红玉、苏蜜9号、苏蜜518、早佳84-24等	大棚+地膜	1月上中旬	50~100	50孔穴盘、大棚+小棚+地热线或加温温室	3月上旬	大果（250~300）×50　小果（250~300）×40	5月上旬至7月	2 500~4 000
甜瓜	玉姑、西周蜜25、翠蜜、苏甜4号、东方蜜等	大棚+小棚+地膜	1月上中旬	50~100	50孔穴盘、大棚+小棚+地热线或加温温室	2月中下旬	地爬式（250~300）×50		
南瓜	贝贝、彩艳、小磨盘南瓜、黄狼南瓜等	大棚+小棚+地膜	1月中旬	100~200	50孔穴盘、大棚+小棚+地热线或加温温室	2月中旬	吊蔓式100×50　地爬式（250~300）×50	4月中下旬至6月	2 000~3 000
西葫芦	珍玉35、珍玉37等	大棚+小棚+地膜	1月中旬	125~150	50孔穴盘、大棚+小棚+地热线或加温温室	2月中下旬	吊蔓式70×45	4月中下旬至6月下旬	1 500~3 000
丝瓜	泰州香丝瓜、五叶香丝瓜、江蔬1号、长沙肉丝瓜、绿油920、丰邦1号等	大棚+小棚+地膜	1月中旬	100~200	50孔穴盘、大棚+小棚+地热线或加温温室	2月中旬	90×50　稀植（400~600）×（20~30）	4月中下旬至5月下旬	2 500~3 500

（续）

蔬菜种类	主要品种	栽培方式	播种期	大田需种量/(g/亩)	育苗方式	定植期	行株距/(cm×cm)	采收期	产量/(kg/亩)
瓜类	冬瓜 黑金刚黑皮冬瓜等	大棚＋小棚＋地膜	1月下旬	60~100	50孔穴盘，大棚＋小棚＋地热线或加温温室	2月下旬	密植80×45×45（大行距×小行距×株距）地爬式（300~400）×60 立架式150×80	4月上旬至7月下旬	3 000~5 000 4 000~5 000
	苦瓜 翠玉苦瓜、碧玉青苦瓜、蓝山长白苦瓜等	大棚＋小棚＋地膜	1月下旬	250~300	50孔穴盘，大棚＋小棚＋地热线或加温温室	2月下旬	(70~80)×60	5月下旬至7月	2 000
	氢瓜 早春1号长氢、早春3号圆氢等	大棚＋小棚＋地膜	1月下旬	200	50孔穴盘，大棚＋小棚＋地热线或加温温室	2月下旬	(80~90)×60	4月下旬至5月下旬	2 500~3 000
	佛手瓜 绿皮等	大棚或露地	1月下旬	种瓜25~30个	种瓜催芽，2月上中旬移入电热温床育苗	大棚：3月上中旬 露地：4月中旬	(500~600)×200	9月下旬至11月	3 000~5 000
豆类	扁豆 紫扁豆、白扁豆等	大棚＋小棚＋地膜	1月下旬	3 000	50孔穴盘，大棚＋小棚＋地热线或加温温室	2月下旬	(70~80)×50	5~6月	2 000~3 000

表3 泰州地区2月蔬菜栽培简明技术

蔬菜种类	主要品种	栽培方式	播种期	大田需种量/(g/亩)	育苗方式	定植期	行株距/(cm×cm)	采收期	产量/(kg/亩)
芹菜	黄心芹、申香芹等	大棚小棚	2月上旬	120~150	苗床或72孔穴盘大棚+小棚	3月中下旬	20×(8~10)	5月下旬	2 000~4 000
	四季西芹、意大利冬芹等			30~35			30×30		
绿叶菜类	红苋菜、花红苋菜、青苋菜	大棚或小棚撒播	2月	1 000~1 500				4月	1 500~2 000
	大板叶茼蒿、小叶茼蒿、杆子蒿、净杆王等	大棚或小棚撒播	2月	1 500~2 500				4月	1 000~1 500
	大叶空心菜、泰国柳叶空心菜等	大棚或小棚撒播	2月	8 000~10 000				4月至6月下旬	2 000
	大湖659、大速生、玻璃生菜、奶油生菜等	大棚或小棚定植	2月上旬	25~30	72孔穴盘大棚+小棚	3月上中旬	散叶25×20 结球35×30	4~5月	1 500~2 000
	夏皇、二白皮等	小棚+地膜	2月下旬	40	50~72孔穴盘大棚或小棚	4月上旬	(25~30)×20	5月下旬至6月上旬	1 500~2 000
	大叶木耳菜等	大棚+小棚或小棚+草帘穴播	2月中旬	3 000~4 000			穴距(20~25)	4月中旬至6月中旬	2 000~2 500
	圆叶菠、春秋大叶、荷兰K4等	大棚或小棚撒播	2月下旬	5 000~7 000				4月下旬至5月上旬	1 000~2 000
	青梗香菜、泰国大叶香菜等	大棚或小棚撒播	2月	5 000~8 000				4月	1 000~2 000

（续）

蔬菜种类	主要品种	栽培方式	播种期	大田需种量/(g/亩)	育苗方式	定植期	行株距/(cm×cm)	采收期	产量/(kg/亩)
小白菜	上海青、苏州青、皇冠、紫衣等	大棚或小棚撒播	2月	500~800				4月上中旬	1 000~1 500
白菜类　大白菜	吉箱、津宝2号等	大棚或小棚+地膜	2月中旬	30~50	72孔穴盘大棚+小棚	3月中旬	50×(35~40)	5月中下旬	3 000~3 500
西兰花	优秀、寒秀等	露地加地膜	2月上中旬	20~25	72孔穴盘棚室	3月中下旬	50×40	5月中下旬6月	1 200~1 500
根菜类　萝卜	扬州白、百日子等	大棚或小棚穴播	2月中下旬	500~600			15×15	5月中旬至6月	1 000~1 500
	白玉春、美玉春、世农301、南春白6号、春红等	大棚或小棚穴播	2月中下旬	160~200			(30~40)×30	5月中旬至6月	3 000~5 000
胡萝卜	日本冈红七寸参、韩红六寸等	大棚+地膜穴播	2月下旬	300~400			15×15	5月下旬至6月上旬	2 500~3 500
薯芋类　马铃薯	克新4号、郑薯2号、荷兰15等	小棚+地膜	2月中下旬	200 000~300 000	苗床催芽		50×40×25（大行距×小行距×株距）	5月	1 500~2 000
芋头	香荷芋、香沙芋、紫荷芋、龙香芋、荔浦芋等	小棚+地膜	2月下旬	120 000~150 000	苗床催芽		60×40×35（大行距×小行距×株距）	9月上旬至9月下旬	1 500~2 000
豆类　豇豆	长豇100、苏豇3号、扬豇系列、赣豇系列、津豇等	大棚+地膜点播	2月下旬	1 500~2 000			70×50×25（大行距×小行距×株距）	5月上旬至6月中旬	1 500~2 500
菜豆	矮生：81-6、地豆王等	大棚+小棚+地膜点播	2月下旬	6 000~8 000			25×25	4月中旬至5月中旬	800~1 000

（续）

蔬菜种类	主要品种	栽培方式	播种期	大田需种量/(g/亩)	育苗方式	定植期	行株距/(cm×cm)	采收期	产量/(kg/亩)
豆类 菜豆	蔓生：春秋架豆王、黑籽架豆、白籽架豆、龙王架豆、春满园等			3 000~4 000			70×50×20 000（大行距×小行距×株距）	4月下旬至5月下旬	1 500~2 000
毛豆	台湾292、苏早2号等	大棚+小棚+地膜点播	2月下旬	6 000~8 000			40×20	5月上旬	700~800（鲜荚）
扁豆	紫扁豆、白扁豆等	大棚+地膜	2月中旬	3 000	50孔穴盘、大棚+小棚+地热线或加温温室	3月中旬	(70~80)×50	6—7月	2 000~3 000
瓜类 黄瓜	津春2号、津春4号、冠军100、罗马王子水果黄瓜、荷兰水果黄瓜、南水3号等	大棚+地膜	2月中旬	100~120	50孔穴盘、大棚+小棚+地热线或加温温室	3月中旬	60×40×30 000（大行距×小行距×株距）	4月中旬至6月中旬	3 500~5 500
西瓜	小兰、早春红玉、苏蜜9号、苏蜜518、早佳84-24等	大棚+地膜	2月上中旬	50~100	50孔穴盘、大棚+小棚+地热线或加温温室	3月下旬	(250~300)×(40~50)，(250~300)×(35~40)	5月下旬至7月	2 500~4 000
甜瓜	玉菇、西周蜜25、翠蜜、苏甜4号、东方蜜等	大棚+地膜	2月上中旬	50~100	50孔穴盘、大棚+小棚+地热线或加温温室	3月中旬	地爬式（250~300）×50 吊蔓式100×50	5月中下旬至7月	2 000~3 000
西葫芦	珍玉35、珍玉37等	大棚+地膜	2月上旬	125~150	50孔穴盘、大棚+小棚+地热线或加温温室	3月上中旬	90×50	5月上旬至6月上中旬	2 500~3 500
苦瓜	翠玉苦瓜、君玉苦瓜、蓝山长白苦瓜等	大棚+地膜	2月中旬	250~300	50孔穴盘、大棚+小棚+地热线或加温温室	3月中旬	(70~80)×60	6月中旬至8月	2 000

13

（续）

蔬菜种类	主要品种	栽培方式	播种期	大田需种量/(g/亩)	育苗方式	定植期	行株距/(cm×cm)	采收期	产量/(kg/亩)
瓜类 南瓜	贝贝、彩佳、小磨盘南瓜、黄狼南瓜等	大棚+地膜	2月上旬	100~200	50孔穴盘、大棚+小棚+地热线或加温温室	3月上旬	地爬式（250~300）×50 吊蔓式70×45	5—7月	1 500~3 000
丝瓜	泰州香丝瓜、五叶香丝瓜、江蔬1号、沙肉丝瓜、绿油920、丰邦1号等	大棚+地膜	2月上旬	100~200	50孔穴盘、大棚+小棚+地热线或加温温室	3月上旬	（400~600）×（20~30）80×45×45（大行距×小行距×株距）	5—7月	3 000~5 000
瓠瓜	早春1号长瓠、3号圆瓠等	大棚+地膜	2月	200	50孔穴盘、大棚+小棚+地热线或加温温室	3月	(80~90)×60	5月至6月下旬	2 500~3 000
冬瓜	"黑金刚"黑皮冬瓜	大棚+地膜	2月上旬	60~100	50孔穴盘、大棚+小棚+地热线或加温温室	3月上旬	地爬式（300~400）×60 立架式150×80	5月上旬至7月	4 000~5 000
水生蔬菜 菱角	寨童二角菱、四角大青菱、五月水红菱等	大棚浅水	2月上旬	25 000	双层棚膜苗床育苗	4月上旬	(150~200)×(20~25)	5—11月	2 000~2 500

表 4　泰州地区 3 月蔬菜栽培简明技术

蔬菜种类	主要品种	栽培方式	播种期	大田需种量/(g/亩)	育苗方式	定植期	行株距/(cm×cm)	采收期	产量/(kg/亩)
苋菜	红苋菜、花红苋菜、青苋菜等	大棚或小棚散播	3月	1000~1500				5月	1500~2000
茼蒿	大板叶茼蒿、小叶茼蒿、杆子蒿、净杆王等	大棚或小棚撒播	3月	1500~2500				5月	1000~1500
蕹菜	大叶空心菜、泰国柳叶空心菜等	大棚或小棚撒播	3月	8000~10000	72孔穴盘大棚			5月至6月下旬	2000
生菜	大速生、玻璃生菜等	露地	3月	25~30	72孔穴盘大棚	4月	散叶 25×20 结球 35×30	5—6月	1000~2000
绿叶菜类 茴香	内蒙古小茴香、青县"大茴"小茴香等	露地	3月中下旬	1500~2000				5—6月	1000~3000
芫荽	青梗香菜、泰国大叶香菜等	大棚或小棚撒播	3月	5000~8000				5—6月	1000~2000
莴笋	夏皇、二皮白等	小棚+地膜	3月中旬	40	50~72孔穴盘大棚或小棚	4月中旬	(25~30)×20	6月	1500~2000
木耳菜	大叶木耳等	大棚或小棚穴播	3月	3000~4000			穴距20~25	5月中旬至7月中旬	2000~2500
菠菜	圆叶菠、春秋大叶、荷兰K4等	大棚或小棚撒播	3月	5000~7000				5月下旬至6月	1000~2000
白菜类 小白菜	上海青、苏州青、皇冠、紫衣等	大棚或小棚撒播（菜秧）	3月	750~1000				4—5月	600~1000
大白菜	吉锦、津宝2号等	地膜	3月上旬	30~50	72孔穴盘大棚或小棚	4月上旬	50×(35~40)	6月上中旬	3000~3500

（续）

蔬菜种类	主要品种	栽培方式	播种期	大田需种量/(g/亩)	育苗方式	定植期	行株距/(cm×cm)	采收期	产量/(kg/亩)
白菜类	甘蓝 天津春冠、天津青皮、荷兰利浦紫皮等	地膜定植	3月中下旬	40~50	72孔穴盘大棚或小棚	4月中下旬	40×40	6月	2 000~2 500
根菜类	萝卜 扬州白、百日子等	大棚或小棚穴播	3月	500~600			15×15	5月中下旬	1 000~1 500
	白玉春、美玉春、世农301、南春白6号、春红等	大棚或小棚穴播	3月	160~200			(30~40)×30	5月中下旬至6月	3 000~5 000
	胡萝卜 日本冈红七寸参、韩红六寸等	大棚+地膜穴播	3月	300~400			15×15	5月下旬至6月上旬	2 500~3 500
薯芋类	豆薯 贵州黄平地瓜、四川牧马山地瓜、广东早沙葛等	地膜（高垄）	3月上旬	2 000~2 500	50孔穴盘大棚或小棚	4月中下旬	(45~50)×(20~35)	8月下旬至10月下旬	2 000~2 500
	四川遂宁地瓜、广东顺德沙葛等	地膜（高垄）	3月中旬	2 000~2 500	50孔穴盘大棚或小棚	4月中下旬	(45~50)×(20~35)	9月至11月上旬	2 000~2 500
	芋头 香荷芋、香沙芋、龙香芋、紫芋等	地膜	3月上旬	120 000~150 000	苗床催芽		60×40×35（大行距×小行距×株距）	9月中旬至10月上旬	1 500~2 000
	生姜 小黄姜等	大棚+地膜或大棚	3月上旬	300 000~400 000	苗床催芽		50×20	嫩姜8月 老姜10月中下旬至12月	2 000~3 000
	山药 长山药、梅岱山药等	大棚+地膜	3月上中旬				(90~100)×(15~25)	10月上旬	1 500~2 000
豆类	菜豆 矮生：81-6，地豆王等	大棚+小棚+地膜点播	3月上旬	6 000~8 000			25×25	5月上旬至6月	800~1 000

（续）

蔬菜种类	主要品种	栽培方式	播种期	大田需种量/(g/亩)	育苗方式	定植期	行株距/(cm×cm)	采收期	产量/(kg/亩)
豆类 菜豆	蔓生：春秋架豆王、黑籽架豆、白籽架豆、龙王架豆、春满园等			3 000~4 000			70×50×20（大行距×小行距×株距）	5月上旬至6月	1 500~2 000
毛豆	绿领9号、台湾75、苏奎3号等	大棚、小棚、地膜均可点播	3月上旬	6 000~8 000			40×20	6月上旬	700~900（鲜荚）
豌豆	甜脆、台中11等	大棚、小棚、地膜均可点播	3月下旬	7 000~8 000			(70~80)×50×20（大行距×小行距×株距）	5月下旬至6月	500~800
豇豆	长豇100、苏豇3号、扬豇系列、赣豇系列、津豇等	大棚+地膜	3月上中旬	1 500~2 000			70×50×25（大行距×小行距×株距）	5月中旬至7月	1 500~2 500
扁豆	紫扁豆、白扁豆等	大棚+地膜	3月上旬	3 000	50孔穴盘，大棚+小棚	4月上旬	(70~80)×50	6~8月	2 000~3 000
瓜类 黄瓜	津优46、津优42、冠军100等	地膜定植	3月	100~120	50孔穴盘大棚或小棚	4月	60×40×30（大行距×小行距×株距）	5月至7月上旬	3 500~4 000
西葫芦	珍玉35、珍玉37等	地膜定植	3月	125~150	50孔穴盘大棚或小棚	4月	90×50	6~7月	2 500~3 500
苦瓜	翠玉苦瓜、碧玉青苦瓜、蓝山长白苦瓜等	地膜定植	3月	250~300	50孔穴盘大棚或小棚	4月	(70~80)×60	7~9月	2 000
南瓜	贝贝、彩佳、小磨盘南瓜、黄狼南瓜等	地膜定植	3月	100~200	50孔穴盘大棚或小棚	4月	地爬式（250~300）×50 吊蔓式70×45	6~7月	1 500~3 000
丝瓜	泰州香丝瓜、江蔬1号长沙肉丝瓜、绿油920、丰邦1号等	地膜定植	3月	100~200	50孔穴盘大棚或小棚	4月	(400~600)×(20~30) 80×45×45（大行距×小行距×株距）	6月至8月下旬	3 000~5 000

（续）

蔬菜种类		主要品种	栽培方式	播种期	大田需种量/(g/亩)	育苗方式	定植期	行株距/(cm×cm)	采收期	产量/(kg/亩)
瓜类	氯瓜	早春1号长氯、早春3号圆氯等	地膜定植	3月	200	50孔穴盘大棚或小棚	4月	(80~90)×60	6—7月	2 500~3 000
	冬瓜	"黑金刚"黑皮冬瓜	地膜定植	3月	60~100	50孔穴盘大棚或小棚	4月	地爬式（300~400）×60 立架式150×80	6—8月	4 000~5 000
葱蒜类	韭菜	新韭王、平韭4号、雪韭4号等	小棚条播大棚越冬	3月下旬	2 000~2 500			30×(7~10)	翌年1月中旬割第一刀，之后20~30d割1刀，共6~7刀	2 500~5 000
	韭薹	四季韭薹	小棚条播	3月下旬	2 000~2 500			30×(7~10)	翌年2月中旬至10月下旬（采2刀）青韭	1 500~2 500
	韭黄	黄金韭F1、黄韭1号、独根红等	小棚或大棚	3月下旬	2 000~2 500			行距70~80	每年割2~3刀	2 500~5 000
	大葱	长葱白、短葱白	露地定植	3月上旬	1 000~1 500	大棚或小棚避雨	5月中下旬	行距15	10月下旬至11月	2 500~4 000
水生蔬菜	慈姑	宝应刮老乌、苏州大黄、紫圆、沈荡慈姑等	露地定植	3月上旬	12 000~15 000（慈姑顶芽）	50孔穴盘大棚或小棚	4月上中旬	60×(30~35)	10—11月	1 000~1 300
	茭茅	江苏商邮茅、苏茅、浙江大红袍、虹桥红等	露地定植	3月中下旬	100 000~150 000	保温设施秧田育苗	5月中旬	(60~70)×50	10月下旬至11月	1 000~2 000
多年生蔬菜	芦笋	2000-3F1、盛丰F1、TC30F1等	露地定植	3月	100~120	50孔穴盘大棚或小棚	5月	(130~140)×(25~35)	第一年3月中下旬至5月 一年之后的3月中下旬至8月	500~1 000 1 200~1 500

表 5　泰州地区 4 月蔬菜栽培简明技术

蔬菜种类	主要品种	栽培方式	播种期	大田需种量/(g/亩)	育苗方式	定植期	行株距/(cm×cm)	采收期	产量/(kg/亩)
芹菜	黄心芹、申香芹等	露地定植	4月中旬	125~150	苗床或72孔穴盘大棚或小棚	5月下旬至6月	20×(8~10)	7—8月	1 500~3 000
	四季西芹等			30~35			30×30		
苋菜	红苋菜、花红苋菜、青苋菜等	露地撒播	4月	1 000~1 500				5—6月	1 500~2 000
茼蒿	大板叶茼蒿、小叶茼蒿、杆子茼、净杆王等	露地撒播	4月	1 500~2 500				6月	1 000~1 500
雍菜	大叶空心菜、泰国柳叶空心菜等	露地撒播	4月	8 000~10 000				5—11月	3 000~5 000
绿叶菜类　生菜	意大利耐抽薹生菜、凯撒生菜、大速生菜等	露地定植	4月	25~30	72孔穴盘避雨设施	5月	散叶25×20　结球35×30	6—7月	1 000~2 000
芫荽	青梗香菜、泰国大叶香菜等	露地撒播	4月	5 000~8 000				6—7月	1 000~2 000
茴香	内蒙古小茴香、青县"大茴""小茴香"等	露地撒播	4月上旬	1 500~2 000				5—6月	1 000~3 000
莴笋	夏皇、二皮白等	露地定植	4月上旬	40	50~72孔穴盘大棚或小棚避雨	5月上旬	(25~30)×20	7月	1 500~2 000
木耳菜	大叶木耳菜等	露地穴播	4月	3 000~4 000			穴距(20~25)	6—8月	2 000~2 500
菠菜	圆叶菠、春秋大叶、荷兰K4等	露地撒播	4月	5 000~7 000				5月下旬至6月	1 000~2 000

（续）

蔬菜种类	主要品种	栽培方式	播种期	大田需种量/(g/亩)	育苗方式	定植期	行株距/(cm×cm)	采收期	产量/(kg/亩)
小白菜	夏王子、皇冠、夏冬青、华王、紫衣	露地或防虫网遮棋菜	4月	750~1000				5—6月	600~1000
白菜类 大白菜	德高3号、抗绿55、夏阳50等	露地或防虫网	4月中下旬	80~100			50×(35~40)	6月中下旬至7月	2500~3500
芥蓝	天津春冠、天津青皮、荷兰利浦紫皮	露地定植	4月上旬	40~50	72孔穴盘大棚或小棚	5月上中旬	40×40	7月	2000~2500
根茎类 胡萝卜	日本冈红七寸参、韩红六寸等	露地（高畦）	4月上旬	500			20×(10~15)	6月下旬至7月	2500~3000
芋头	香荷芋、香沙芋、紫荷芋、龙香芋、荔浦芋等	露地	4月上旬	120 000~150 000	苗床催芽		60×40×35（大行距×小行距×株距）	10月上旬至11月	1500~2000
薯芋类 生姜	小黄姜等	地膜或露地	4月上旬	300 000~400 000	苗床催芽		50×20	嫩姜8月 老姜10月中下旬至11月	2000~2500
山药	长山山药、梅岳山药等	露地	4月上中旬				（90~100）×（15~25）	10月上旬	1200~2000
菜豆	81-6、地豆王等	地膜点播	4月上旬	6000~8000			25×25	6月上旬至7月	800~1000
豆类	春秋架豆王、黑架豆、白籽架豆、龙王架豆、春满园等			3000~4000			70×50×20（大行距×小行距×株距）	6月上旬至7月	1500~2000
毛豆	台湾75、绿领9号、苏奎3号等	露地点播	4月上旬	6000~8000			40×20	7月上中旬	700~1000（鲜荚）

（续）

蔬菜种类	主要品种	栽培方式	播种期	大田需种量/(g/亩)	育苗方式	定植期	行株距/(cm×cm)	采收期	产量/(kg/亩)
	甜脆、台中11等	地膜点播	4月上旬	7000~8000			(70~80)× 50×20（大行距× 小行距×株距）	6月	500~800
豆类									
豇豆	长豇100，苏豇3号、扬豇豆系列、赣豇豆系列、津豇等	露地（地膜）点播	4月上旬	1500~2000			70×50×25（大行距×小行距×株距）	6~7月	1500~2500
扁豆	紫扁豆、白扁豆等	地膜或露地点播	4月上旬	3500~4000			(70~80)×50	9~10月	2000~2500
黄瓜	津优46、津优42、冠军100等	露地定植	4月上旬	100~120	50孔穴盘大棚或小棚	4月下旬至5月上旬	60×40×30（大行距×小行距×株距）	6月上旬至7月中旬	3500~4000
西瓜	早佳84-24、全美4K、美都等	大棚+遮阳	4月上中旬	80~100	50孔穴盘大棚或小棚	5月上旬	(300~400)×(33~35)	7~8月	4000~5000
苦瓜	翠玉苦瓜、碧玉青苦瓜、蓝山长白苦瓜等	露地定植	4月上旬	250~300	50孔穴盘大棚或小棚	5月上旬	(70~80)×60	7~9月	2000
瓜类 南瓜	小磨盘南瓜、黄狼南瓜等	露地定植	4月	100~200	50孔穴盘大棚或小棚	5月	(250~300)×50	7~8月	1500~3000
丝瓜	泰州香丝瓜、江蔬1号长沙肉丝瓜、绿油920、丰邦1号等	露地定植	4月上旬	100~200	50孔穴盘大棚或小棚	5月上旬	(400~600)×(20~30) 80×45×45（大行距×小行距×株距）	7~9月	3000~5000
冬瓜	"黑金刚"黑皮冬瓜等	露地定植	4月上旬	60~100	50孔穴盘大棚或小棚	5月上旬	地爬式（300~400）×60 立架式150×80	7月至9月上旬	4000~5000

（续）

蔬菜种类		主要品种	栽培方式	播种期	大田需种量/(g/亩)	育苗方式	定植期	行株距/(cm×cm)	采收期	产量/(kg/亩)
瓜类	甜瓜	早春1号长氯、早春3号圆氯等	地膜定植	4月上旬	200	50孔穴盘大棚或小棚	5月上旬	(80~90)×60	7月上旬至8月	2 500~3 000
	西葫芦	珍玉35、珍玉37等	露地定植	4月上旬	125~150	50孔穴盘大棚或小棚	5月上旬	90×50	7~8月	2 500~3 500
葱蒜类	韭菜	新韭王、平韭4号、雪韭4号等	小棚条播大棚越冬	4月上旬	2 000~2 500			30×(7~10)	翌年1月中旬割第一刀，之后20~30d割1刀，共6~7刀	2 500~5 000
	韭薹	四季韭薹	露地条播大棚越冬	4月中旬	2 000~2 500			30×(7~10)	翌年2中旬10月下旬（采2刀青韭）	1 500~2 500
	韭黄	黄金韭F1、黄韭1号、独根红等	小棚或大棚	4月上旬	2 000~2 500			行距70~80	每年割2~3刀	2 500~5 000
	大葱	长葱白、短葱白等	露地定植	4月上旬	1 000~1 500	大棚或小棚避雨	6月上旬	行距15	10月下旬至11月	2 500~4 000
水生蔬菜	双季茭白	浙茭2号、小蜡台、鄂茭4号等	露地		200~300墩	分墩育苗	4月中下旬	100×50 每墩3~4株分蘖苗	9月中旬10月中旬 秋茭采收完后、割平茭墩、翌年5~6月采收。	1 000~1 200
	单季茭白	鄂茭1号、寒头茭、娄茭早等	露地		200~300墩	分墩育苗	4月下旬	80×50×50 每墩3~4株分蘖苗	9月	1 200~1 500
	浅水藕	武汉鄂莲7号、合肥雪花藕、苏州花藕、珍珠藕等	露地		300 000~400 000		4月上中旬	200×150	7月下旬至9月中旬	2 500~4 000

（续）

蔬菜种类	主要品种	栽培方式	播种期	大田需种量/(g/亩)	育苗方式	定植期	行株距/(cm×cm)	采收期	产量/(kg/亩)
水生蔬菜 慈姑	宝应刮老乌、苏州大黄、紫圆、沈荡慈姑等	露地定植	4月中下旬	12 000~15 000（慈姑顶芽）	50孔穴盘大棚或小棚	5月下旬	60×（30~35）	11—12月	1 000~1 300
芡实	紫花苏芡（早熟）苏系列	露地定植	4月中旬	2 000~4 000（苗床）	苗床育苗	6月上旬	250×200	8月下旬至10月上旬	24~30（千芡米）
	白花苏芡（晚熟）	露地定植	4月中下旬	2 000~4 000（苗床）	苗床育苗	6月中旬	250×200	9月上旬至10月下旬	25~34（千芡米）
多年生蔬菜 香椿	红油香椿等	露地定植（矮化栽培）	4月上中旬	1 500~2 000（苗床）	小棚或露地育苗	3年后2月中下旬	60×40	3月下旬至4月	400~500
		大棚密植	4月上中	1 500~2 000（苗床）	小棚或露地育苗	1~2年后11月中下旬	40×20	翌年2~4月	1 000~1 200
芦笋	2 000－3F1、盛丰F1、TC30F1等	露地定植	4月上旬	100~120	50孔穴盘大棚或小棚	6月上旬	(130~140)×(25~35)	第一年3月中下旬至5月	500~1 000
								1年之后3月中下旬至8月	1 200~1 500

泰州蔬菜月志

表6 泰州地区5月蔬菜栽培简明技术

蔬菜种类	主要品种	栽培方式	播种期	大田需种量/(g/亩)	育苗方式	定植期	行株距/(cm×cm)	采收期	产量/(kg/亩)
	芹菜 黄心芹、申香芹等	露地定植	5月上旬	120~150	苗床或72孔穴盘大棚或小棚	6月中旬	20×(8~10)	8-9月	1500~3000
	四季西芹等			30~35			30×30		
	苋菜 红苋菜、花红苋菜、青苋菜等	露地撒播	5月	1000~1500				6-7月	1500~2000
绿叶菜类	蕹菜 大叶空心菜、泰国柳叶空心菜等	露地撒播	5月	8000~10000				6-11月	2000~4000
	生菜 意大利耐抽薹生菜、凯撒生菜、大速生等	露地定植	5月	30~35	72孔穴盘避雨设施	6月	散叶20×20 结球25×25	7-8月	1000~2000
	芫荽 青梗香菜、泰国大叶香菜	露地撒播	5月	5000~8000				7-8月	800~1000
木耳菜类	木耳菜 大叶木耳菜等	露地穴播	5月	3000~4000			穴距20~25	7-9月	2000~2500
	小白菜 夏王子、皇冠、夏冬青、华王、紫衣等	露地或防虫网	5月	100~1000	做裸子菜大棚或小棚育苗，菜秧撒播即可	5月下旬	15×15	6-7月	600~1500
白菜类	大白菜 德高3号、抗绿55、夏阳50等	露地或防虫网	5月	80~100			50×(35~40)	7月	2500~3500
	结球甘蓝 H-60、夏绿50、暑帝等	露地定植	5月上中旬	30~50	72孔穴盘大棚或小棚遮阳育苗	6月上中旬	(40~45)×40	8月上中旬至9月	3000~4000

24

（续）

蔬菜种类		主要品种	栽培方式	播种期	大田需种量/(g/亩)	育苗方式	定植期	行株距/(cm×cm)	采收期	产量/(kg/亩)
根菜类	萝卜	热抗40天、夏抗40天、夏白1号、夏园白等	露地穴播	5月上旬	200~300			30×30	7月	1500~2000
		夏红2号	露地穴播	5月上旬	200~300			20×20	7月	1500~2000
豆类	菜豆	81-6、地豆王等	露地点播	5月上旬	6000~8000			25×25	7-8月	800~1000
		春秋架豆王、黑籽架豆、白籽架豆、龙王架豆、春满园等	露地点播	5月上旬	3000~4000			70×50×20（大行距×小行距×株距）	7-8月	1500~2000
	毛豆	台湾75、苏奎3号等	露地点播	5月上旬	7500~10000			40×30	8月	600~800（鲜荚）
	豇豆	长豇100、苏豇3号、扬豇系列、赣豇系列、津豇等	露地点播	5月上旬	1500~2000			70×50×25（大行距×小行距×株距）	6月下旬至7月	1500~2500
	扁豆	紫扁豆、白扁豆等	地膜或露地点播	5月上旬	3500~4000			(70~80)×50	9-11月	2000~2500
瓜类	黄瓜	津优46、津优42、冠军100、罗马王子水果黄瓜等	露地定植	5月上旬	100~120	72孔穴盘大棚或小棚	5月下旬至6月上旬	60×40×30（大行距×小行距×株距）	7-8月	3500~4000
葱蒜类	香葱	兴化小香葱、香葱21等	露地移栽分蘖苗	5月下旬				15×10	7月下旬至10月	1500~2000

25

表7 泰州地区6月蔬菜栽培简明技术

蔬菜种类	主要品种	栽培方式	播种期	大田需种量/(g/亩)	育苗方式	定植期	行株距/(cm×cm)	采收期	产量/(kg/亩)
苋菜	红苋菜、花红苋菜、青苋菜等	露地撒播	6月	1 000~1 500				7—8月	1 500~2 000
蕹菜	大叶空心菜、泰国柳叶空心菜等	露地撒播	6月	8 000~10 000				7—11月	2 000~3 000
生菜	意大利耐抽薹生菜、凯撒生菜、大速生菜等	露地定植	6月	30~35	72孔穴盘催芽后遮阳育苗	7月	散叶 20×20 结球 25×25	8—9月	1 000~2 000
绿叶菜类									
芫荽	青梗香菜、泰国大叶香菜	遮阳撒播	6月	5 000~8 000				8月	500~800
芹菜	黄心芹、申香芹菜等	露地定植	6月上旬	120~150	苗床或72孔穴盘大棚或小棚	7月中旬	20×(8~10)	9—10月	1 500~3 000
	四季西芹等			30~35			30×30		
木耳菜	大叶木耳菜等	露地穴播	6月	3 000~4 000			穴距 20~25	8—10月	1 500~2 000
白菜类 小白菜	夏王子、皇冠、夏冬青、华王、紫衣等	露地遮阳或防虫网撒播	6月	100~1 000	做棵子菜大棚或小棚遮阳育苗、6月下旬亦可撒播间苗		15×15	6—8月	600~1 500
大白菜	德高3号、抗绿55、夏阳50等	露地或防虫网	6月中下旬	80~100			50×(35~40)	8月中下旬至9月	2 500~3 000
结球甘蓝	H-60、夏绿50、暑帝等	露地定植	6月下旬	30~50	72孔穴盘大棚育苗小棚遮阳育苗	7月下旬	(40~45)×40	9月下旬至10月	3 000~4 000
花椰菜	金光50、庆农65、苏农65等	露地定植	6月上旬	20~25	72孔穴盘大棚育苗小棚遮阳育苗	7月上旬	50×40（紧）60×50（松）	8月下旬至9月上旬	1 500~2 000

（续）

蔬菜种类	主要品种	栽培方式	播种期	大田需种量/(g/亩)	育苗方式	定植期	行株距/(cm×cm)	采收期	产量/(kg/亩)
根菜类 萝卜	热抗40天、夏抗40天、夏白1号、夏园白等	露地穴播	6月中下旬	200~300			30×30	8月中旬至9月上旬	1 500~3 000
	夏红2号等	露地穴播	6月中下旬	200~300			20×20	8月中旬至9月上旬	1 500~3 000
豆类 毛豆	苏豆16、苏豆17、苏豆18等（鲜荚）	露地点播	6月中下旬	6 000~8 000			40×30	9月	600~800（鲜荚）
	苏豆13、通豆11、通豆12等（干荚）								180~220（干荚）
豇豆	长豇100、苏豇3号、扬豇系列、赣豇系列、津豇等	露地点播	6月中旬	1 500~2 000			70×50×25（大行距×小行距×株距）	8~9月	1 500~2 500
瓜类 黄瓜	津优46、津优42、冠军100、罗马王子水果黄瓜等	露地定植	6月上旬	100~120	72孔穴盘大棚或小棚	6月下旬至7月上旬	60×40×30（大行距×小行距×株距）	8~9月	3 500~4 000
西瓜	全美4K、苏蜜518、小兰、早佳84－24等	大棚+遮阳	6月下旬	80~100	72孔穴盘大棚+遮阳	7月上旬	单行（140~180）×（40~50）双行（300~320）×（40~50）	9~10月	2 000~4 000
冬瓜	"黑金刚"黑皮冬瓜	露地定植	6月	60~100	72孔穴盘大棚+遮阳	7月	地爬式（300~400）×60立架式150×80	9月上旬至11月	4 000~5 000

（续）

蔬菜种类	主要品种	栽培方式	播种期	大田需种量/(g/亩)	育苗方式	定植期	行株距/(cm×cm)	采收期	产量/(kg/亩)
茄果类 茄子	大龙、爱丽舍、杭茄1号等	地膜定植+大小棚+保温材料覆盖延后秋	6月下旬	25~35	50孔穴盘棚室遮阳	8月上旬	60×(45~50)	10月上旬至12月上旬	2 500~4 000
葱蒜类 香葱	兴化小香葱、香葱21等	露地移栽分蘖苗	6月				15×10	8-10月	1 500~2 000
慈姑	宝应刮老乌、苏州大黄、紫圆、沈荡慈姑等	露地定植	6月中下旬	12 000~15 000（慈姑顶芽）	50孔穴盘大棚或小棚	7月中下旬至8月上旬	50×(30~35)	11月至翌年2-3月	700~1 000
水生蔬菜 茭茅	江苏商邮茭、苏茭、浙江大红袍、虹桥红等	露地定植	6月上旬	100 000~150 000	遮阴设施育苗秧田	7月上中旬	50×33	12月至翌年3-4月	1 000~2 000

表 8　泰州地区 7 月蔬菜栽培简明技术

蔬菜种类	主要品种	栽培方式	播种期	大田需种量/(g/亩)	育苗方式	定植期	行株距/(cm×cm)	采收期	产量/(kg/亩)
芹菜	黄心芹、申香芹等	露地定植	7月中旬	120~150	苗床或72孔穴盘低温处理遮阳防雨育苗	8月下旬	20×(8~10)	11—12月	2 500~5 000
	四季西芹、意大利冬芹等			30~35			30×30		
苋菜	红苋菜、花红苋菜、青苋菜等	露地撒播	7月中下旬	1 000~1 500				8月中下旬至9月中下旬	1 500~2 000
蕹菜	大叶空心菜、泰国柳叶空心菜等	露地撒播	7月中下旬	8 000~10 000				9月中下旬至11月	2 000~2 500
绿叶菜类 生菜	意大利耐抽薹生菜、凯撒生菜、大速生菜等	露地定植	7月	30~35	72孔穴盘低温处理遮阳育苗	8月	散叶20×20 结球25×25	9—10月	1 000~2 000
芫荽	青梗香菜、泰国大叶香菜等	遮阳撒播	7月	5 000~8 000				8—9月	500~800
莴笋	夏皇、二皮白等	露地定植	7月中旬	30~40	72孔穴盘低温处理遮阳防雨育苗	8月中旬	(30~35)×25	9月下旬至10月上旬	1 500~2 000
木耳菜	大叶木耳菜等	露地穴播、晚秋覆盖棚膜	7月中下旬	3 000~4 000			穴距20~25	9月中旬至11月	2 000~2 500
白菜类 小白菜	夏王子、皇冠、夏冬青、华王、紫衣等	露地遮阳或防虫网撒播	7月	100~1 000	做裸子菜大棚或小棚遮阳育苗，8月中旬亦可撒播同苗	20×20		8—10月	600~1 500
大白菜	德高3号、抗绿55、夏阳50等	露地或防虫网	7月	80~100			50×(35~40)	9—10月	2 500~3 000

（续）

蔬菜种类	主要品种	栽培方式	播种期	大田需种量/(g/亩)	育苗方式	定植期	行株距/(cm×cm)	采收期	产量/(kg/亩)
花椰菜	金光50、庆农65等	露地定植	7月上旬	20~25	72孔穴盘大棚或小棚遮阳育苗	8月上旬	50×40（紧）60×50（松）	9月下旬至10月上旬	1 500~2 000
	庆农90、台松100、浙农松花菜、雪丽、申雪等	露地定植	7月中旬	20~25	72孔穴盘大棚或小棚遮阳育苗	8月中下旬	60×50（紧）70×60（松）	11月中下旬至12月	1 500~3 000
白菜类 结球甘蓝	H-60、京丰1号等	露地定植	7月中旬	30~50	72孔穴盘大棚或小棚遮阳育苗	8月中旬	60×50	10月中旬至11月	3 000~3 500
西兰花	优秀、寨秀、炎秀、苏青3号等	露地定植	7月中旬	20~25	72孔穴盘大棚遮阳育苗	8月中旬	50×40	11月中旬至12月	1 200~1 500
芥蓝	沪芥1号、大叶芥蓝头、天津青皮等	露地定植	7月中旬	40~50	72孔穴盘大棚或小棚遮阳育苗	8月中旬	40×40	10月中旬至11月	2 000~2 500
茄果类 茄子	大龙、爱丽舍、杭茄1号等	地膜定植+大小棚+保温材料覆盖盖秋延后	7月上旬	25~35	50孔穴盘大棚室遮阳育苗	8月中旬	60×（45~50）	10月中旬至12月上旬	2 500~4 000
番茄	美国粉王、银月亮118、金棚1号、普罗旺斯、千禧、宝石红等	露地定植+大小棚草帘	7月下旬	20~25	50孔穴盘大棚遮阳育苗	8月下旬	(60~70)×50×40（大行距×小行距×株距）	11月中旬至翌年2月	3 000~5 000
辣椒	苏椒103、欧丽500、镇研无敌3号、杭椒1号、镇椒1号、长龙999等	露地定植+大小棚草帘	7月中下旬	30~35	50孔穴盘大棚或小棚遮阳育苗	8月中下旬	(50~60)×30	11月中下旬至翌年2月	2 500~3 500

（续）

蔬菜种类	主要品种	栽培方式	播种期	大田需种量/(g/亩)	育苗方式	定植期	行株距/(cm×cm)	采收期	产量/(kg/亩)
根菜类	萝卜 热抗40天、夏抗40天、夏白1号、夏园白	露地穴播	7月中下旬	200~300			30×30	9月中下旬	1500~2000
根菜类	胡萝卜 东南亚改良新黑田五寸参、日本岗红七寸参、韩红六寸参等	露地条播（高垄）	7月中下旬	500			（10~20）×（10~15）	10月中下旬至翌年2月	4000~5000
豆类	毛豆 苏豆16、苏豆17、苏豆18等（鲜荚）、苏豆13、通豆11、通豆12等（干荚）	露地点播	7月上旬	6000~8000			40×30	10月	600~800（鲜荚）、180~220（干荚）
豆类	菜豆 矮生：81-6、地豆王等	露地点播	7月下旬	6000~8000			25×25	9月下旬至11月上旬	800~1200
豆类	菜豆 蔓生：春秋架豆王、白籽四季豆、荷兰架豆、长豇7号等	露地点播	7月下旬	3000~4000			70×50×20（大行距×小行距×株距）	9月下旬至11月上旬	1500~2000
豆类	豇豆 长豇100、苏豇3号、扬豇系列、赣豇系列、津豇等	露地点播	7月上中旬	1500~2000			70×50×25（大行距×小行距×株距）	9月中旬至11月上旬	1500~2500
豆类	地豇豆豆 无架豇豆	露地点播	7月中旬	2500~3500			40×40	9月中旬至10月	1000
葱蒜类	香葱 兴化小香葱、香葱21等	露地移栽分蘖苗	7月上旬	100~120			15×10	9月上旬至10月	1000~1500
瓜类	黄瓜 津优46、津优42、冠军100、罗军王子、水果黄瓜等	露地定植	7月上旬		72孔穴盘大棚或小棚	7月下旬	60×40×30（大行距×小行距×株距）	8月下旬至10月中旬	3500~4000

（续）

蔬菜种类		主要品种	栽培方式	播种期	大田需种量/(g/亩)	育苗方式	定植期	行株距/(cm×cm)	采收期	产量/(kg/亩)
瓜类	西瓜	全美4K、苏蜜518、小兰、早佳84-24等	大棚+遮阳	7月下旬	80~100	72孔穴盘大棚+遮阳	8月上旬	单行(140~180)×(40~50) 双行(300~320)×(40~50)	10—11月	2 000~4 000
	甜瓜	玉姑、西周蜜、苏甜4号等	大棚+遮阳	7月下旬	50~100	72孔穴盘大棚+遮阳	8月上旬	吊蔓式100×50	10月上旬至11月	1 500~2 000
	苦瓜	翠玉苦瓜、碧玉青苦瓜、蓝山长白苦瓜等	露地定植	7月中旬	250~300	72孔穴盘大棚+遮阳	8月上旬	(70~80)×60	9—10月	1 500~2 000
	茭白	秆子茭、苏州小蜡台、无锡晏婆茭等	露地定植		200~400墩	分墩育苗	7月下旬至8月上旬	100×(50~60)（大行距×小行距×株距）每墩1~2株分蘖苗	9月中下旬至10月上旬	800~1 000
									秋茭采收完毕，割平茭墩，翌年5—6月采收	1 500~2 000
水生蔬菜	荸荠	江苏商邮荠、苏荠、浙江大红袍、虹桥红等	露地定植	7月中下旬	100 000~150 000	遮阴设施秧田育苗	8月中旬	50×33	12月至翌年4月	1 000~2 000

表 9　泰州地区 8 月蔬菜栽培简明技术

蔬菜种类	主要品种	栽培方式	播种期	大田需种量/(g/亩)	育苗方式	定植期	行株距/(cm×cm)	采收期	产量/(kg/亩)
茼蒿	大板叶茼蒿、小叶茼蒿、杆子茼、净杆王等	遮阳撒播	8月	1 500~2 500				9—10月	1 000~1 500
苋菜	红苋菜、花红苋菜、青苋菜等	露地撒播	8月	1 000~1 500				9—10月	1 500~2 000
蕹菜	大叶空心菜、泰国柳叶空心菜等	露地撒播	8月	8 000~10 000				10—11月	1 500~2 000
生菜	意大利耐抽薹生菜、凯撒生菜、大速生等	露地定植	8月	30~35	72孔穴盘低温处理遮阳防雨育苗	9月	散叶20×20 结球25×25	10—11月	1 000~2 000
绿叶菜类 芹菜	黄心芹、申香芹等	露地定植	8月上旬	120~150	苗床或72孔穴盘低温处理遮阳防雨育苗	9月中旬	20×(8~10)	11—12月	2 500~5 000
	四季西芹、意大利冬芹等			30~35			30×30		
芫荽	青硬香菜、泰国大叶香菜	遮阳撒播	8月	5 000~8 000	72孔穴盘种子低温处理、遮阳防雨苗			9—10月	500~800
莴笋	夏皇、二皮白等	露地定植	8月中旬	30~40	温处理、遮阳防雨育苗	9月中旬	(30~35)×25	10月下旬至11月	1 500~2 000
菠菜	尖叶菠、春秋大叶、日本超能、荷兰菠菜K4等	低温处理撒播、遮阳、防暴雨	8月中下旬	5 000~7 000				10—11月	1 500~2 000

（续）

蔬菜种类	主要品种	栽培方式	播种期	大田需种量/(g/亩)	育苗方式	定植期	行株距/(cm×cm)	采收期	产量/(kg/亩)
小白菜	夏王子、皇冠、夏冠青、华王、紫衣等	露地遮阳或防虫网撒播	8月	100~1000	做棵子菜大棚育苗，小棚遮阳育苗，亦可撒播同大苗	8月下旬	20×20	9—10月	600~1500
	南农矮脚黄、矮抗2号、上海青、苏州青、早油冬青等	露地遮阳或防虫网	8月中旬	100	大棚或小棚遮阳育苗	9月中旬	20×20	10月中旬至11月	2000~3000
叶菜芥菜	九头乌、雪里蕻等	露地定植	8月下旬	80~100	72孔穴盘遮阳防雨育苗	9月下旬	30×30	11月中旬	2000~3000
大白菜	87-114、津保2号、早熟8号、丰抗70、秋宝等	露地点播	8月中下旬	80~100			50×(45~50)	11月至翌年2月中旬	3500~6500
白菜类	甘蓝 沪盏1号、大叶芥蓝头、天津青皮、等	露地定植	8月上旬	40~50	72孔穴盘大棚或小棚遮雨育苗	9月上旬	40×40	10月中下旬至11月	2000~2500
	花椰菜 庆农90、台松100、浙农松花菜、雪丽、申雪等	露地定植	8月上旬	20~25	72孔穴盘大棚或小棚遮阳育苗	9月上旬	60×50（紧）70×60（松）	12月至翌年1月	1500~3000
	结球甘蓝 H-60	露地定植	8月上中旬	30~50	72孔穴盘大棚或小棚遮雨育苗	9月上旬	60×50	11月上中旬	3000~3500
	苏甘21、苏甘867等	露地定植	8月上中旬	30~50	72孔穴盘大棚或小棚遮雨育苗	9月上中旬	60×50	12月中旬至翌年4月	3500~5000
	西兰花 优秀、寒秀、炎秀、苏华3号等	露地定植	8月上旬	20~25	72孔穴盘棚室避雨育苗	9月上旬	50×40	11月下旬至12月	1200~1500
	圣绿、晚生圣绿等	露地定植	8月上旬	20~25	72孔穴盘棚室避雨育苗	9月上旬	50×50	11月下旬至翌年3月	1500~2500

（续）

蔬菜种类		主要品种	栽培方式	播种期	大田需种量/(g/亩)	育苗方式	定植期	行株距/(cm×cm)	采收期	产量/(kg/亩)
茄果类	番茄	美国粉王、银果亮118、金棚1号、普罗旺斯、千禧、宝石红等	露地定植＋大小棚草帘	8月上旬	20~25	50孔穴盘大棚或小棚避雨育苗	9月上旬	(60~70)×（大行距×小行距×株距）	11月下旬至翌年2月	3 000~5 000
	茄子	苏崎3号、苏崎4号、大龙、爱丽舍冬等	地膜定植＋大小棚＋保温材料覆盖越冬	8月下旬（接穗）8月上旬（砧木）	25~35	50孔穴盘大棚室遮阳育苗	10月上旬	60×(45~50)	12月中下旬至翌年4月	3 000~4 000
根茎类	萝卜	扬州白、百日子、心里美、青圆脆、世农白玉秋等	露地穴播或撒播	8月中旬	160~200 撒播800~1 000			穴播30×30	10月下旬至12月	3 000~5 000
	胡萝卜	东南亚改良新黑田五寸参、日本冈红七寸参、韩红六寸参等	露地条播（高畦）	8月上旬	500			(10~20)×(10~15)	11月中下旬至翌年2月	4 000~5 000
豆类	菜豆	矮生：81-6、地豆王等 蔓生：春秋架豆王、白籽四季豆、长白七号架豆、荷兰架等	露地点播、后期大棚或小棚	8月下旬	6 000~8 000			25×25	10月中旬至11月下旬	800~1 200
	豌豆	白玉豌豆、麻豌豆等	露地点播	8月上旬	3 000~4 000			70×50×20（大行距×小行距×株距）	10月上旬至11月上旬	1 500~2 000
			露地撒播	8月中旬	8 000~10 000				9月中下旬至12月上旬	600~800（叶用）
瓜类	黄瓜	津优46、津优42、冠军100、罗马王子水果黄瓜等	露地定植	8月上旬	100~120	72孔穴盘大棚或小棚	8月下旬	60×40×30（大行距×小行距×株距）	9月下旬至11月上旬	3 500~4 000
	甜瓜	玉菇、西周蜜、苏甜4号等	大棚＋遮阳	8月上旬	50~100	72孔穴盘大棚＋遮阳	8月中旬	吊蔓式100×50	10月中旬至11月	1 500~2 000
	西葫芦	珍玉35、珍玉37等	大棚地膜定植	8月中旬	125~150	72孔穴盘大棚遮阳育苗	9月上旬	90×50	10月上中旬至11月	2 000~2 500

（续）

蔬菜种类	主要品种	栽培方式	播种期	大田需种量/(g/亩)	育苗方式	定植期	行株距/(cm×cm)	采收期	产量/(kg/亩)
葱蒜类 大蒜	二水早、四川软叶蒜等	露地点播	8月上旬	200 000~250 000			15×(7~10)	9月下旬至12月	2 000~2 500
薯芋类 马铃薯	克新4号、郑薯2号、荷兰7号等	露地穴播	8月上旬	150 000~200 000	苗床催芽		（50~60）×（20~25）	10月下旬至11月	1 500~2 000
水生蔬菜 水芹	早熟品种：常熟白种水芹、泰州青芹，中熟品种：扬州长白水芹，晚熟品种：无锡玉祁水芹	深水或浅水	8月下旬	老熟种茎 200 000~500 000 堆码催芽	（无性繁殖）	9月上旬	行距6	早熟 11—12月 中晚熟 11月至翌年3月	早熟 5 000 中晚熟 5 000~7 000

表10 泰州地区9月蔬菜栽培简明技术

蔬菜种类	主要品种	栽培方式	播种期	大田需种量/(g/亩)	育苗方式	定植期	行株距/(cm×cm)	采收期	产量/(kg/亩)
芹菜	黄心芹、申香芹等	露地定植+大、小棚越冬	9月中下旬	120~150	苗床或72孔穴盘避雨遮阳育苗	11月上旬	20×(8~10)	翌年2—4月	2 500~5 000
	四季西芹、意大利冬芹等			30~35			30×30		
莴菜	板叶莴菜、花叶莴菜等	露地撒播或大、小棚越冬	9月	1 000~1 500				12月至翌年2月	1 000~1 500
生菜	大湖659、绿波生菜、大速生、玻璃生菜、奶油生菜等	露地定植+大、小棚越冬	9月	25~30	72孔穴盘避雨遮阳育苗	10月	散叶25×20 结球35×30	11月至翌年2月	1 500~3 000
绿叶菜类 芫荽	青梗香菜、泰国大叶香菜	露地撒播或大、小棚越冬	9月	5 000~8 000				11月至翌年3月	1 000~1 500
茼蒿	大板叶茼蒿、小叶茼蒿、杆子蒿、净杆王等	露地撒播	9月	1 500~2 500				10—11月	1 000~1 500
莴笋	青剑、冬青、巳海天红等	大、小棚越冬	9月下旬	30~40	50孔穴盘避雨遮阳育苗	11月上旬	(30~35)×25	翌年1月中旬至2月	2 000~3 000
菠菜	尖叶菠、春秋大叶、日本稻能、荷兰菠菜K4等	露地撒播或大、小棚越冬	9月	5 000~7 000				11月至翌年3月	1 500~2 000
苋菜	红苋菜、花红苋菜、青苋菜等	露地撒播	9月	1 000~1 500				10—11月	1 500~2 000

（续）

蔬菜种类	主要品种	栽培方式	播种期	大田需种量/(g/亩)	育苗方式	定植期	行株距/(cm×cm)	采收期	产量/(kg/亩)
白菜类	小白菜 上海青、苏州青、皇冠、紫衣等	露地撒播	9月	750~1000				10—11月	600~1500
		露地定植	9月上旬	100		10月上旬	20×20	11—12月	2000~3000
	叶菜芥菜类 九头乌、雪菜等	露地定植	9月上旬	80~100	72孔穴盘避雨遮阳育苗	10月上旬	30×30	11月下旬	2000~3000
豆类	豌豆 甜脆、白玉豌豆、台中11、大麦荷兰豆等	露地点播	9月中旬	7000~8000			(70~80)×50×20（大行距×小行距×株距）	翌年5月上中旬	800~1000（豆荚）
根菜类	萝卜 扬州白、百日子、心里美、青圆脆、世农白玉秋等	露地穴播或撒播	9月上旬	160~200 撒播800~1000			穴播30×30	11月中下旬至12月	3000~5000
茄果类	番茄 苏粉12、金棚1号、日本粉王、赛拉图、美国粉王、银月亮、荷兰118、普罗旺斯、千禧、宝石红等	地膜定植＋大小棚＋草帘越冬	9月上旬	20~25	50孔穴盘避雨遮阳育苗	10月上旬	(60~70)×40 50×40（大行距×小行距×株距）	12月中下旬至翌年5月	3000~5000
	辣椒 苏椒14、苏椒15、苏椒17、苏椒1614、苏椒103、中椒4号、中椒25、薄皮盛丰、领椒椒王、欧丽500、镇研巨无霸3号、杭椒1号、镇椒1号、长龙999等	地膜定植＋大小棚＋草帘越冬	9月上旬	30~35	50孔穴盘避雨遮阳育苗	10月上旬	(50~60)×30	12月上旬至翌年4月	3000~4000

（续）

蔬菜种类	主要品种	栽培方式	播种期	大田需种量/(g/亩)	育苗方式	定植期	行株距/(cm×cm)	采收期	产量/(kg/亩)
大蒜类 大蒜	二水早、徐州白皮、鑫丰1号、鲁新1号	露地点播，覆盖保湿材料	9月上旬	200 000~250 000			15×10	蒜苗翌年2—3月，蒜薹4月下旬，蒜头5月下旬至6月	蒜苗2 000~2 500(苗)，蒜薹200~500(薹)，蒜头1 000~1 500(头)
葱蒜类 洋葱	黄皮洋葱、紫皮洋葱、江苏白皮	地膜覆盖	早熟9月中旬 中晚熟9月中下旬	100~120	72孔穴盘大棚或小棚避雨	10月中旬 10月下旬	20×(10~15) 20×20	翌年4月下旬至6月	4 000~5 000
香葱	兴化小香葱、香葱21等	露地移栽分蘖苗	9月	350 000~450 000 (仔鳞茎)			20×10	11月至翌年3月	1 500~2 000
多年生蔬菜 百合	宜兴百合、龙牙百合等	露地直播、翌年1月中下旬地膜覆盖	9月中下旬				25×18	翌年8月中上旬	1 200
金针菜	江苏小黄壳、大乌嘴等	露地定植	9月上旬				70×40×35 (大行距×小行距×株距)	翌年7月中旬至8月	2 000~2 500

表11 泰州地区10月蔬菜栽培简明技术

蔬菜种类	主要品种	栽培方式	播种期	大田需种量/(g/亩)	育苗方式	定植期	行株距/(cm×cm)	采收期	产量/(kg/亩)
绿叶菜类									
生菜	大湖659、大速生、绿波生菜、玻璃生菜、奶油生菜等	大、小棚越冬	10月	20~30	72孔穴盘避雨遮阳育苗	11月	散叶 25×20 结球 30×35	12月至翌年2月	1 500~3 000
苋菜	青梗香菜、泰国大叶香菜等	大、小棚撒播	10月	5 000~8 000				12月至翌年3月	1 000~2 000
菠菜	尖叶菠、春秋大叶、日本超能、荷兰菠菜K4等	露地撒播或小棚撒播	10月	5 000~7 000				11月至翌年3月	1 500~2 000
茼蒿	细叶茼蒿、小叶杆子茼、花叶杆子茼等	大、小棚撒播	10月下旬	1 500~2 500				12月至翌年3月	1 500
荠菜	板叶荠菜、花叶荠菜等	大、小棚撒播	10月	1 000~1 500				翌年2~3月	1 000~1 500
草头	黄花苜蓿等	露地撒播	10月上中旬	5 000~7 000				11月中下旬至翌年4月	500~1 000
莴笋	青剑、冬青、已海天红等	露地或大、小棚定植	10月中旬	25~40	50孔大棚育苗	11月下旬	(30~40)×(30~35)	翌年2月中旬至4月上旬	2 000~2 500
白菜类									
小白菜	上海青、苏州青、皇冠、紫衣等	露地定植	10月上中旬	100	苗床撒播	11月上中旬	20×20	12月至翌年3月	2 000~3 000
雪菜	九头乌菜等	露地定植	10月上旬	100	露地撒播	11月中旬	30×30	翌年3月中旬至4月中旬	2 000~3 000
花菜	雪龄1号、春月花菜、雪山花菜等	地膜定植+大棚	10月下旬	30~50	128孔大棚育苗	12月中旬	50×40	翌年3月中旬	1 500~2 000

（续）

蔬菜种类	主要品种	栽培方式	播种期	大田需种量/(g/亩)	育苗方式	定植期	行株距/(cm×cm)	采收期	产量/(kg/亩)
白菜类 结球甘蓝	春丰、探春、苏甘867, 苏甘21等	露地定植	10月中旬	30~50	72孔穴大棚育苗	11月中下旬	(40~45)×40	翌年4月中下旬至5月	2 000~2 500
根菜类 牛蒡	柳川理想、新林1号、东北理想等	大棚+地膜条播或穴播	10月中下旬	350~500			(40~50)×(7~10)	翌年6~7月	1 200~1 500
豆类 蚕豆	海门大青皮、日本大白皮、苏蚕豆1号等	露地点播	10月中下旬	8 000~10 000			50×30	翌年5月上中旬	1 000~1 200（鲜豆粒）
豌豆	白玉豌豆、甜脆、台中11、大荚荷兰豆等	大棚点播	10月下旬	7 000~8 000			(70~80)×50×20(大行距×小行距×株距)	翌年4月上旬	800~1 000（豆荚）
豌豆	白玉豌豆	露地点播	10月					翌年5月中下旬	800~1 000（豆荚）
豌豆	白玉豌豆、麻豌豆等	大棚撒播	10月	8 000~10 000				11月至翌年3月	1 500~2 000（叶用）
葱蒜类 香葱	兴化小香葱、香葱21等	露地移栽分蘖苗	10月				20×10	1月至翌年4月	1 500~2 000
多年生蔬菜 苜蓿	黄花苜蓿	露地撒播	10月上中旬	5 000~7 000				11月中下旬至翌年4月	500~1 000

表12 泰州地区11—12月蔬菜栽培简明技术

蔬菜种类	主要品种	栽培方式	播种期	大田需种量/(g/亩)	育苗方式	定植期	行株距/(cm×cm)	采收期	产量/(kg/亩)
绿叶菜类	芫荽								
	青梗香菜、泰国大叶香菜	大棚撒播	11月上旬	5 000~8 000				翌年2~3月	1 000~2 000
	茼蒿								
	大板叶茼蒿、小叶茼蒿、杆子茼蒿、净杆王等	大、小棚撒播	11月上旬	1 500~2 500				翌年1~3月	1 000~1 500
	菠菜								
	尖叶菠、春秋大叶、日本超能、荷兰菠菜K4等	露地撒播	11月上旬	5 000~7 000				翌年2~3月	1 500~2 000
白菜类	小白菜								
	上海青、苏州青、皇冠、紫衣等	露地定植	11月上旬	100	苗床撒播	12月上旬	20×20	翌年3月	1 000~1 500
	花椰菜								
	庆农90、庆农80、久松90、雪丽等	地膜定植大+小棚+地膜	12月中下旬	20~25	72孔穴盘育苗	翌年2月上旬	50×40（紧）70×60（松）	翌年4月中旬至5月上旬	1 500~2 500
茄果类	番茄								
	苏粉12、金棚1号、日本粉王、赛拉图、美国粉王、银月亮、荷兰118、宝石红、干禧等	地膜定植+大小棚+草帘	12月中下旬	20~25	50孔穴盘大棚+小棚+草帘	翌年2月中下旬	(60~70)×50×40（大行距×小行距×株距）	翌年5月上旬至6月下旬	3 000~5 000
	茄子								
	苏崎3号、大龙、爱丽舍、苏崎4号、大红龙、竜太郎、田中福龙、永红龙悦等	地膜定植+大小棚+保温材料覆盖	12月上旬	25~35	50孔穴盘大棚+小棚+地热线	翌年2月中下旬	(60~70)×(45~50)	翌年4月下旬至7月	4 000~5 000

（续）

蔬菜种类		主要品种	栽培方式	播种期	大田需种量/(g/亩)	育苗方式	定植期	行株距/(cm×cm)	采收期	产量/(kg/亩)
茄果类	辣椒	苏椒14、苏椒15、苏椒17、苏椒1614、中椒103、中椒4号、中椒25、薄皮盛丰、领柿椒王、欧丽、镇研巨无霸500、镇研3号、杭椒1号、镇椒1号、长龙999等	地膜定植＋大小棚＋草帘	12月中下旬	30～35	50孔穴盘大棚＋小棚＋地热线	翌年2月中下旬至3月上旬	(50～60)×30	翌年4月中下旬至7月	3 000～4 000
瓜类	黄瓜	津春2号、津春4号、冠军100、罗马、王子水果黄瓜、荷兰水果黄瓜、南水3号等	大棚＋小棚＋地膜或大棚＋小棚＋草帘＋地膜	12月下旬	100～120	50孔穴盘，大棚＋小棚＋地热线或加温温室	翌年2月上旬	60×40×30（大行距×小行距×株距）	翌年3月上旬至5月上旬	3 500～5 500
	西瓜	小兰、早春红玉、苏蜜9号、苏蜜518、早佳84-24号等	大棚＋小棚＋地膜	12月下旬	50～100	50孔穴盘，大棚＋小棚＋地热线或加温温室	翌年2月下旬	大果(250～300)×(40～50) 小果(250～300)×(35～40)	翌年4月下旬至6月	2 500～4 000
	甜瓜	玉菇、西周蜜25、翠蜜、苏甜4号、东方蜜等	大棚＋小棚＋草帘＋地膜	12月上中旬	50～100	50孔穴盘，大棚＋小棚＋地热线或加温温室	翌年1月中下旬	地爬式(250～300)×50 吊蔓式100×50	翌年3月中下旬至5月	2 000～3 000
	佛手瓜	绿皮等	大棚或露地	11—12月	种瓜8～10个	11—12月，大棚＋地热线培育壮苗；翌年2月上旬30孔穴盘壮枝扦插育苗	大棚：翌年3月上中旬 露地：翌年4月中旬	(300～400)×200	翌年9月下旬至11月	3 000～5 000

（续）

蔬菜种类		主要品种	栽培方式	播种期	大田需种量/(g/亩)	育苗方式	定植期	行株距/(cm×cm)	采收期	产量/(kg/亩)
豆类	豌豆	甜脆、白玉豌豆、台中11、大麦荷兰豆等	露地点播	11月上旬	7 000~8 000			(70~80)×50×20（大行距×小行距×株距）	翌年6月	800~1 000（豆荚）
			大棚点播						翌年4月中下旬至5月	

三、蔬菜对环境条件要求及栽培技术要点

（一）白菜类

1. 大白菜

大白菜属于十字花科芸薹属一二年生草本植物。种子千粒重 2.5～4g。大白菜属半耐寒性蔬菜，种子在 8～10℃时能缓慢发芽，20～25℃为发芽的最适温度，生长期间适宜温度为 10～22℃；不耐低温，5℃以下停止生长，-2～0℃下短期受冻尚可恢复，-5～-4℃下受冻则难以恢复；不耐热，气温在 32℃以上时，生长不良生。大白菜的冬性偏弱，萌动的种子在 3～4℃的低温下，约 15d 即可完成春化过程；在 0～15℃的温度下，幼苗能在较长的时间内完成春化过程。大白菜属长日照作物，春化阶段后，在适宜的温度下，长日照可以促进发育，加速抽薹开花。大白菜的叶片多，叶面积大，叶面角质层薄，水分的蒸腾量很大，整个生育期需水量较大，但不同的生育期，需水量有所差异。大白菜对土壤要求较严，以 pH 6.5～7.0、富含有机质、保肥、保水，通气的壤土、轻黏土为宜。不宜连作，施肥以有机肥和氮肥为主，并注意氮、磷、钾、钙、硼的配比。

（1）春大白菜栽培

春大白菜要严格控制播期，一般在 2 月中旬至 3 月播种，2 月播种应采用大棚（或小棚）＋地膜覆盖模式，3 月播种采用地膜覆盖模式。5 月中旬至 6 月上旬上市。产量3 000～3 500kg/亩。

① 品种选择

选用冬性强、耐低温而生长期短的早熟类型品种，如吉锦、津宝 2 号等。

② 播种育苗

采用轻基质 72 孔穴盘育苗，苗龄 30～35d，三叶一心时定植，用种量 30～50g/亩。育苗期间温度控制在 15℃以上，基质保持湿润，追施 1～2 次营养液，每次浇施 0.2%尿素＋0.2%磷酸二氢钾。

③ 整地定植

提前 7～10d 扣棚，撒施腐熟有机肥 2 500～3 000kg/亩，或商品有机肥 600～800kg/亩，或 15 - 15 - 15 三元复合肥 40～50kg/亩，若土壤偏酸，撒施石灰 30～50kg/亩，施后翻耕耙细，做成垄高 15～20cm，垄面宽 60～70cm，沟宽 40～45cm 的高垄。垄面上铺滴灌带、覆盖地膜。每垄定植 2 行，平均行距 50cm，株距 35～40cm。定植不宜过深，基质坨面以在土面下 1cm 为宜，定植后浇透定根水。

④ 田间管理

田间土壤见干见湿。定植活棵后、小莲座期和大莲座期结合中耕除草、浇水追肥 3 次。活棵后、小莲座期追施腐熟畜禽粪污液肥 800～1 200kg/亩，或尿素 5～8kg/亩；大莲座期追施腐熟畜禽粪污液肥 500～800kg/亩和 15－15－15 三元复合肥 10～15kg/亩，或 15－15－15 三元复合肥 20～30kg/亩；结球中期，结合防病治虫，叶面喷施 1～2 次 0.3％磷酸二氢钾＋0.1％硼肥＋0.1％钙肥混合液。腐熟畜禽粪污液肥稀释 3～5 倍后肥水一体施入。采收前 10d 停止浇水。

⑤ 病虫害防治

及时防治软腐病、霜霉病、病毒病、蚜虫、菜青虫、夜蛾等病虫害。

⑥ 采收

定植后 60～65d，结球紧实即可根据市场需求采收上市。

(2) 夏大白菜栽培

选用耐热、生长速度快的品种，采用露地或防雨、防虫设施栽培。在 4—7 月均可播种，6 月中下旬至 9 月中旬"伏缺"时采收上市。产量 2 500～3 500kg/亩。

① 品种选择

适宜的夏大白菜品种有德高 3 号、抗绿 55、夏阳 50 等。

② 整地播种

播前，撒施腐熟有机肥 2 000～2 500kg/亩，或商品有机肥 400～600kg/亩，或 15－15－15 三元复合肥 40～50kg/亩，若土壤偏酸，撒施石灰 30～50kg/亩，施后翻耕耙细，做成垄高 15～20cm，垄面宽 60～70cm，沟宽 40～45cm 的高垄。垄面上铺滴灌带，浇足底水后点播，每垄 2 行，平均行距 50cm，株距 35～40cm。播后施腐熟有机肥约500kg/亩（与 70％噁霉灵可湿性粉剂按 10 000∶1 混合）盖种，之后加盖遮阳网保湿。用种量 80～100g/亩。

③ 田间管理

出苗后及时揭去覆盖物，并及时间苗、补苗，三叶一心时定苗。定苗后、小莲座期和大莲座期结合中耕除草、浇水追肥 3 次。定苗后、小莲座期追施腐熟畜禽粪污液肥 800～1 200kg/亩或尿素 5～8kg/亩；大莲座期追施腐熟畜禽粪污液肥 500～800kg/亩和 15－15－15三元复合肥 10～15kg/亩，或 15－15－15 三元复合肥 20～30kg/亩；结球中期，结合防病治虫，叶面喷施 1～2 次 0.3％磷酸二氢钾＋0.1％硼肥＋0.1％钙肥。腐熟畜禽粪污液肥稀释 3～5 倍后肥水一体施入。田间土壤见干见湿，夏季浇水应在早晚温度低时进行；大莲座期后不能缺水；多雨季节，应注意清沟理墒，及时排除积水。

④ 病虫害防治

及时防治软腐病、霜霉病、病毒病、蚜虫、小菜蛾、菜青虫、夜蛾等病虫害。

⑤ 采收

结球紧实即可陆续采收上市。

(3) 秋冬大白菜栽培

秋冬大白菜产量高、品质好，栽培面积大，是冬季保障蔬菜供应的重要品种之一。播种期要求严格，8 月中下旬播种。产量 3 500～6 500kg/亩。

① 品种选择

秋冬大白菜可选择 87 - 114、津保 2 号、早熟 8 号、丰抗 70、秋宝等高产抗病品种。

② 整地播种

播前翻耕晒垡，撒施腐熟有机肥 3 000～4 000kg/亩，或商品有机肥 800～1 000 kg/亩，或 15 - 15 - 15 三元复合肥 50～60kg/亩，若土壤偏酸，撒施石灰 30～50kg/亩，施后翻耕耙细，做成垄高 15～20cm，垄面宽 60～70cm，沟宽 40～45cm 的高垄。垄面上铺滴灌带，浇足底水后点播，每垄 2 行，平均行距 50cm，株距 45～50cm。播后施腐熟有机肥约 500kg/亩（与 70%噁霉灵可湿性粉剂按 10 000∶1 混合）盖种，之后加盖遮阳网保湿。用种量 80～100g/亩。

③田间管理

出苗后及时间苗、补苗，4 片真叶时定苗。定苗后、小莲座期、大莲座期结合中耕除草追肥 3 次。定苗后、小莲座期追施腐熟畜禽粪污液肥 800～1 200kg/亩，或尿素 5～8kg/亩；大莲座期追施腐熟畜禽粪污液肥 800～1 000kg/亩和 15 - 15 - 15 三元复合肥 15～20 kg/亩，或 15 - 15 - 15 三元复合肥 30～40kg/亩。腐熟畜禽粪污液肥稀释 3～5 倍后肥水一体施入。结球中期，结合防病治虫，叶面喷施 1～2 次 0.3%磷酸二氢钾＋0.1%硼肥＋0.1%钙肥混合液。田间土壤见干见湿，结球紧实后停止浇水。

④ 病虫害防治

及时防治软腐病、霜霉病、病毒病、菜青虫、小菜蛾、夜蛾、蚜虫等病虫害。

⑤ 采收与冬储

11 月至翌年 2 月中旬，根据市场行情适时采收上市。12 月中下旬后，未采收的用稻草捆扎，就地覆盖稻草或农膜冬储。

2. 小白菜

小白菜是十字花科芸薹属一二年生草本植物。种子千粒重 2～3g。小白菜喜冷凉，发芽适宜温度 20～25℃，在此温度下 2～3d 发芽，低于 4℃或高于 40℃则发芽困难；生长适宜温度 18～20℃，耐寒力较强，在－3～－2℃下仍能安全越冬；也有耐热性强的品种，在 25～30℃甚至更高的温度下也能正常生长。小白菜属于春化型蔬菜，种子及绿体植株均可在低温条件下春化，春化阶段温度要求在 15℃以下，最适温度 2～10℃，经过 15～30d 即可完成。小白菜属长日照植物，但对光照要求不严格，在高光照度条件下，可促进发育。小白菜根系分布浅，吸收能力弱，加上叶片多，水分蒸发量大，在整个生长期对土壤湿度和空气湿度都要求较高，水分不可过多，但要保持湿润。对土壤的适应用性较强，要求不太严格，但在 pH 5.5～7.0、富含有机质、保水和排水良好的沙壤土、壤土或轻黏质壤土上生长良好。不宜重茬，施肥应以有机肥为主，并注意氮、磷、钾、钙、硼的配比。

(1) 冬春漫棵小白菜栽培

采用大棚或小棚设施，11 月至翌年 2 月播种，针对元旦、春节及 3—4 月"春缺"市场，弥补蔬菜淡季供应。产量 1 000～1 500kg/亩。

① 品种选择

选用耐寒、耐抽薹品种，如上海青、苏州青、皇冠、紫衣等。

② 整地播种

播前，撒施腐熟有机肥 1 500～2 000kg/亩，或商品有机肥 400～500kg/亩，或 15 - 15 - 15 三元复合肥 30～35kg/亩，施后翻耕耙细，做成 1.2～1.5m 宽的小高畦。播种前浇足底水，均匀撒播，用种量 500～800g/亩，播后适当镇压，并覆盖地膜保温、保湿，出苗后及时揭除地膜。

③ 田间管理

以保温为主，棚内温度超过 30℃ 时及时通风换气；在生长过程中保持土壤湿润。出苗后 15～20d 开始陆续间苗上市，定苗后株行距 6cm 左右，并及时追施腐熟畜禽粪污液肥 800～1 000kg/亩或 0.2％磷酸二氢钾＋0.3％尿素水溶液 2 000kg/亩。腐熟畜禽粪污液肥稀释 3～5 倍后肥水一体施入。

④ 病虫害防治

及时防治软腐病、霜霉病、蚜虫等病虫害。

⑤ 采收

抽薹前及时采收，保证品质。

(2) 夏秋小白菜栽培

夏秋小白菜栽培 5—8 月播种。此时正值梅雨、高温暴雨季节，采用一膜（塑料薄膜顶）一网（遮阳网或防虫网）覆盖栽培。根据鲜菜上市要求和市场行情，从菜秧直至漫棵小白菜均可适时采收，产量 600～1 500kg/亩。

① 品种选择

选用耐热小白菜品种，如夏王子、皇冠、夏冬青、华王、紫衣等。

② 整地播种

播前，撒施腐熟有机肥 1 000～1 500kg/亩，或生物有机肥 300～400kg/亩，或 15 - 15 - 15 三元复合肥 20～25kg/亩，施后翻耕耙细，做成 1.2～1.5m 宽的高畦。播种前先浇足底水，然后均匀撒播，用种量 750～1 000g/亩，播后用腐熟有机肥约 500kg/亩（与 70％噁霉灵可湿性粉剂按 10 000∶1 混合）盖种，轻拍后贴地覆盖遮阳网。有 60％～70％的种子出苗后揭除遮阳网。

③ 田间管理

保持土壤湿润，浇水应在早晨和傍晚温度较低时进行，每天浇水 1～2 次。菜秧一般不追肥，漫棵菜定苗后追施腐熟畜禽粪污液肥 800～1 000kg/亩或 0.2％磷酸二氢钾＋0.3％尿素水溶液 2 000kg/亩。腐熟畜禽粪污液肥稀释 3～5 倍后肥水一体施入。

④ 病虫害防治

及时防治猝倒病、软腐病、霜霉病、小菜蛾、菜青虫、夜蛾、黄曲条跳甲、猿叶虫、蚜虫等病虫害。

⑤ 采收

根据市场行情分批采收上市。

(3) 秋冬小白菜栽培

秋冬小白菜产量高、品质好，9 月上旬至 10 月上中旬播种，11 月至翌年 3 月采收，产量 2 000～3 000kg/亩。

① 品种选择

选择耐热、抗寒、抗病、品质优的品种，如上海青、苏州青、皇冠、紫衣等。

② 播种育苗

苗床撒播育苗，苗床用种量 500g/亩左右。播前苗床浇透水，种子均匀撒播，播后用约 1 500kg/亩腐熟有机肥（与 70%噁霉灵可湿性粉剂按 10 000：1 混合）盖种，轻拍后覆盖遮阳网，出苗后及时揭除遮阳网。苗龄 25～35d。

③ 整地定植

定植前，撒施腐熟有机肥 2 000～2 500kg/亩，或商品有机肥 500～600kg/亩，或 15-15-15 三元复合肥 40～50kg/亩，施后翻耕耙细，做成 1.5～2m 宽的高畦。10 月上旬至 11 月上中旬定植，株行距 20cm×20cm 左右。

④ 田间管理

田间土壤见干见湿。植株封行前，结合中耕除草追肥 2 次，每次追施腐熟畜禽粪污液肥 1 000～1 500kg/亩，或追施尿素 5～10kg/亩。腐熟畜禽粪污液肥稀释 3～5 倍后肥水一体施入。

⑤ 病虫害防治

及时防治猝倒病、软腐病、霜霉病、小菜蛾、菜青虫、夜蛾、黄曲条跳甲、猿叶虫、蚜虫等病虫害。

⑥ 采收

11 月至翌年 3 月，根据市场行情适时采收上市。

3. 叶用芥菜

叶用芥菜一般秋冬栽培，播期要求较为严格，8 月下旬至 9 月上旬播种育苗，11 月中下旬采收，产量 2 000～3 000kg/亩。

① 品种选择

品种选用九头鸟、雪里蕻等。

② 播种育苗

采用轻基质 72 孔穴盘育苗，播前温水浸种，每穴播 2～3 粒种子，播后盖种，厚 1cm，浇透水，贴盘覆盖遮阳网，需种量 80～100g/亩，出苗后及时揭去覆盖物，子叶展平后及时定苗，保证每穴 1 苗。苗龄 25～30d。

③ 整地定植

定植前，撒施腐熟有机肥 2 000～2 500kg/亩，或商品有机肥 500～600kg/亩，或 15-15-15 三元复合肥 40～50kg/亩，施后翻耕耙细，做成 1.5～2m 宽的高畦。9 月下至 10 月上旬定植，株行距 30cm×30cm 左右。

④ 田间管理

田间土壤见干见湿。植株封行前，结合中耕除草追肥 2 次，每次追施腐熟畜禽粪污液肥 1 000～1 500kg/亩或尿素 5～10kg/亩。腐熟畜禽粪污液肥稀释 3～5 倍后肥水一体施入。收获前 15d 应控制水分。

⑤ 病虫害防治

及时防治软腐病、霜霉病、小菜蛾、菜青虫、夜蛾、蚜虫等病虫害。

⑥ 采收

选择晴天露水干后采收。

4. 结球甘蓝

结球甘蓝属于十字花科芸薹属一二年生草本植物。根据叶形和色泽可分为普通甘蓝、皱叶甘蓝和紫叶甘蓝，栽培上以普通甘蓝为主，根据球形分为尖头、圆头、平头 3 种类型。种子千粒重 3.5～4.5g。结球甘蓝耐寒喜温和，生长适宜温度为 13～20℃，能适应的温度范围为 7～25℃；种子在 2～3℃可缓慢发芽，发芽适宜温度为 18～20℃；幼苗可忍耐－5～－2℃低温，秋甘蓝结球后，短时间处于－10℃的环境外叶受冻，升温后可以恢复；结球温度以 17～20℃为宜，温度过高，质量下降。结球甘蓝属长日照作物，未完成春化之前，长日照利于其生长；对光强度要求不高，比较耐阴。结球甘蓝要求水分充足，结球期喜土壤水分多，空气湿润，但在幼苗期和莲座期能忍耐一定的干旱和潮湿的气候环境，一般情况下，结球甘蓝在空气相对湿度 70%～80%，土壤相对湿度 60%～70%的条件下，生长较为适宜。对土壤适应性强，以 pH 5.5～6.7、富含有机质、保肥、保水，通气性好的壤土、轻黏土为宜。不宜连作，施肥以有机肥和氮肥为主，并注意氮、磷、钾、钙、硼的配比。

(1) 春甘蓝栽培

春甘蓝一般采用露地栽培，作为堵"春缺"重要蔬菜，具有较高的投入产出比，产量 2 000～4 000kg/亩。

① 品种选择

尖头型品种有春丰、探春、苏甘 867、苏甘 21 等；平头型品种有早甘 40、H-60、巨丰、绿宝石等。

② 培育壮苗

选择通风、排水良好的地块，做成宽 1.5m 的畦，作苗床。采用轻基质 50～72 孔穴盘育苗，尖头型品种于 10 中旬播种，平头型品种采用大棚保温栽培，于 12 月下旬至翌年 1 月中下旬播种，每穴 1～2 粒，覆基质，厚约 0.5cm，需种量 30～50g/亩。播种后，苗棚内要注意保温，出苗后适当通风，基质保持湿润，并结合浇水追肥 0.2%尿素＋0.2%磷酸二氢钾 1～2 次。苗龄 30～40d。

③ 整地定植

定植前，撒施腐熟有机肥 2 000～3 000kg/亩，或商品有机肥 500～800kg/亩，或 15-15-15 三元复合肥 40～50kg/亩，耙细，做成垄高 15～20cm，垄宽 60cm，沟宽 40cm 的高垄，垄面上铺滴灌带，覆盖地膜。当苗有 4～5 片真叶时定植，尖头型品种于 11 月中下旬定植，平头型品种于 2 月上中旬至 3 月上中旬定植，每垄种 2 行，行距 40～45cm，株距为 40cm。定植不宜过深，基质坨面以低于土面 1cm 为宜，定植后浇透定根水。

④ 田间管理

生长期间需水量视墒情而定，但施肥后要浇透水。叶球采收期要适当控水，防止裂球。整个生长期，结合中耕除草追肥 2 次，第一次在封行前，追施腐熟畜禽粪污液肥 1 200～1 500kg/亩，或尿素 8～10kg/亩；第二次在结球初期，追施腐熟畜禽粪污液肥 800～1 000kg/亩和 15 - 15 - 15 三元复合肥 10～15kg/亩，或 15 - 15 - 15 三元复合肥 25～30kg/亩。腐熟畜禽粪污液肥稀释 3～5 倍后肥水一体施入。后期结合防病治虫，叶面追施 1～2 次 0.3％磷酸二氢钾＋0.1％硼肥＋0.1％钙肥。

⑤ 防治病虫害

及时防治软腐病、菌核病、菜青虫、小菜蛾等病虫害。

⑥ 采收

结球紧实后及时采收，一般尖头型品种于 4 月中下旬至 5 月中旬采收，平头型品种于 5 月中旬至 6 月中旬采收。

（2）伏秋甘蓝栽培

伏秋甘蓝育苗及生长季节均在高温多雨季节，此时病虫害高发，在品种选择、设施应用及栽培措施上有较高要求，只要品种选择恰当，措施得当，也能获得较高产量。产量 3 000～4 000kg/亩。

① 品种选择

选择耐热、抗病、整齐度高的品种，如：H - 60、夏绿 50、暑帝等。

② 播种培育

采用避雨遮阴设施，轻基质 72 孔穴盘育苗，于 5 月上中旬至 6 月下旬播种，每穴 1～2 粒，覆基质，厚约 0.5cm，需种量 30～50g/亩，播种后覆盖遮阳网降温保湿，出苗后及时揭除遮阳网，保证水分供应，并结合浇水追肥 0.2％尿素＋0.2％磷酸二氢钾混合液 1～2 次。苗龄 25～30d。

③ 整地定植

定植前，撒施腐熟有机肥 2 500～3 000kg/亩，或商品有机肥 600～800kg/亩，或 15 - 15 - 15 三元复合肥 40～50kg/亩，耙细，做成垄高 15～20cm，垄宽 60cm，沟宽 40cm 的高垄，垄面上铺滴灌带。6 月上中旬至 7 月下旬定植，每垄种 2 行，行距 40～45cm，株距为 40cm。定植不宜过深，基质坨面以低于土面 1cm 为宜，定植后浇透定根水。

④ 田间管理

生长期高温，保证水分供应，特别是施肥后要浇透水。叶球采收期要适当控水，防止裂球。封行前，追施腐熟畜禽粪污液肥 800～1 000kg/亩和 15 - 15 - 15 三元复合肥 10～15kg/亩，或 15 - 15 - 15 三元复合肥 25～30kg/亩。腐熟畜禽粪污液肥稀释 3～5 倍后肥水一体施入。后期结合防病治虫，叶面追施 1～2 次 0.3％磷酸二氢钾＋0.1％硼肥＋0.1％钙肥。

⑤ 防治病虫害

及时防治软腐病、菌核病、黑斑病、菜青虫、小菜蛾及斜纹夜蛾等病虫害。

⑥ 适时采收

定植后 60d 左右，结球紧实后及时采收上市。

（3）秋冬（越冬）甘蓝栽培

选用耐寒、冬性强的品种。育苗期间高温多雨，应采取遮阳网或防虫网覆盖等遮阴、防暴雨措施，生长期间管理简便，上市期正值春季缺菜时节，栽培投入少，经济效益高。产量 3 000～5 000kg/亩。

① 品种选择

秋冬甘蓝选用 H-60、京丰 1 号，越冬甘蓝选用 H-60、苏甘 21、苏甘 867 等。

② 播种育苗

采用避雨遮阴设施，轻基质 72 孔穴盘育苗。秋冬甘蓝于 7 月中旬播种，越冬甘蓝于 8 月上中旬播种，每穴 1～2 粒，覆基质，厚约 0.5cm，需种量 30～50g/亩。播种后覆盖遮阳网降温保湿，出苗后及时揭除遮阳网，保证水分供应，并结合浇水追肥 0.2% 尿素＋0.2% 磷酸二氢钾 1～2 次。苗龄 25～30d。

③ 整地定植

耕地前，施腐熟有机肥 2 000～2 500kg/亩，或商品有机肥 500～600kg/亩，或 15-15-15 三元复合肥 40～50kg/亩，耙细，做成垄高 15～20cm，垄宽 80cm，沟宽 40cm 的高垄，垄面上铺滴灌带，覆盖地膜。秋冬甘蓝于 8 月中旬定植，越冬甘蓝于 9 月上中旬定植，每垄栽 2 行，行距 60cm，株距为 50cm。定植不宜过深，基质坨面以低于土面 1cm 为宜，定植后及时浇透定根水。

④ 田间管理

生长前期高温，应保证水分供应；后期寒潮来临前可灌水防冻，采收期要适当控水。封行前，追施腐熟畜禽粪污液肥 800～1 000kg/亩和 15-15-15 三元复合肥 10～15kg/亩，或 15-15-15 三元复合肥 25～30kg/亩。腐熟畜禽粪污液肥稀释 3～5 倍后肥水一体施入。后期结合防病治虫，叶面追施 1～2 次 0.3% 磷酸二氢钾＋0.1% 硼肥＋0.1% 钙肥。

⑤ 防治病虫害

及时防治软腐病、菌核病、黑斑病、菜青虫、小菜蛾、斜纹夜蛾等病虫害。

⑥ 适时采收

秋冬甘蓝于 10 月中旬至 11 月采收，越冬甘蓝于 12 月至翌年 4 月中旬采收，可根据市场行情陆续采收上市。

5. 球茎甘蓝

球茎甘蓝又称苤蓝，十字花科芸薹属一二年生草本植物。球茎皮色绿色、绿白色和紫色，种子千粒重 3.5～4.5g。苤蓝喜温、喜湿润，需充足的光照，较耐寒，但也能适应高温。发芽的最低温度为 2～3℃，生长适宜温度 15～20℃；肉茎膨大期如遇 30℃ 以上高温，肉质易纤维化。苤蓝属长日照作物，在其未完成春化前，长日照有利于生长，但对光强度适应范围较宽，泰州地区一般春、秋两季栽培都能满足其对光照的要求。对土壤的选择不严格，但宜于 pH 5.5～7.0、有机质丰富的黏壤土或沙壤土中种植。不宜连作，施肥应以有机肥为主，并注意氮、磷、钾、钙、硼的配合。

(1) 春苤蓝

春苤蓝多露地栽培，3 月中下旬至 4 月上旬播种，6—7 月收获，产量 2 000～2 500 kg/亩。

① 品种选择

选择冬性强、耐抽薹的早熟品种，如天津青皮、天津春冠、荷兰利浦紫皮等。

② 播种育苗

采用大棚设施，轻基质72孔穴盘育苗，于3月中下旬至4月上旬播种，播前温水浸种，每穴1～2粒，覆基质，厚约0.5cm，并覆盖地膜。用种量40～50g/亩，苗龄30～35d。

③ 整地定植

定植前，施腐熟有机肥2 000～2 500kg/亩，或商品有机肥500～600kg/亩，或15‐15‐15三元复合肥35～40kg/亩，深翻耙细，做成高15～20cm，畦面宽90cm，沟宽40cm的高垄，畦面上铺设滴灌带，覆盖地膜。4月中下旬至5月上中旬定植，每畦定植3株，行距约40cm，株距40cm，定植不宜过深，基质坨面以低于土面1cm为宜。

④ 田间管理

水分管理：定植后浇透定根水，第二天复水1次，保证全苗；之后保持土壤见干见湿，雨天及时排水防涝；球茎膨大期，均匀浇水，小水勤浇，保持地表不干，以利于球茎快速膨大和防止球茎开裂；心叶不再生长时，即接近成熟期，不再浇水。

肥料管理：缓苗后，结合浇水追施腐熟畜禽粪污液肥800～1 200kg/亩，或施尿素5～8kg/亩；球茎膨大初期，结合浇水追施腐熟畜禽粪污液肥800～1 000kg/亩和15‐15‐15三元复合10～15kg/亩，或15‐15‐15三元复合25～30kg/亩。腐熟畜禽粪污液肥稀释3～5倍后肥水一体施入。在球茎膨大后期叶面喷施1～2次0.3%磷酸二氢钾＋0.1%硼肥＋0.1%钙肥。

⑤ 病虫害防治

及时防治软腐病、霜霉病、蚜虫、菜青虫、斜纹夜蛾、菜粉蝶、地老虎等病虫害。

⑥ 采收

心叶不再生长时应及时采收。采收过迟，茎皮变厚、变硬，球茎肉纤维老化影响品质。

（2）秋苤蓝

秋苤蓝采取遮阴、防雨措施，7月中旬至8月上旬播种育苗，10中旬月至11月收获，产量2 000～2 500kg/亩。

① 品种选择

秋露地栽培宜选择适应性强、抗高温干旱、耐低温霜冻、球茎较大、抗病虫害等的中晚熟品种，如天津青皮、沪苤1号、大叶芥蓝头等。

② 播种育苗

播前温水浸种，采用遮阴防雨设施，轻基质72孔穴盘育苗，每穴1～2粒，覆基质，厚约0.5cm，盘上覆盖遮阳网。用种量40～50g/亩，苗龄30～35d。

③ 整地定植

定植前，施腐熟有机肥2 000～2 500kg/亩，或商品有机肥500～600kg/亩，或15‐15‐15三元复合35～40kg/亩，深翻耙细，做成高15～20cm，畦面宽90cm，沟宽40cm的高垄。畦面上铺设滴灌带，覆盖地膜。8月中旬至9月上中旬定植，每畦定植3株，行距约40cm，株距40cm，定植不宜过深，基质坨面以低于土面1cm为宜。

④ 田间管理

水分管理：定植后浇透定根水，依天气情况每天复水 1 次，连续 2～3d，直至活棵；秋季栽培要适当多浇水，降温、保墒；但植株生长前期常处于高温多雨季节，既要防旱，又要防涝，始终保持土壤见干见湿为好。心叶不再生长时，即接近成熟期，不再浇水。

肥料管理：缓苗后，结合浇水追施腐熟畜禽粪污液肥 800～1 200kg/亩，或尿素 5～8kg/亩；球茎膨大初期，结合浇水追施腐熟畜禽粪污液肥 800～1 000kg/亩和 15-15-15 三元复合 10～15kg/亩，或 15-15-15 三元复合 25～30kg/亩；腐熟畜禽粪污液肥稀释 3～5 倍后肥水一体施入。在球茎膨大后期叶面喷施 1～2 次 0.3% 磷酸二氢钾＋0.1% 硼肥＋0.1% 钙肥。

⑤ 病虫害防治

及时防治软腐病、霜霉病、蚜虫、菜青虫、斜纹夜蛾、地老虎等病虫害。

⑥ 采收

心叶不再生长时应及时采收。采收过迟，茎皮变厚、变硬，球茎肉纤维老化影响品质。

6. 西兰花

西兰花别称青花菜，为十字花科芸薹属一二年生草本植物，种子千粒重 3.5～5.0g。西兰花属半耐寒性蔬菜，喜温和、凉爽气候条件。种子发芽适宜温度为 20～30℃，生长发育适宜温度为 15～18℃。生长前期需要温度较高，适宜温度 18～25℃，后期（花球形成期）需要温度较低，适宜温度 15～18℃，幼苗期耐热性、耐寒性强，生育中后期抗性变弱，5℃以下生长缓慢。西兰花属于低温、长日照植物，喜光，光照不足，植株徒长，花球颜色变黄，影响品质。西兰花较喜湿润环境，对水分需求量较多，尤其是花芽分化后的花球形成期，需要水分更多，缺少水分，抑制花球形成，降低产量和质量。西兰花对土壤养分要求较严格，以保水保肥力强、有机质丰富、pH 5.5～8.0 的壤土或黏壤土为宜。不宜重茬，施肥以有机肥为主，增施氮肥并注意氮、磷、钾、硼、钼、镁配比合理。

（1）春西兰花栽培

春西兰花栽培一般于 1 月下旬至 2 月上中旬育苗，于 3 月露地或地膜覆盖定植，于 5 月上中旬至 6 月收获。产量 1 200～1 500kg/亩。

① 品种选择

品种选用早熟耐寒性好类型，如优秀、寒秀等早熟品种。

② 播种育苗

利用棚室轻基质 72 孔穴盘育苗，播前温水浸种、催芽处理，每穴 1～2 粒，覆基质，厚约 0.5cm，用种量 20～25g/亩。播后覆盖地膜，育苗期间注意保温，出苗后保证每穴 1 株，苗龄 40～45d。

③ 整地定植

定植前，撒施腐熟有机肥 2 000～2 500kg/亩，或商品有机肥 500～600kg/亩，或 15-15-15 三元复合肥 30～35kg/亩，深翻耙细，做成高 15～20cm，畦面宽 100～120cm，沟宽 40cm 的高垄。畦面上铺设滴灌带，覆盖地膜。选晴天的上午定植，每垄定植 3 株，行距约50cm，株距40cm。定植不宜过深，基质坨面以低于土面1cm为宜。定植后浇透定根水。

④ 田间管理

定植后3～5d，棚内保持较高温度，活棵后，温度在15℃以上时，大棚昼夜通风。定植后15d，结合浇水施腐熟畜禽粪污液肥500～800kg/亩，或0.3％尿素水溶液1 000～1 500kg/亩；莲座期腐熟畜禽粪污液肥1 200～1 500kg/亩，或穴施尿素8～10kg/亩；结球初期，结合浇水施腐熟畜禽粪污液肥500～600kg/亩和15-15-15三元复合肥10～15kg/亩，或15-15-15三元复合肥20～25kg/亩。腐熟畜禽粪污液肥稀释3～5倍后肥水一体施入。之后保持土壤湿润直至收获。现蕾后，每7～10d喷施钼、硼肥，共喷2次。

⑤ 病虫害防治

及时防治霜霉病、菌核病、灰霉病、黑腐病、菜青虫、蚜虫等病虫害。

⑥ 采收及采后处理

当花球直径15cm左右，球面稍凸，花蕾严密尚未松开时采收；采收时，从花球下部带花茎10～15cm割下，保留3片大叶护花，以免在贮运过程中损伤。

(2) 秋冬西兰花栽培

秋冬西兰花可早中熟、晚熟品种搭配，于7月中旬至8月上旬分批播种育苗，育苗需采用遮阳网或防虫网覆盖等遮阴、防暴雨措施；8月中旬至9月上旬露地定植，11月中下旬至翌年3月收获，早中熟品种产量1 200～1 500kg/亩，晚熟品种1 500～2 500kg/亩。

① 品种选择

冬前采收选择早中熟品种，如优秀、寒秀、炎秀、苏青3号等；越冬栽培选择中晚熟品种，如圣绿、晚生圣绿等。

② 播种育苗

采用遮阴、防暴雨设施，轻基质72孔穴盘育苗，播前温水浸种，每穴1～2粒，覆基质，厚约0.5cm，用种量20～25g/亩。苗龄30～35d。

③ 整地定植

定植前，施腐熟有机肥2 500～3 000kg/亩，或商品有机肥600～800kg/亩，或15-15-15三元复合肥35～40kg/亩，深翻耙细，做成高15～20cm，畦面宽100～120cm，沟宽40cm的高垄。畦面上铺设滴灌带，覆盖地膜。选晴天的上午定植，每垄定植3株，行距约50cm，株距40cm。定植不宜过深，基质坨面以低于土面1cm为宜。定植后浇透定根水。

④ 田间管理

定植后15d，结合浇水，施腐熟畜禽粪污液肥500～800kg/亩或0.3％尿素水溶液1 000～1 500kg/亩；莲座期结合浇水施腐熟畜禽粪污液肥1 200～1 500kg/亩，或穴施尿素8～10kg/亩；结球初期，结合浇水追施腐熟畜禽粪污液肥800～1 000kg/亩和15-15-15三元复合肥10～15kg/亩，或15-15-15三元复合肥25～30kg/亩。腐熟畜禽粪污液肥稀释3～5倍后肥水一体施入。之后保持土壤湿润直至收获。现蕾后每7～10d喷施钼、硼肥，共喷2次。多雨季节及时排水，防止积水沤根。越冬栽培的，进入冬季后注意防冻。

⑤ 病虫害防治

及时防治霜霉病、软腐病、黑腐病、菌核病、黄条跳甲、蚜虫、菜青虫、小菜蛾、菜螟、夜蛾、地老虎等病虫害。

⑥ 采收

当花球直径 15cm 左右，球面稍凸，花蕾严密尚未松开时采收；采收时，从花球下部带花茎 10～15cm 割下，保留 3 片大叶护花，以免在贮运过程中损伤。顶花球采收后，植株的腋芽萌发，形成侧花球，当侧花球长到一定大小、花蕾尚未松开时采收，一般可连续采收 2～3 次。

7. 花椰菜

花椰菜又称花菜，头部为白色花序，与西兰花的头部类似。为十字花科芸薹属一二年生草本植物，种子千粒重 3.5～5.0g。属半耐寒性蔬菜，不耐炎热、干旱及霜冻。种子发芽的最低温度为 2～3℃，发芽最适温度为 20～25℃；营养生长的适宜温度范围为 8～24℃，花球生长的适宜温度为 15～18℃，8℃ 以下时生长缓慢，0℃ 以下花球易受冻害；气温在 −2～−1℃ 时叶片受冻，在 24～25℃ 以上时花球小，品质差，产量下降；花椰菜从种子发芽到幼苗期均可受低温影响完成春化，温度范围较宽，为 5～20℃。花椰菜属长日照作物，营养生长期需要较长和较强的光照，结球期花球不宜接受强光照射。花椰菜喜湿润环境，不耐干旱，耐涝能力也较弱，对水分供应要求比较严格，整个生育期都需要充足的水分供应，特别是蹲苗以后到花球形成期需要大量水分。土壤以保水保肥力强、有机质丰富、pH 6.0～7.5 的壤土或黏壤土为宜。不宜重茬，施肥以有机肥为主，增施氮肥并注意氮、磷、钾、硼、钼、镁配比合理。

(1) 春花菜栽培

选择冬性强、耐寒的品种，于 12 月中下旬播种，大棚覆盖育苗，2 月上旬采用大棚＋小棚＋地膜覆盖栽培，在蔬菜供应的淡季 4 月中旬至 5 月上市，产量 1 500～2 500kg/亩。

① 品种选择

可选用庆农 90、庆农 80、久松 90 等耐寒松花菜品种，阳春 60、雪丽等紧实花菜品种，定植后 65d 左右收获。

② 培育壮苗

棚室轻基质 72 孔穴盘育苗，播前温水浸种、催芽，每穴 1～2 粒，覆基质，厚约 0.5cm，用种量 20～25g/亩。播后覆盖地膜，育苗期间注意保温，播种后昼温控制在 20～25℃，夜温 10℃ 左右，齐苗后，昼温 15～18℃，不高于 20℃，夜温不低于 5℃，始终保持基质湿润，在 2 片真叶和定植前 10d，浇施 0.1%～0.3% 的尿素和磷酸二氢钾混合液。定植前 10d 低温炼苗。苗龄 40～45d。

③ 整地定植

于晴天提前整地扣棚，覆盖地膜暖地，定植前施腐熟有机肥 2 000～3 000kg/亩，或商品有机肥 500～800kg/亩，或 15 - 15 - 15 三元复合肥 30～40kg/亩，耕翻耙细，做高垄。松花菜的垄高 15～20cm，畦面宽 100cm，沟宽 40cm；紧实花菜的垄高 15～20cm，畦面宽 70cm，沟宽 40cm。畦面上铺设滴灌带，覆盖地膜。选在晴天上午定植，每垄 2

行，松花菜平均行距 70cm，株距 60cm；紧实花菜平均行距 55cm，株距 40cm，定植深度以基质坨面低于土面 1cm 为宜，定植后浇透定根水。

④ 田间管理

温度管理：定植后 3～5d 棚内保持较高温度。活棵后，当棚内昼温高于 25℃，通风换气，夜间保持 10℃左右；幼苗开始生长时，昼温控制在 22℃，不超过 25℃，莲座期昼温控制在 15～20℃，夜温 10℃左右，花球发育期昼温控制在 14～18℃，不超过 24℃，夜温尽量控低。一般于 3 月下旬撤小拱棚，揭开大棚四周薄膜通风。

肥水管理：定植后 10～15d，结合浇水施腐熟畜禽粪污液肥 500～800kg/亩，或 0.3％尿素水溶液 1 000～1 500kg/亩；莲座期，结合浇水施腐熟畜禽粪污液肥 1 200～1 500kg/亩，或穴施尿素 8～10kg/亩；结球初期，结合浇水追施腐熟畜禽粪污液肥 500～600kg/亩和 15 - 15 - 15 三元复合肥 10～15kg/亩，或 15 - 15 - 15 三元复合肥 20～25kg/亩。腐熟畜禽粪污液肥稀释 3～5 倍后肥水一体施入。之后保持土壤湿润直至收获，现蕾后每 7～10d 喷施钼、硼肥，共喷 2 次。

花球管理：在花球横径 5cm 左右（鸡蛋大）时，折叶覆盖花球，以避免阳光直射，保持花球洁白。

⑤ 病虫害防治

及时防治霜霉病、菌核病、灰霉病、黑腐病、菜青虫、蚜虫等病虫害。

⑥ 采收及采后处理

松花菜一般在花球充分膨大、花面平整、花球边缘稍有散状时采收；紧实花菜在花球充分长大、表面平滑、致密紧实、未散开时采收。采收时，注意要一同割下 3～4 片叶片保护花球，以免在包装运输时碰伤。采收一般在晴天下午进行，雨天不可采收。

（2）秋花菜

秋花菜在 6 月上旬至 8 月上旬分批播种育苗，此时正值高温多雨季节，育苗需采用遮阳网或防虫网覆盖等遮阴，防暴雨措施，于 8—12 月采收。产量 1 500～3 000kg/亩。

① 品种选择

6 月上旬至 7 月上播种的（早秋花菜）可选 50d、65d 耐热、耐湿品种，如金光 50、庆农 65 等，定植后 50d 左右收获，7 月中下旬至 8 月上旬播种的（秋花菜）可选用耐寒、耐湿品种，如庆农 90、台松 100、浙农松花菜、雪丽、申雪等。

② 播种育苗

采用遮阴避雨育苗方式。轻基质 72 孔穴盘育苗，播前温水浸种，每穴 1～2 粒，覆基质，厚约 0.5cm，用种量 20～25g/亩，播后贴盘覆盖遮阳网保湿降温。苗龄 30d 左右。

③ 整地定植

定植前，施腐熟有机肥 2 000～3 000kg/亩，或商品有机肥 500～800kg/亩，或 15 - 15 - 15 三元复合肥 40～50kg/亩，耕翻耙细，做高垄。早秋花菜的垄高 15～20cm，畦面宽 70～80cm，沟宽 40cm；秋花菜的垄高 15～20cm，畦面宽 80～100cm，沟宽 40cm。畦面上铺设滴灌带，覆盖地膜。选晴天上午定植，每垄 2 行。早秋紧实花菜行距 50cm、株距 40cm；早秋松花菜行距 60cm、株距 50cm；秋紧实花菜行距 60cm、株距 50cm；秋松花菜行距 70cm、株距 60cm。定植深度以基质坨面低于土面 1cm 为宜，定植后浇透定根水。7d 内棚顶覆盖遮阳网。

④ 田间管理

定植时若温度较高，注意揭盖遮阳网，防止高温障碍。定植后 10～15d，结合浇水施腐熟畜禽粪污液肥 500～800kg/亩，或 0.3% 尿素水溶液 1 000～1 500kg/亩；莲座期，结合浇水施腐熟畜禽粪污液体肥 1 200～1 500kg/亩，或穴施尿素 8～10kg/亩；结球初期，结合浇水追施腐熟畜禽粪污液肥 500～800kg/亩和 15 - 15 - 15 三元复合肥 10～15kg/亩，或 15 - 15 - 15 三元复合肥 20～25kg/亩。腐熟畜禽粪污液肥稀释 3～5 倍后肥水一体施入。之后保持土壤湿润直至收获，现蕾后每 7～10d 喷施钼、硼肥，共喷 2 次。花球露出后，应及时折叶覆盖。

⑤ 病虫害防治

及时防治霜霉病、软腐病、黑腐病、菌核病、黄条跳甲、蚜虫、菜青虫、小菜蛾、菜螟、夜蛾、地老虎等病虫害。

⑥ 采收及采后处理

松花菜一般在花球充分膨大，花面平整，花球边缘稍有散状时采收；紧实花菜在花球充分长大，表面平滑，致密紧实，未散开时采收。采收时，注意一同割下 3～4 片叶片保护花球，以免在包装运输时碰伤。采收一般在晴天下午进行，雨天不可采收。

（二）根菜类

1. 萝卜

萝卜属于十字花科萝卜属一二年生草本植物。根肉质，长圆形、球形或圆锥形，根皮红色、绿色、白色、粉红色或紫色。种子千粒重，大型萝卜品种为 7～13g，小型萝卜品种为 8～10g。适合各地四季栽培，品种极多。萝卜属半耐寒性蔬菜，喜冷凉。2～3℃ 时种子开始发芽，发芽适宜温度为 20～25℃；叶片生长适宜温度为 5～25℃；肉质根生长适宜温度为 13～18℃。要求中等光照，高温长日照易抽薹。喜湿，不耐干旱又怕涝，要保持水分均匀供应。在土层 20～40cm、pH 5.5～7.0、富含有机质、保水排水良好的沙壤土、壤土或轻黏质壤土上生长良好。前茬最好选施肥多且消耗少的非十字花科蔬菜，如绿叶菜类、果菜类、禾谷类等，施肥应以有机肥为主，并注意氮、磷、钾、钙、硼的配比。

（1）春萝卜栽培

春萝卜茬口是调节市场供应，填补淡季的重要茬口。利用大棚设施，于 2 月中下旬至 3 月播种，5 月中旬至 6 月采收。大型萝卜品种产量 3 000～6 000kg/亩，小型萝卜品种产量 1 000～1 500kg/亩。

① 品种选择

选用冬性强，低温生长快，抽薹迟，抗病性强、品质好的品种。大型萝卜品种有白玉春、美玉春、世农 301、南春白 6 号、春红等；小型萝卜品种有扬州白、百日子等。

② 整地播种

小型萝卜品种，基肥撒施腐熟有机肥 2 000～2 500kg/亩，或生物有机肥 500～

600kg/亩，或 15 - 15 - 15 三元复合肥 20～30kg/亩；大型萝卜品种适当增加基肥施用量。施后翻耕耙细，做成宽 1.2～1.5m，高 25～30cm 的畦。株行距根据品种而定，大型萝卜品种株行距 30cm×（30～40）cm，穴播，用种量 160～200g/亩；小型萝卜品种株行距 15cm×15cm，用种量 500～600g/亩。播后耙土均匀盖种，浇透水，并用腐熟有机肥约 500kg/亩（与 70%噁霉灵可湿性粉剂按 10 000∶1 混合）盖种，之后覆盖地膜，出苗后及时揭除覆盖物。

③ 田间管理

间苗定苗：一般间苗 1～2 次。三叶一心定苗，间苗在中午进行。

温度调控：以保温为主，如棚温超过 30℃，在背风面放风透气。

肥水管理：田间土壤保持湿润；掌握少浇勤浇的浇水原则，生长前期，以干湿交替为主；肉质根膨大期，保持土壤相对湿度在 70%～80%。冬季和早春应在中午浇水，晚春在上午或下午浇水。露肩期，结合浇水追施腐熟畜禽粪污液肥 800～1 000kg/亩和 15 - 15 - 15 三元复合肥 10～15kg/亩，或 15 - 15 - 15 三元复合肥 25～30kg/亩。腐熟畜禽粪污液肥稀释 3～5 倍后肥水一体施入。大型萝卜品种可适当增加追肥次数。在肉质根开始膨大后，叶面喷施 1～2 次 0.3%磷酸二氢钾＋0.1%硼肥＋0.1%钙肥。

④ 病虫害防治

及时防治病毒病、霜霉病、黑腐病、黄条跳甲、蚜虫、小菜蛾、菜青虫、夜蛾等病虫害。

⑤ 采收

按品种特性，及时采收，保证品质。

（2）夏萝卜栽培

夏萝卜一般露地栽培，选用耐热、耐渍、抗病能力强、不易空心，生育期短的品种，5—7 月播种，7—9 月采收上市。栽培时正处高温多雨，对品种和栽培技术要求较高，产量 1 500～3 000kg/亩。

① 品种选择

适宜的萝卜品种有热抗 40 天、夏抗 40 天、夏红 2 号、夏白 1 号、夏园白等。

② 整地播种

播前，撒施腐熟有机肥 1 500～2 000kg/亩或生物有机肥 400～500kg/亩、15 - 15 - 15 三元复合肥 20～30kg/亩，施后翻耕耙细，做成宽 1.2～1.5m，高 25～30cm 的畦。红萝卜按 20cm×20cm，白萝卜按 30cm×30cm 的株行距穴播，用种量 200～300g/亩，播后耙土，均匀盖种，浇透水，并用腐熟有机肥约 500kg/亩（与 70%噁霉灵可湿性粉剂按 10 000∶1混合）盖种，之后贴地覆盖遮阳网，出苗后及时揭除覆盖物。

③ 田间管理

间苗定苗：一般间苗 1～2 次，三叶一心定苗，间苗在中午进行。

中耕除草：分别在破肚期和露肩期中耕除草。

肥水管理：生长期保持土壤湿润，早晚浇水，注意田间降渍。露肩期，结合浇水追施腐熟畜禽粪污液肥 500～800kg/亩和 15 - 15 - 15 三元复合肥 10～15kg/亩，或 15 - 15 - 15 三元复合肥 20～25kg/亩；腐熟畜禽粪污液肥稀释 3～5 倍后肥水一体施入。在肉质根开始膨大后，叶面喷施 1～2 次 0.3％ 磷酸二氢钾＋0.1％硼肥＋0.1％钙肥。

④ 病虫害防治

及时防治猝倒病、病毒病、霜霉病、黑腐病、猿叶虫病、黄条跳甲、小菜蛾、菜青虫、夜蛾等病虫害。

⑤ 采收

播后 40～60d 即可根据市场行情陆续采收上市。

(3) 秋冬萝卜栽培

秋冬萝卜茬口一般在 8 月中旬至 9 月上旬播种，10 月下旬至 12 月采收，产量3 000～6 000kg/亩。

① 品种选择

适宜的萝卜品种有扬州白、百日子、心里美、青圆脆、世农白玉秋等。

② 整地播种

播前，撒施腐熟有机肥 3 000～5 000kg/亩，或生物有机肥 800～1 000kg/亩，或 15－15－15 三元复合肥 30～50kg/亩；施后翻耕耙细，做成宽 1.2～1.5m，高 25～30cm 的畦。按 30cm×（30～40）cm 株行距穴播，用种量 160～200g/亩。采用撒播方式，用种量 800～1 000g/亩。播后耙土均匀盖种，浇透水，并用腐熟有机肥 500kg/亩（与 70％ 噁霉灵可湿性粉剂按 10 000∶1 混合）盖种，之后贴地覆盖遮阳网，出苗后及时揭除覆盖物。

③ 田间管理

间苗定苗：一般间苗 1～2 次。三叶一心定苗，间苗在中午进行。

中耕除草：分别在破肚期和露肩期中耕除草。

肥水管理：生长期保持土壤湿润，掌握在早晚浇水；露肩期，结合浇水追施腐熟畜禽粪污液肥 1 000～1 200kg/亩和 15－15－15 三元复合肥 15～20kg/亩，或 15－15－15 三元复合肥 35～45kg/亩；腐熟畜禽粪污液肥稀释 3～5 倍后肥水一体施入。在肉质根开始膨大后，叶面喷施 1～2 次 0.3％磷酸二氢钾＋0.3％尿素＋0.1％硼肥＋0.1％钙肥。

④ 病虫害防治

及时防治猝倒病、病毒病、霜霉病、黑腐病、猿叶虫、黄条跳甲、蚜虫、小菜蛾、菜青虫、夜蛾等病虫害。

⑤ 采收

10 月下旬至 12 月，根据市场行情陆续采收上市。

2. 胡萝卜

胡萝卜属于伞形科胡萝卜属二年生草本植物。根肉质，圆锥形或圆柱状，根皮红色、黄色或紫色。属半耐寒性蔬菜，其耐寒性比萝卜强，种子千粒重 1.2～1.5g。4～6℃时种子开始发芽，发芽适宜温度为 18～25℃，叶片生长适宜温度为 23～25℃，肉质根生长适宜温度为 13～23℃。要求长日照。根系充足发育后比较耐旱，在肉质根膨大时又需要较多水分，怕积水，不耐涝。适宜在土层 20～40cm、pH 5.0～8.0、富含有机质、保水和排水良好的沙壤土、壤土或轻黏质壤土上生长，前茬最好为小麦、玉米、大豆等，施肥应以有机肥为主，并注意氮、磷、钾配比合理。

（1）春胡萝卜栽培

春胡萝卜于 2 月下旬至 4 月上旬播种，5 月下旬至 7 月采收。病虫害较少，容易种植，产量 2 500～3 500kg/亩。

① 品种选择

春胡萝卜的品种是丰产的关键之一，应选择早熟、丰产、抽薹迟、耐寒、耐干旱的品种，如日本岗红七寸参、韩红六寸参等。选择当年的新种，保证发芽率。

② 整地播种

播前，撒施腐熟有机肥 2 000～3 000kg/亩，或商品有机肥 500～800kg/亩，或 15 - 15 - 15 三元复合肥 30～35kg/亩，深翻耙细。大棚栽培，做宽 1.5～2.0m、高 10～20cm 的畦。露地栽培，做高 15～20cm，宽 60～80cm 的高垄，垄间沟宽 20cm。播前对种子进行催芽，用 40℃ 温水浸种 2～3h，水沥干后，在 20～25℃ 条件下保湿催芽 5～7d，当 50%～60% 的种子露白时即可播种。大棚或地膜覆盖栽培的，播前浇透水，覆盖地膜，按株行距 15cm×15cm 打孔穴播，用种量 300～400g/亩，播后盖细土或用少量腐熟有机肥盖种，盖种厚度 1～1.5cm。露地栽培按行距 20cm 开浅沟条播，先浇水，然后播种，用种量约 500g/亩，播后覆盖细土或用少量腐熟有机肥盖种。

③ 田间管理

间苗定苗：2 片真叶时间苗，3 片真叶时定苗，覆盖地膜的每穴留 1 株，露地栽培株距 10～15cm。间苗在中午进行。

温度调控：大棚或地膜栽培注意保温，如棚温超过 30℃，在背风面放风透气。

肥水管理：播后至幼苗期保持土壤湿润，进入叶部生长盛期，要适当控制水分，防止叶片徒长；肉质根肥大期，需水量较大，应及时浇水。生长期间追肥 3 次，第一次在定苗后，施腐熟畜禽粪污液肥 800～1 200kg/亩或尿素 5～8kg/亩；隔 20～25d 进行第二次追肥，施腐熟畜禽粪污液肥 500～800kg/亩或 15 - 15 - 15 三元复合肥 10～15kg/亩；进入肉质根肥大期，重追肥，施腐熟畜禽粪污液肥 500～600kg/亩和 15 - 15 - 15 三元复合肥 10～15kg/亩，或 15 - 15 - 15 三元复合肥 20～25kg/亩。腐熟畜禽粪污液肥稀释 3～5 倍后肥水一体施入。

④ 病虫害防治

及时防治病毒病、叶枯病、腐败病、地老虎、蚜虫等病虫害。

⑤ 采收

一般种后 90～100d，分批采收，当温度上升到 30℃ 时，为了不影响质量与产量应及时采收。

（2）秋胡萝卜栽培

秋胡萝卜在 7 月中下旬至 8 月上旬播种，10 月中下旬至翌年 2 月均可采收。病虫害少，容易种植。产量 4 000～5 000kg/亩

① 品种选择

选择品质好、产量高的品种，如东南亚改良新黑田五寸参、日本岗红七寸参、韩红六寸参等。选择当年的新种，保证发芽率。

② 整地播种

播前，撒施腐熟有机肥 3 000～4 000kg/亩，或商品有机肥 800～1 000kg/亩，或 15 - 15 - 15 三元复合肥 30～35kg/亩，深翻整细耙平，按 50cm 放线打垄，垄宽 27cm，高 10～15cm，垄顶呈钝圆形。播前，用冷水浸种 2～3h，沥干后，在 25℃ 下保湿催芽，有 10%～20% 的种子露白时即可播种。播种时在垄顶按 10cm 行距双行开浅沟，先浇水，后播种，用种量约 500g/亩，播后用细土或少量腐熟有机肥盖种，厚度约 1cm，贴地覆盖遮阳网，出苗后及时揭除遮阳网。

③ 田间管理

间苗定苗：2～3 片真叶时间苗，株行距 3～4cm，4～5 片真叶时定苗，株行距 10～15cm。间苗在中午进行。

中耕培土：每次浇水后及时中耕，保持土壤疏松，在肉质根膨大期，适当培土，防止青肩。

肥水管理：播后至幼苗期保持土壤湿润，进入叶部生长盛期，要适当控制水分，防止叶片徒长；肉质根膨大期，需水量较大，应及时浇水。生长期间追肥 3 次，第一次在定苗后，施腐熟畜禽粪污液肥 1 200～1 500kg/亩 或尿素 8～10kg/亩；第二次在肉质根开始膨大时，施腐熟畜禽粪污液肥 500～800kg/亩或 15 - 15 - 15 三元复合肥 10～15kg/亩；进入肉质根膨大中期，重追肥，施腐熟畜禽粪污液肥 500～600kg/亩和 15 - 15 - 15 三元复合肥 10～15kg/亩，或 15 - 15 - 15 三元复合肥 20～25kg/亩。腐熟畜禽粪污液肥稀释 3～5 倍后肥水一体施入。

④ 病虫害防治

及时防治病毒病、叶枯病、腐败病、蚜虫等病害虫。

⑤ 采收

10 月中下旬至翌年 2 月上旬分批采收上市。

3. 牛蒡

牛蒡属于菊科牛蒡属二年生草本植物。肉质根圆柱状。喜温暖湿润气候，耐寒、耐热性颇强，种子千粒重 16～19g。种子发芽适宜温度为 20～25℃，高于 30℃ 或低于 15℃ 发芽差，低于 10℃ 不发芽；平均气温 20～25℃ 条件下植株生长最快；地上部耐热性强，可忍受炎夏高温，35～38℃ 仍能正常生长；气温低于 3℃ 时茎叶很快枯干，但直根不受寒害，次春即能重新萌发新叶。当根系充分发育后比较耐旱，在肉质根膨大时需要较多水分，怕积水，不耐涝。适宜在土层深厚、pH 6.0～7.5、富含有机质、保水和排水良好、地下水位低的沙壤土或壤土上生长，忌连作，前茬以禾谷类、油菜、蚕豆等作物为宜。施肥应以有机肥为主，并注意氮、磷、钾、钙、硼配比合理。

(1) 秋牛蒡栽培

秋牛蒡一般于 10 月中下旬播种，翌年 6—7 月采收，产量 1 200～1 500kg/亩。

① 品种选择

选择耐寒性强、产量高、品质优的牛蒡品种，如柳川理想、新林 1 号、东北理想等。

② 整地做垄播种

整地施肥：必须在播种前 15～20d 深翻耕，结合耕地撒施腐熟有机肥 3 000～4 000 kg/亩或商品有机肥 800～1 000kg/亩，或 15-15-15 三元复合肥 40～45kg/亩，pH 低于 6.0 时，撒施生石灰 50～80kg/亩。

做垄：耕翻后浇水，按 80～100cm 放线，用牛蒡打沟机打沟，沟深 40～50cm，打沟后会自然形成 1 条宽 30～40cm、高 10cm 左右的垄，使沟内土壤疏松细碎并保持上下土层不乱。打沟后向垄内浇水，使土垄自然下沉，3d 后在原来打沟的地方撒一层毒土，毒土由 2 亿孢子/g 金龟子绿僵菌颗粒剂 4～6kg/亩拌细土或有机肥 10～15kg 配制而成，再用牛蒡打沟机在原来打沟处打沟，打沟深度 1.0～1.2m，自然形成 1 条宽 30～40cm、高 25cm 左右的垄，先用脚沿垄的两侧把垄踩实，再把垄上面踩实，或用铁锹沿垄的两侧拍实。

播种：播种前 3d，将牛蒡种子在太阳下晒 2～3h，用 55℃ 温水浸种 10min，再用 30℃ 水浸泡 24h，捞出后用干净湿纱布包好，于 25℃ 的条件下催芽。每天用 25℃ 温水喷淋 1～2 次，当 70%～80% 种子露白即可播种。播前在垄中央开 2～3cm 播种沟，如墒情不足可顺沟带水播种，水下渗后将种子均匀条播入沟内，播后覆土或施腐熟有机肥 1.5～2cm，稍加镇压，拍平垄面，垄面上覆盖地膜；若采用穴播，可在垄面中间播种，穴距 7～10cm，穴深 2～3cm，每穴 2～3 粒，带水播种，上覆土或腐熟有机肥，稍加镇压，拍平垄面，垄面上覆盖地膜。用种量 350～500g/亩。

③ 田间管理

破膜定苗：播后 5～7d 即可出苗，出苗后及时破膜，并用细土压膜口。15d 左右定苗，定苗时保留健壮植株，条播株间距 7～10cm，穴播每穴留 1 株。

温度调控：于 10 月底至 11 月初覆盖棚膜，冬前生长期，使棚内昼温控制在 25～28℃，夜温 15～18℃。进入越冬期，大棚两头不通风，当棚内气温超过 28℃ 时，于大棚两边 80～100cm 处通小风；翌年春季，随着气温的升高，逐渐加大通风量，4 月底至 5 月初，可昼夜通风，5 月中旬即可揭掉大棚薄膜。

肥水管理：生长前期一般不灌水，对必须灌水的高燥地，应选晴天上午灌半沟水调节。中后期的灌水与追肥结合进行，或选晴天中午进行，一般 15～20d 灌 1 次，秋、冬季降水要及时排除田间积水。定苗后 3～4 片叶时，结合浇水追肥 1 次，施腐熟畜禽粪污液肥 1 200～1 500kg/亩，或尿素 8～10kg/亩；翌年 4 月初在沟内追施腐熟畜禽粪污液肥 500～600kg/亩和 15-15-15 三元复合肥 5～10kg/亩，或 15-15-15 三元复合肥 15～20 kg/亩；在主根膨大期，重追肥，施腐熟畜禽粪污液肥 1 500～2 000kg/亩、15-15-15 三元复合肥 15～20kg/亩和尿素 3～5kg/亩，或 15-15-15 三元复合肥 35～40kg/亩和尿素 5～8kg/亩。腐熟畜禽粪污液肥稀释 3～5 倍后肥水一体施入。在收获前 20～25d，根据长势情况，结合病虫害防治，叶面喷施 2～3 次 0.3% 的磷酸二氢钾＋0.1% 的硼肥＋0.1% 钙肥。

④ 病虫害防治

及时防治茎腐病、黑斑病、褐斑病、白粉病、根结线虫、地下害虫、红蜘蛛、蚜虫、白粉虱、斑潜蝇、甜菜夜蛾、棉铃虫等病虫害。

⑤ 采收

翌年 6—7 月当根茎长 75～85cm、粗 1.5～2.5cm 为适宜采收期。采收时先将地上茎叶割除，在小高垄一侧深挖 30cm 左右，使牛蒡根茎露出，然后握住根茎向上用力拔出，采收后叶基部留 1.5cm，切齐，按加工要求分级，每捆 2.5～3.0kg，整理后出售或冷藏、加工。

（三）茄果类

1. 茄子

茄子为茄科茄属一年生草本植物，种子千粒重 3.5～5.2g。茄子喜温耐热，不耐寒。种子萌发的适宜温度为 28℃，在昼温 30℃、夜温 20℃ 的变温条件下发芽整齐；最适生育温度 22～30℃，温度低于 20℃，植株生长缓慢，15℃ 以下引起落花落果，10℃ 以下停止生长；花芽分化适宜温度为昼温 20～25℃，夜温 15～20℃。茄子属短日照作物，在弱光下光合作用能力降低，植株长势弱，短花柱花增多，果实的色素不易形成，造成着色不良。茄子喜水、不耐湿，生育期土壤含水量为田间最大持水量的 70%～80%，适宜的空气相对湿度为 70%～80%。对土壤适应性较广，以富含有机质、疏松肥沃、排水良好、pH 6.8～7.3 的壤土或沙壤土为宜。不宜重茬，施肥以有机肥为主，增施氮肥并注意氮、磷、钾、钙、镁、硼配比合理。

（1）春提早栽培

茄子春提早栽培，于 11 月下旬至 12 月上旬播种，于翌年 2 月中下旬采用大棚＋小棚＋地膜定植，4 月下旬始收，上市期较露地栽培提早 30d 左右。产量 4 000～4 500kg/亩，可解决春末夏初蔬菜供应淡季问题。

① 品种选择

选择耐低温、弱光、品质优的早熟、极早熟品种。如苏崎 3 号、苏崎 4 号、大龙、爱丽舍、田中福龙、竜太郎、永红龙悦等。

② 播种育苗

利用大棚＋小棚＋电热温床或加温温室，采用轻基质 50 孔穴盘育苗。播前温水浸种（先将种子在常温水中浸泡 15min，然后放入种子质量 4～5 倍的 50～55℃ 热水中浸泡 15min，不断搅拌，待水温降至常温状态下，停止搅拌，再浸种 4～6h），洗净捞出，用湿纱布包好，在昼温 28～30℃、夜温 15～20℃ 的变温条件下保湿催芽，待 60% 左右种子露白，播于苗盘或苗床。需种量 25～35g/亩。

苗期管理：出苗前，保持基质湿润，适宜昼温 25～28℃，夜温 15～20℃。出苗后，适当降低温度、控制水分。幼苗一叶一心时移至穴盘。移植后，昼温保持在 18～25℃，夜温 15～18℃；连续阴雨天气以控水为主；定植前 5～7d 炼苗，控制浇水。在育苗过程中可根据苗情浇施 0.1%～0.3% 尿素与磷酸二氢钾的混合液 2～3 次。

③ 整地定植

选择非重茬田块，定植前清洁田园，用药剂熏蒸消毒。提前 10d 扣好大棚，结合整地，撒施腐熟有机肥 2 500～3 500kg/亩，或商品有机肥 600～900kg/亩，或 15－15－15

三元复合肥 50～60kg/亩，翻耕耙细，采用人工或机械做成垄面宽 100cm，垄高 20cm，沟宽 40～50cm 的高垄，垄面上铺滴灌带，覆盖黑膜。选晴天定植，每垄两行，垄上行距 60～70cm，株距 45～50cm，定植深度以基质坨面低于土面 1cm 为宜，定植后浇透水，并及时搭建小棚，覆盖保温。

④ 田间管理

温度管理：定植后 7d 内少通风，保证棚温，适宜温度为 28～32℃。活棵后，昼温 22～25℃，夜温 15～18℃；开花结果期昼温 25～30℃，夜温 16～20℃；最低气温稳定在 15℃以上时，大棚昼夜通风。

水肥管理：坐果前，保持土壤湿润，结合浇水追施腐熟畜禽粪污液肥 500～800kg/亩，或 0.3％尿素水溶液 1 000～1 500kg/亩；果实膨大期，增大浇水量；门茄坐果后，结合浇水追施腐熟畜禽粪污液肥 500～600kg/亩和 15 - 15 - 15 三元复合肥 10～15kg/亩，或追施 15 - 15 - 15 三元复合肥 20～25kg/亩；采收期间，每隔 15～20d 结合浇水追肥1次，每次追施腐熟畜禽粪污液肥 500～800kg/亩，或穴施 15 - 15 - 15 三元复合肥 10～15kg/亩。腐熟畜禽粪污液肥稀释 3～5 倍后肥水一体施入。开花后，每 10～15d 喷施硼、钙肥，喷施 2～3 次。

植株调整：采用双杆整枝，门茄开花后，摘除门茄以下的侧枝，摘除病叶、老叶，生长过旺时，摘除基部部分功能叶片，四门斗茄坐住后，及时打顶，同时尽早摘除畸形果，如果开花时夜温低于 15℃，可用防落素喷花，防止落花落果。

⑤ 病虫害防治

及时防治猝倒病、立枯病、绵疫病、黄萎病、青枯病、脐腐病、地老虎、红蜘蛛、茶黄螨、蚜虫、茄二十八星瓢虫等病虫害。

⑥ 采收

冬、春季茄子从开花到采收需 20～25d，于 4 月下旬进入果实生长旺期，一般花后 15～18d 即可采收。门茄适当早收，对茄及以后的成熟后，视萼片与果实相连接部位白色（或淡绿色）环状带的宽窄，决定是否采收，若环状带宽，表示果实生长快，尚不宜采收，若环状带窄或不明显，表示果实生长转慢，已充分成熟，应及时采收，采收时间以早晨或傍晚为宜。

（2）再生长季节栽培

茄子春提早栽培盛果期之后，采用修剪再生的方法，使其在秋季继续结果上市，产量 2 000～3 000kg/亩，是增加单位面积产量、延长供应期、提高经济效益的一种栽培方式。

① 再生前管理

剪枝前，每隔 5～7d 用 50％多菌灵可湿性粉剂 400 倍液或 70％甲基硫菌灵可湿性粉剂 600 倍液喷雾，连续喷雾 2 次。

② 再生时间

6 月中旬至 7 月上旬，春提早栽培盛果期后，选晴天上午 10：00—12：00 修剪。

③ 再生方法

在植株第一分杈枝条上 10cm 处平切，剪去上部全部枝条；将 70％甲基硫菌灵可湿性粉剂、2.0％氨基寡糖素水剂和水按 1∶1∶（60～80），加面粉调成糊状，涂于切口。

④ 再生后管理

揭去上茬地膜，中耕松土，行间开沟施肥，沟中撒施 15 - 15 - 15 三元复合肥 10～15kg/亩和腐熟畜禽粪污液肥 500～600kg/亩，或撒施 15 - 15 - 15 三元复合肥 20～25kg/亩。待茎基部抽生的新枝生长到 15cm 左右时，每株按不同方向选留 2～3 个健壮的侧枝，疏去多余枝杈。结果初期，穴施 15 - 15 - 15 三元复合肥 5～10kg/亩和腐熟畜禽粪污液肥 500～600kg/亩，或穴施 15 - 15 - 15 三元复合肥 15～20kg/亩。腐熟畜禽粪污液肥稀释 3～5 倍后肥水一体施入。

⑤ 再生茄采收

修剪后 45d 左右即可采收上市。

（3）秋延后栽培

茄子秋延后栽培，一般育苗采用遮阳设施于 6 月下旬至 7 月上旬播种，8 月上中旬定植，10 月上中旬采收，采收期间采用棚膜覆盖，采收期可延至 12 月上旬。产量 2 500～4 000kg/亩，可填补秋末冬初的市场空白。

① 品种选择

适宜的品种有大龙、爱丽舍、杭茄 1 号等。

② 播种育苗

利用棚室遮阳设施，采用轻基质 50 孔穴盘育苗技术育苗。播前温水浸种（先将种子在常温水中浸泡 15min，然后放入种子质量 4～5 倍的 50～55℃ 的热水中浸泡 15min，不断搅拌，待水温降至常温状态下，停止搅拌，再浸种 4～6h），洗净捞出，直播于穴盘内，播种深度 0.5～1.0cm，需种量 25～35g/亩。播后穴盘上覆盖遮阳网保湿。棚顶覆盖遮阳网降温。出苗后及时揭去穴盘上覆盖物，保持基质湿润，棚顶遮阳网早晚揭去，尽量多见光，防止徒长。长出第一片心叶时，及时间苗、补全苗，保证每穴 1 株。在育苗过程中可根据苗情浇施 0.1%～0.3% 尿素与磷酸二氢钾的混合液 2～3 次。

③ 整地定植

定植前 20d 清洁田园，进行石灰氮高温闷棚处理。结合整地，撒施腐熟有机肥 3 000～4 000kg/亩，或商品有机肥 800～1 000kg/亩，或 15 - 15 - 15 三元复合肥 40～50kg/亩，翻耕耙细，采用人工或机械做成垄面宽 80～90cm，垄高 20cm，沟宽 40～50cm 的高垄，垄面上铺设滴灌带，覆盖地膜。选晴天定植，每垄两行，垄上行距 60cm，株距 45～50cm，定植深度以基质坨面低于土面 1cm 为宜，定植后浇透水。

④ 田间管理

温度管理：定植后，前 7d 棚顶覆盖遮阳网降温，之后正常管理。于 9 月下旬开始夜间覆盖棚膜，四周不要压严，白天放大风，之后逐渐减少放风量，使茄子能适应棚内生长条件。夜间气温降至 13℃ 以下时，及时搭建小棚，并逐步增加覆盖物保温。

水肥管理：坐果前保持土壤湿润，结合浇水追施腐熟畜禽粪污液肥 500～800kg/亩，或 0.3% 尿素水溶液 1 000～15 00kg/亩；果实膨大期，增大浇水量；门茄坐果后，结合浇水追施腐熟畜禽粪污液肥 500～600kg/亩和 15 - 15 - 15 三元复合肥 10～15kg/亩，或穴施 15 - 15 - 15 三元复合肥 20～25kg/亩。腐熟畜禽粪污液肥稀释 3～5 倍后肥水一体施入。之后温度降低，不再追肥，并控制湿度。开花后，每 10～15d 喷施硼、钙肥，喷施

2～3次。

植株调整：采用双杆整枝，门茄开花后，摘除门茄以下的侧枝，摘除病叶、老叶，生长过旺时摘除基部部分功能叶片，四门斗茄坐住后，及时打顶，同时尽早摘除畸形果。

⑤ 病虫害防治

及时防治猝倒病、立枯病、绵疫病、黄萎病、青枯病、脐腐病、红蜘蛛、茶黄螨、蚜虫、白粉虱等病虫害。

⑥ 采收

门茄尽早收，对茄及时收，以后根据市场需求灵活采收。

（4）越冬栽培

茄子越冬栽培，利用嫁接苗及日光温室和钢架棚室多层覆盖保温技术，砧木8月上旬播种，接穗8月下旬播种，于10月上旬定植，12月中下旬开始采收，一直可延续到翌年4月，产量3 000～4 000kg/亩。可满足元旦、春节的市场供应。

① 品种选择

接穗选择耐低温、弱光、品质优的品种，如苏崎3号、苏崎4号、大龙、爱丽舍等；砧木选择根系发达、抗病性强的野生茄，如托鲁巴姆、野茄2号等。

② 播种育苗

利用棚室设施，采用轻基质50孔穴盘嫁接育苗，砧木播种前先用温水浸种，再用赤霉素溶液150～200mg/kg浸种36～48h后置于昼温35℃、夜温15℃条件下催芽，60%左右种子露白即可播种，需种量10～15g/亩；接穗播种前种子经温水浸种处理后催芽，直接播入穴盘，每穴1～2粒，播种深度0.5～1.0cm，播后覆盖遮阳网。需种量25～35g/亩。

嫁接前管理：出苗后及时揭去覆盖物，棚内昼温控制在25℃，夜温15～20℃。幼苗生长期昼温度25～28℃，夜温15～18℃；水分管理以保持基质表面见干见湿为原则。根据苗情，浇施0.1%～0.3%尿素与磷酸二氢钾的混合液2～3次。

嫁接：采用套管嫁接法，选用0.2～0.25cm茄果类专用嫁接套管，按套管长1.0～1.2cm剪段；砧木4片真叶，接穗3片真叶，茎粗0.20～0.25cm时嫁接。嫁接方法：在砧木第一片真叶上方1cm处，沿30°角向上切断，切断处套上嫁接专用套管，套管略高于砧木切口；接穗在第一片真叶下方1cm处沿30°角向下切断，插入套管，使接穗切面与砧木切面完全吻合，插牢即可。

嫁接后管理：嫁接后，立即盖小拱棚保温保湿，并增加遮光设施。前3d保持昼温28～30℃，夜温18～20℃，喷雾保持空气湿度在90%以上；3d后，逐渐见光并降低温、湿度，昼温25～27℃，夜温18～20℃，保持一定空气湿度；6d后，小拱棚的薄膜可适当掀开；7d后，可撤去遮光设备；10d后，伤口愈合可撤掉小拱棚。在正常条件下炼苗5～10d即可择日定植。

③ 整地定植

选择非重茬田块，定植前清洁田园，药剂熏蒸消毒。结合整地，撒施腐熟有机肥4 000～5 000kg/亩，或商品有机肥1 000～1 200kg/亩，或15-15-15三元复合肥40～50kg/亩，翻耕耙细，采用人工或机械做成垄面宽80～90cm，垄高20cm，沟宽40～50cm

的高垄，垄面上铺设滴灌带，覆盖地膜。选晴天定植，每垄两行，垄上行距 60cm，株距 45～50cm，定植深度以基质坨面低于土面 1cm 为宜，定植后浇透水。

④ 田间管理

温度管理：棚温昼温 25～30℃，夜温 15℃ 以上。夜间气温降至 13℃ 以下时，及时搭建小棚并逐步增加覆盖物保温，12月中旬至翌年2月设置多层覆盖保温；2月下旬逐渐去除小棚上的覆盖物，3月中下旬可去除小棚。

光照管理：冬季光照时间短，光照强度弱，应加强光照管理。保温覆盖物应早揭晚盖，并定期清洁大棚塑料薄膜，保持良好的透光率。

水肥管理：坐果前保持土壤湿润；果实膨大期，增大浇水量；门茄坐果后，结合浇水追施腐熟畜禽粪污液肥 500～600kg/亩和 15 - 15 - 15 三元复合肥 10～15kg/亩，或穴施 15 - 15 - 15 三元复合肥 20～25kg/亩。采收期间，每隔 15～20d 结合浇水追肥 1 次，每次追施腐熟畜禽粪污液肥 500～800kg/亩，或穴施 15 - 15 - 15 三元复合肥 10～15kg/亩。腐熟畜禽粪污液肥稀释 3～5 倍后肥水一体施入。开花后，每 10～15d 喷施硼肥、钙肥，喷施 2～3 次。

植株调整：采用双杆整枝，门茄开花后，摘除门茄以下的侧枝，摘除病叶、老叶，四门斗茄坐住后，及时打顶，同时尽早摘除畸形果。夜温低于 15℃ 时，可使用防落素喷花，防止落花落果。

⑤ 病虫害防治

及时防治猝倒病、立枯病、绵疫病、黄萎病、青枯病、脐腐病、红蜘蛛、茶黄螨、蚜虫等病虫害。

⑥ 采收

于12月开始采收，门茄尽早收，对茄及时收，以后根据市场需求灵活采收，包装和运输中注意保温。

2. 番茄

番茄为茄科番茄属一年生草本植物，种子千粒重 2.8～3.3g。番茄是喜温性蔬菜，栽培适应性广。种子发芽适宜温度为 25～30℃，生长发育最适宜的温度范围是 13～28℃，当昼温超过 30℃，夜温超过 25℃ 时生长缓慢，造成花粉机能减退，抑制结果，尤其是 15℃ 以下的低夜温，花芽分化提早，虽花序着花数多，但畸形果也较多；番茄根系生长的适宜温度为 20～22℃，低于 10℃ 根系吸收水肥能力减弱，低于 6℃ 根系停止生长。番茄是喜光性作物，较强光照会使花芽分化提早，幼苗期补光可使第一花序的着生节位降低，早期产量提高；在较长的日照条件下，开花结果良好。番茄最适宜的土壤相对湿度是 70%～80%，相对空气湿度是 50%～65%，过大的湿度易导致病虫害发生，在番茄盛果期耗水最大，此时缺水是减产的主要原因。番茄的适应性广，但以富含有机质、疏松肥沃、排水良好、pH 5.5～7.0 的壤土和沙壤土为宜。不宜重茬，施肥以有机肥为主，增施氮肥并注意氮、磷、钾、钙、镁、硼配比合理。

(1) 棚室越冬和春提早栽培

棚室越冬番茄，一般于9月上旬播种，10月上旬定植，12月中下旬采收。春提早栽培一般在 12 月中下旬播种，2 月中下旬定植，5 月收获。产量 3 000～5 000kg/亩。

① 品种选择

选择耐低温、弱光、抗病品种，如苏粉 12、金棚 1 号、日本粉王、赛拉图、美国粉王、银月亮-荷兰 118、普罗旺斯等大番茄，以及千禧、宝石红等小番茄。

② 播种育苗

利用大棚＋小棚＋电热温床或加温温室，采用轻基质 50 孔穴盘育苗。播前温水浸种、催芽，待有 50％种子露白时播于苗盘，当心叶长出后，移至穴盘中，需种量 20～25g/亩；整个苗期注意温、湿度控制，可根据苗情浇施 0.1％～0.3％尿素与磷酸二氢钾的混合液 2～3 次。

③ 整地定植

于定植前 7～10d 扣棚膜，撒施腐熟有机肥 3 000～4 000kg/亩，或商品有机肥 800～1 000kg/亩，或 15－15－15 三元复合肥 50～60kg/亩，采用人工或机械做成垄面宽 80～90cm，垄高 20cm，沟宽 40～50cm 的高垄。垄面上铺设滴灌带，覆盖黑膜。选晴天定植，每垄栽两行，垄上行距 50cm，株距 40cm，定植深度以基质坨面低于土面 1cm 为宜，定植后浇透水。搭建小棚或内棚。

④ 田间管理

温、湿度管理：定植后 7d，尽量少揭棚放风；缓苗后，适宜昼温 25℃左右，夜温 13～15℃，高于 35℃时通风透气；花期，夜温不低于 15℃。当外界夜间气温稳定在 15℃以上时，日夜通风透气。

植株调整：及时搭架，单杆整枝，每株留 3～4 个花序，大果型番茄每个花序上留 3～4 个果；在 4 个花序后的位置留 2～3 叶打顶。夜温低于 15℃时，可用防落素喷花，防止落花落果。

肥水管理：第一花序果实膨大时，结合浇水，追施腐熟畜禽粪污液肥 1 500～2 000 kg/亩和 15－15－15 三元复合肥 5～10kg/亩，或穴施 15－15－15 三元复合肥 15～20kg/亩、尿素 6～8kg/亩；第二花序果实膨大时，结合浇水追施腐熟畜禽粪污液肥 800～1 000kg/亩和 15－15－15 三元复合肥 10～15kg/亩，或穴施 15－15－15 三元复合肥 25～30kg/亩。腐熟畜禽粪污液肥稀释 3～5 倍后肥水一体施入。开花后，每 10～15d 喷施硼肥、钙肥，喷施 2～3 次；采收中后期，可叶面喷施 0.2％～0.3％尿素、磷酸二氢钾混合液。

⑤ 病虫害防治

及时防治猝倒病、立枯病、晚疫病、早疫病、灰霉病、病毒病、叶霉病、青枯病、蚜虫、白粉虱、潜叶蝇等病虫害。

⑥ 采收

及时分批采收，采收时齐果肩剪去果柄，轻放轻拿，分级装箱。

(2) 大棚秋延后栽培

秋延后栽培，一般于 7 月下旬至 8 月上旬播种，前期以防高温、雨涝为主，中后期深秋冷凉季节，利用大棚保温防霜，采收期为 11 月中下旬至翌年 2 月，产量 3 000～5 000 kg/亩。

① 品种选择

选择高抗病毒病、耐高温、耐弱光、生长势强的品种。如美国粉王、银月亮 118、金棚 1 号、普罗旺斯、千禧、宝石红等。

② 播种育苗

采用轻基质 50 孔穴盘育苗，温水浸种后直播于穴盘，每穴 1～2 粒，覆基质，厚 0.5～1.0cm，需种量 20～25g/亩。管理上重点控制温湿度，防止徒长，根据苗情浇施 0.1%～0.3%尿素与磷酸二氢钾的混合液 1～2 次。苗龄 30～35d。

③ 整地定植

定植前，土壤进行 15～20d 高温闷棚处理，扣棚并用土封严棚四周，利用 7—8 月的高温消灭棚内病原菌。撒施腐熟有机肥 3 000～4 000kg/亩，或商品有机肥 800～1 000kg/亩，或 15 - 15 - 15 三元复合肥 50～60kg/亩，采用人工或机械做成垄宽 80～90cm，垄高 20cm，沟宽 40～50cm 的高垄，垄面上铺设滴灌带，覆盖地膜。选晴天定植，每垄两行，垄面上行距 50cm，株距 40cm，定植深度以基质坨面低于土面 1cm 为宜，定植后浇透水，覆盖大棚膜加遮阳网。

④ 田间管理

温、湿度管理：白天棚温高于 35℃时通风透气，夜温低于 15℃时上"围裙"，白天大棚放风，晚上关闭；最低夜温 10℃时搭建内棚，随着气温的降低，在内棚上覆盖无纺布、棉被等保温材料。

植株调整、保花保果：单杆整枝，一般留 3～4 个花序，每花序 3～4 个果。后期气温低时，用 15～20mg/L 的 2，4 -二氯苯氧乙酸（2，4 - D）点花，避免重复。

水肥管理：第一花序果实膨大时，结合浇水追施腐熟畜禽粪污液肥 1 500～2 000kg/亩和 15 - 15 - 15 三元复合肥 5～10kg/亩，或穴施 15 - 15 - 15 三元复合肥 15～20kg/亩、尿素 6～8kg/亩；第二花序果实膨大时，结合浇水，追施腐熟畜禽粪污液肥 800～1 000kg/亩和 15 - 15 - 15 三元复合肥 10～15kg/亩，或穴施 15 - 15 - 15 三元复合肥 25～30kg/亩；采收后，可结合浇水酌情追施腐熟畜禽粪污液肥 1 000～1 500kg/亩。腐熟畜禽粪污液肥稀释 3～5 倍后肥水一体施入。开花后，每 10～15d 叶面喷施硼肥、钙肥，喷施 2～3 次；采收中后期，可叶面喷施 0.2～0.3%尿素、磷酸二氢钾混合液。

⑤ 病虫害防治

及时防治晚疫病、灰霉病、病毒病、早疫病、叶霉病、蚜虫、白粉虱、潜叶蝇等病虫害。

⑥ 采收

一般在 11 月下旬至翌年 2 月中旬陆续采收上市。

3. 辣椒

辣椒为茄科辣椒属一年生或多年生草本植物，种子千粒重 3～6g。辣椒喜温暖，不耐霜冻，也不耐高温。种子发芽的适宜温度为 25～30℃；生长发育时期适宜的昼夜温差为 6～10℃，以昼温 25～30℃、夜温 16～20℃比较适宜，低于 10℃生长极慢，不能坐果，5℃以下植株受不同程度冻害，但若高于 35℃则生长迟缓、落花落果，36℃以上时生长基本停止。辣椒喜光又较耐弱光,对光照的适应性较广,辣椒对日照长短反应不敏感。辣椒不耐旱也不耐涝,但因根系较小、吸收力弱,需要土壤始终保持湿润,空气相对湿度60%～80%有利于茎叶生长及开花坐果,也是高产的关键。辣椒对土壤要求不严,但以富含有机质、疏松肥沃、排水良好、pH 6.5～7.2 的壤土和沙壤土为宜。不宜重茬,施肥以有机肥为主,增施氮肥并注意氮、磷、钾、钙、镁、硼配比合理。

(1) 棚室越冬和春提早栽培

棚室越冬栽培一般于 9 月上旬播种,10 月上中旬定植,12 月上旬采收,可采收至翌年 4 月。棚室春提早栽培一般在 12 月中下旬播种,翌年 2 月中下旬定植,4 月中下旬收获。产量 3 000～4 000kg/亩。

① 品种选择

选择耐低温弱光、株形紧凑的极早熟或早熟、抗病、丰产品种,如苏椒 1614、苏椒 14、苏椒 15、苏椒 17、苏椒 1614、苏椒 103、中椒 4 号、中椒 25、薄皮盛丰、领袖椒王、欧丽 500、镇研巨无霸 3 号、杭椒 1 号、镇椒 1 号、长龙 999 等。

② 播种育苗

利用大棚＋小棚＋电热温床或加温温室,采用轻基质 50 孔穴盘育苗。播前温水或药剂浸种并催芽,待有 50% 种子露白时直播于穴盘,每穴 1～2 粒,覆盖基质,厚 0.5～1cm,播后覆盖地膜保温保湿,待长出心叶后移苗补全,保证每穴 1 株。需种量 30～35g/亩。

苗期管理:出苗前昼温 25～30℃,夜温 18～20℃,出苗后揭去地膜,齐苗后,昼温23～25℃,夜温 15～18℃,尽量多见光,基质表面保持湿润,基质表面发白时于上午10:00—11:00 浇水,并视苗情酌情浇施 0.1%～0.3% 尿素与磷酸二氢钾的混合液 1～3次。定植前 5～7d 降温炼苗。

③ 整地定植

如果是在休闲田块越冬栽培,可以在 8 月高温闷棚。定植前提前 7～10d 扣棚,撒施腐熟有机肥 2 500～3 000kg/亩,或商品有机肥 600～800kg/亩,或 15-15-15 三元复合肥 40～50kg/亩,采用人工或机械做成垄高 20cm,垄宽 65～75cm,沟宽 40～45cm 的高垄,垄面上铺设滴灌带,覆盖黑膜。选晴天定植,每垄栽两行,垄上行距 50cm,株距30cm,定植深度以基质坨面低于土面 1cm 为宜,定植后浇透水,并及时搭建小棚,覆盖保温。

④ 田间管理

温湿度管理:定植后 7d,尽量少揭棚放风;缓苗后,适宜昼温 25～28℃,夜温 18～20℃,高于 35℃时通风透气;花期,夜温不低于 15℃。于 4 月下旬撤除小拱棚,5 月初外界夜间气温稳定在 15℃以上时,日夜通风透气。

光照管理:辣椒生长前期,以"增光、不降温"为原则调控;生长中后期,晴天上午9:00 后逐步揭除无纺布和小拱棚下午 3:00 左右及时覆盖。若遇寒流则在中午揭膜。

植株调整:及时打掉第一个分枝以下的腋芽及门椒,在生长中后期,依据植株长势,应适当剪除部分细弱枝、老叶、病叶、黄叶。整枝打杈应在晴天进行,并及时清理植株病残体,防止病虫害蔓延。

保花保果：低温时，可用防落素 25～30mg/kg 喷花，防止落花落果。

肥水管理：门椒坐果后，结合浇水，追施腐熟畜禽粪污液肥 1 500～2 000kg/亩和 15-15-15 三元复合肥 5～10kg/亩，或穴施 15-15-15 三元复合肥 15～20kg/亩、尿素 6～8kg/亩；盛果期，结合浇水，追施腐熟畜禽粪污液肥 500～600kg/亩和 15-15-15 三元复合肥 10～15kg/亩，或穴施 15-15-15 三元复合肥 20～25kg/亩；中后期，可根据长势，追施腐熟畜禽粪污液肥 1～2 次，每次 500～800kg/亩。腐熟畜禽粪污液肥稀释 3～5 倍后肥水一体施入。开花后，每 10～15d，向叶面喷施硼、钙肥，喷施 2～3 次；采收中后期，可叶面喷施 0.2%～0.3%尿素、磷酸二氢钾混合液。

⑤ 病虫害防治

及时猝倒病、立枯病、病毒病、疫病、炭疽病、蚜虫、白粉虱等病虫害。

⑥ 采收

根据市场行情，及时采收，门椒、对椒可适当早收。

（2）秋延后栽培

辣椒秋延后栽培是在 7 月中下旬播种育苗，8 月中下旬定植，11 月始收，后期利用棚室设施保温，可将收获期延至春节，供应元旦、春节市场。产量 2 500～3 500kg/亩。

① 品种选择

选择耐高温、高湿、生长势强、抗病毒、耐贮运的辣椒品种，如苏椒 103、欧丽 500、镇研巨无霸 3 号、杭椒 1 号、镇椒 1 号、长龙 999 等。

② 播种育苗

利用大棚顶膜＋遮阳网的避雨防高温设施，采用 50 孔轻基质穴盘育苗。温水浸种后直播于穴盘，每穴 1～2 粒，覆盖基质，厚 0.5～1cm，需种量 30～35g/亩。管理上，重点控制温、湿度，防止徒长，根据苗情浇施 0.1%～0.3%尿素与磷酸二氢钾的混合液 1～2 次。苗龄 30～35d。

③ 整地定植

于定植前 15～20d 高温闷棚。结合整地，撒施腐熟有机肥 2 500～3 000kg/亩，或商品有机肥 600～800kg/亩，或 15-15-15 三元复合肥 40～50kg/亩，采用人工或机械做垄高 20cm，垄宽 65～75cm，沟宽 40～45cm 的高垄，垄面上铺设滴灌带，覆盖地膜。定植前盖上大棚膜，棚膜上加盖遮阳网。选晴天定植，垄上行距 50cm，株距 30cm，定植深度以基质坨面低于土面 1cm 为宜，定植后浇透水。

④ 田间管理

温度管理：定植后，在保证多见光的前提下，加强通风降温。当夜温低于 10℃时搭建小棚，适时加盖无纺布等保温材料。

植株调整：及时摘除门椒及门椒以下侧枝；生长势弱时，可将第一～二层花蕾及时摘掉。10 月下旬至 11 月上旬摘除植株上部顶心和空枝。生长后期，打去老叶，改善通风透光条件。

水肥管理：定植后，保持土壤湿润，促进生长和果实膨大；门椒坐果后，结合浇水追施腐熟畜禽粪污液肥 800～1 000kg/亩，或穴施 15-15-15 三元复合肥 15～20kg/亩；盛果期，结合浇水追施畜禽粪污腐熟液肥 500～600kg/亩和 15-15-15 三元复合肥 10～15

kg/亩，或穴施 15-15-15 三元复合肥 20~25kg/亩；中后期，可根据长势，追施腐熟畜禽粪污液肥 1~2 次，每次 500~800kg/亩。腐熟畜禽粪污液肥稀释 3~5 倍后肥水一体施入。开花后，每 10~15d 喷施硼、钙肥，喷施 2~3 次；采收中后期，可叶面喷施 0.2~0.3%尿素、磷酸二氢钾混合液。

⑤ 病虫害防治

及时防治病毒病、疫病、灰霉病、炭疽病、粉虱、螟虫、蚜虫、白粉虱等病虫害。

⑥ 采收

青椒一般从 11 月中旬至 12 月可陆续采收上市，根据市场行情，也可待青椒转红保果，到元旦、春节时一次性采摘上市。

（四）瓜类

1. 黄瓜

黄瓜属于葫芦科黄瓜属一年生蔓生草本植物，种子千粒重 20~30g。黄瓜是典型的喜温性蔬菜，不耐低温。可适应温度为 10~35℃，最适温度为 18~30℃，10℃以下生长不良，5℃以下连续 7d 即沤根，0~2℃易受冻害。不同生育期要求的温度不同，发芽期适宜温度为 25~30℃，幼苗期适宜温度为昼温 20~25℃、夜温 12~15℃，结果期适宜温度 25~28℃。黄瓜是喜光但较耐弱光的短日照蔬菜，适宜光照时数为 6~10h。春季育苗期日照少，可采用增光措施，秋季日照强，可采用遮光措施。黄瓜不耐旱，喜湿润，生长中特别是开花结果期，适宜的土壤相对湿度是 80%~90%。对土壤要求不严格，但以有机质含量丰富、土层深厚、排水良好、pH 6.2~6.8 的土壤为宜。不宜重茬，施肥以有机肥为主，增施磷、钾肥并注意氮、磷、钾、钙、镁配比合理。

（1）春早熟栽培

利用棚室多层覆盖栽培，于 12 月下旬至翌年 2 月播种，3 月上中旬至 6 月上市。产量 3 500~5 500kg/亩。

① 品种选择

选择耐低温弱光、品质好、产量高的品种，如津春 2 号、津春 4 号、冠军 100、罗马王子水果黄瓜、荷兰水果黄瓜、南水 3 号等。

② 播种育苗

采用大棚＋小棚＋草帘＋电热线或加温温室，轻基质 50 孔穴盘育苗。播前温水浸种并催芽，先用冷水浸润种子，再缓慢倒入热水，当水温上升至 52~55℃时，保持 15min，然后将水温降至 25℃并在此温度下浸种 3~4h，将浸泡过的种子用湿纱布包好，放入 28~30℃的恒温箱中保湿催芽，每天用温水翻动清洗 1 次，当有 70%~80%种子露白即可播种。每穴 1 粒，播后覆盖基质，厚 1.0cm，并覆盖地膜。需种量 100~120g/亩。苗龄 35~40d。

苗期管理

温度：出苗前，棚内昼温 25~30℃，夜温 18~20℃；出苗后，揭去地膜，控制棚内昼温 20~25℃，夜温 15~18℃。在保证温度的前提下，多通风换气，于定植前 7~10d 加大通风降温炼苗。

光照：只要是晴天，就必须尽量增加见光时间，电热线加温育苗时，对于不透明覆盖物要早揭晚盖。注意阴雨雪天气的适度透光。

水分：基质保持湿润，原则上基质表面发白时，要及时补水。

营养：视苗情浇施 0.2% 磷酸二氢钾和 0.2% 尿素混合液 1~2 次。

③ 整地定植

休闲田耕翻冻垡，提前 7~10d 扣棚保温，结合整地撒施腐熟有机肥 2 500~3 000kg/亩，或商品有机肥 600~800kg/亩，或 15-15-15 三元复合肥 45~50kg/亩，耕翻耙细，做宽为 1.8~2.0m 的高畦，铺设滴灌带，覆盖地膜。大小行定植，大行距 60cm，小行距 40cm，株距 30cm，定植深度以基质坨面低于土面 1cm 为宜。温度低时，加扣小棚+草帘。

④ 田间管理

温度管理：定植后以保温为主，棚内昼温不超过 30℃，夜温不低于 16℃。并注意通风换气。

水肥管理：定植后及时复水。活棵后，结合浇水追施腐熟畜禽粪污液肥 500~800kg/亩，或 0.3% 尿素的水溶液 1 000~1 500kg/亩；坐果初期，结合浇水追施腐熟畜禽粪污液肥 500~600kg/亩和 15-15-15 三元复合肥 10~15kg/亩，或 15-15-15 三元复合肥 20~25kg/亩；采收过后及时补水；以后每隔 10~15d，结合浇水追施腐熟畜禽粪污液肥 500~600kg/亩和 15-15-15 三元复合肥 10~15kg/亩，或 15-15-15 三元复合肥 20~25kg/亩。腐熟畜禽粪污液肥稀释 3~5 倍后肥水一体施入。尿素水溶液肥水一体施入。

植株调整：四叶一心时，搭架绑蔓。黄瓜以主蔓结瓜为主，及时摘除侧蔓；结果盛期摘除主蔓下部老叶、病叶，但每株须保留 12~14 片功能叶。

⑤ 病虫害防治

及时防治猝倒病、立枯病、霜霉病、白粉病、细菌性角斑病、病毒病、蚜虫、黄守瓜、瓜绢螟等病虫害。

⑥ 采收

定植后 35~40d 始收，根瓜适当早收。采瓜要适时，当瓜条顶端由尖变圆时采收。盛收期隔天采收。

(2) 春露地栽培

春露地栽培一般于 3—4 月播种育苗，5 月中下旬至 7 月中旬采收，采收期正值梅雨季节，产量会受到一定影响。产量 3 500~4 000kg/亩。

① 品种选择

选择耐热、耐湿的品种，如津优 46、津优 42、冠军 100 等。

② 播种育苗

采用大棚设施，采用轻基质 50 孔穴盘育苗，播前温水浸种并催芽，每穴 1 粒，覆盖基质，厚 1cm，播后覆盖地膜。出苗后，及时揭去地膜，育苗过程中注意温、湿度控制，根据苗情浇施 0.2% 磷酸二氢钾和 0.2% 尿素混合液 1~2 次。苗龄 25~30d，需种量 100~120g/亩。

③ 整地定植

定植前，结合整地撒施腐熟有机肥 2 500～3 000kg/亩，或商品有机肥 600～800kg/亩，或 15 - 15 - 15 三元复合肥 45～50kg/亩，耕翻耙细，做宽为 1.8～2.0m 的高畦。铺设滴灌带，覆盖地膜。采用大小行定植，大行距 60cm，小行距 40cm，株距 30cm，定植深度以基质坨面低于土面 1cm 为宜。

④ 田间管理

水肥管理：定植后及时复水。活棵后，结合浇水追施腐熟畜禽粪污液肥 500～600kg/亩，或 0.3% 尿素的水溶液 1 000～1 500kg/亩；坐果初期，结合浇水追施腐熟畜禽粪污液肥 500～600kg/亩和 15 - 15 - 15 三元复合肥 10～15kg/亩，或 15 - 15 - 15 三元复合肥 20～25kg/亩；采收过后及时补水；以后每隔 10～15d，结合浇水追施腐熟畜禽粪污液肥 500～600kg/亩和 15 - 15 - 15 三元复合肥 10～15kg/亩，或 15 - 15 - 15 三元复合肥 20～25kg/亩。腐熟畜禽粪污液肥稀释 3～5 倍后肥水一体施入。尿素水溶液肥水一体施入。

植株调整：四叶一心时，搭架绑蔓。黄瓜以主蔓结瓜为主，及时摘除侧蔓；结果盛期摘除主蔓下部老叶、病叶，但每株须保留 12～14 片功能叶。

⑤ 病虫害防治

及时防治猝倒病、立枯病、霜霉病、白粉病、细菌性角斑病、病毒病、蚜虫、黄守瓜、瓜绢螟等病虫害。

⑥ 采收

当瓜条顶端由尖变圆时及时采收。盛收期隔天采收。

(3) 夏秋栽培

夏秋黄瓜一般于 5 月上旬至 8 月上旬播种育苗，或 5 月上旬至 8 月上旬种子经温水浸种处理后直接点播，7 月至 11 月上旬采收，是"伏缺"不可缺少的蔬菜品种之一。产量为 3 500～4 000kg/亩。

① 品种选择

选择耐热、耐湿的品种，如津优 46、津优 42、冠军 100、罗马王子水果黄瓜等。

② 播种育苗

采用遮阴避雨设施，轻基质 72 孔穴盘育苗，温水浸种、催芽后直播于穴盘，每穴 1 粒，覆盖基质，厚 1cm，播种后覆盖遮阳网，出苗后及时揭除覆盖物，分别在一叶一心和二叶一心对喷施 150mL/L 的乙烯利水溶液。苗龄 20～25d。需种量 100～120g/亩。

③ 整地定植（或直播）

定植（播种）前，结合整地撒施腐熟有机肥 2 500～3 000kg/亩，或商品有机肥 600～800kg/亩，或 15 - 15 - 15 三元复合肥 45～50kg/亩，耕翻耙细，做宽为 1.8～2.0m 的高畦。采用大小行定植（点播），大行距 60cm，小行距 40cm，株距 30cm。定植深度以基质坨面低于土面 1cm 为宜，铺设滴灌带。

④ 田间管理

水肥管理：定植后及时复水。活棵后，结合浇水追施腐熟畜禽粪污液肥 500～800kg/亩，或 0.3% 尿素的水溶液 1 000～1 500kg/亩；坐果初期，结合浇水施腐熟畜禽粪污液肥

500～600kg/亩和 15－15－15 三元复合肥 10～15kg/亩，或 15－15－15 三元复合肥20～25 kg/亩；采收过后及时补水；以后每隔 10～15d，结合浇水追施腐熟畜禽粪污液肥 500～600kg/亩和 15－15－15 三元复合肥 10～15kg/亩，或 15－15－15 三元复合肥20～25 kg/亩。腐熟畜禽粪污液肥稀释 3～5 倍后肥水一体施入。尿素水溶液肥水一体施入。

植株调整：四叶一心时，搭架绑蔓。黄瓜以主蔓结瓜为主，及时摘除侧蔓；结果盛期及时摘除主蔓下部老叶、病叶，但每株须保留 12～14 片功能叶。

激素处理：直播苗分别在一叶一心和二叶一心喷施 150mL/L 的乙烯利水溶液，可有效增加雌花数，降低雌花节位。

⑤ 病虫害防治

及时防治霜霉病、白粉病、细菌性角斑病、病毒病、蚜虫、黄守瓜、瓜绢螟等病虫害。

⑥ 采收

当瓜条顶端由尖变圆时及时采收。盛收期隔天采收。

2. 西瓜

西瓜属于葫芦科西瓜属一年生蔓性草本植物，种子千粒重 60～140g。西瓜喜温、耐炎热，种子在 15～16℃时开始发芽，发芽最适温度为 28～30℃，植株生长发育的最低温度为 15℃，适宜温度为 20～35℃，其中幼苗期最适温度为 22～25℃。伸蔓期最适温度为 25～30℃，结瓜期最适温度为 30～35℃。西瓜为喜光作物，较长的日照时数和较强的光照对西瓜生长发育极为有利。西瓜耐旱不耐涝，在生长过程中需水量较大，应保持土壤湿润但不积水。西瓜对土壤的要求较为严格，一般选择通气性良好、疏松肥沃、土层深厚、pH 6.0～7.0 的沙质壤土。不宜重茬，施肥以有机肥为主，增施磷、钾肥并注意氮、磷、钾、钙、镁配比合理。

(1) 春季早熟栽培

利用棚室设施及多层覆盖栽培技术，选用早、中熟优质的西瓜品种，采用嫁接苗，提高西瓜的抗性，提早上市，产量 2 500～4 000kg/亩。

① 品种选择

选择早中熟优质西瓜品种，如小兰、早春红玉、苏蜜 9 号、苏蜜 518、早佳 84－24 等。

② 播种育苗

采用大棚＋小棚＋电热温床或加温温室设施，轻基质 50 孔穴盘嫁接育苗，砧木通常选用长颈葫芦，12 月底至翌年 2 月中下旬播种，采用顶插接法，嫁接后注意保温、保湿、遮光、通风、防病害等管理，苗龄 55～60d。嫁接育苗要求技术较高，建议直接向育苗中心或育苗专业户购买成品嫁接苗。

③ 整地定植

定植前 20d，以大棚中间为界，留出 60～80cm 走道，做成 2 个畦面，在每畦离走道 80～100cm 处纵向开深沟施基肥，集中条施腐熟有机肥 2 500～3 000kg/亩，或商品有机肥 600～800kg/亩，或 15－15－15 三元硫基复合肥 40～50kg/亩，在离走道 30cm 的畦面上铺滴灌带，全畦面覆盖地膜并闭棚增温。极早熟栽培（2月20日至3月10日定植）可采用大棚＋小棚（双层膜）＋草帘、无纺布等＋地膜栽培模式；早熟栽培（3月10—25日定植）常用栽培方式为大棚＋小棚＋地膜；普通保护地栽培（3月25日至4月5日定植）常用栽培方式为大棚＋地膜。定植时延滴灌带纵向打穴，每畦一行，大果型西瓜（如早佳）84-24，定植株距40～50cm，种植密度400～450株/亩；小型西瓜（如小兰），定植株距35～40cm，种植密度500～600株/亩。不宜定植过深，以基质坨表面低于土面1cm左右为宜。

④ 田间管理

温湿度管理：定植后5～7d，尽量提高棚室温度，昼温28～32℃，夜温15℃；开花坐果期，昼温保持在23～27℃，夜间20℃左右。保持土壤湿润，同时注意通风排湿。

整枝压蔓：多采用三蔓整枝，除主蔓外，在蔓长达30cm时，分别在主蔓的2～3节留第一侧枝，在主蔓的4～5节留第二侧枝，除去其余侧蔓，并将条蔓引向棚边的方向生长，在节上用土块压蔓，以后每隔5～6节压1次，直至蔓叶长满畦面为止。主蔓和侧蔓上分别留1个瓜，瓜坐稳后不再整枝，只剪去弱枝、病枝、老叶、病叶，以利通风透光。当果实开始迅速膨大时，为防止营养生长过旺，及时摘心。

留瓜节位：小西瓜早熟品种的主蔓第一坐果节位为10～12节，第一侧蔓及第二侧蔓的第一坐果节位均为8～10节，以便克服主蔓生长优势，3蔓同时结瓜。大西瓜中熟品种的主蔓第一坐果节位为12～14节，第一侧蔓及第二侧蔓的第一坐果节位均在10节以上。若留瓜节位偏低，易造成僵果、果实偏小，皮色偏深，空洞果等。随着气温的升高，留瓜节位可适当降低。

西瓜授粉：有人工辅助授粉、蜜蜂授粉、生长调节剂授粉3种方式。

一是人工辅助授粉。当留瓜节位的雌花开放时，于晴天上午8：00—10：00、阴天上午9：00—11：00摘取当日开放的雄花，去除花瓣，将花粉轻轻涂抹在雌花的柱头上。选主蔓第二或第三雌花或侧蔓第二雌花授粉，授粉后做好日期标记，以便判断采收期。

二是蜜蜂授粉。棚内温度高于14℃时，可用蜜蜂授粉替代人工辅助授粉，具有提高果实品质的作用。西瓜始花前3～5d把蜂箱搬入棚内，使蜜蜂熟悉新环境。1个大棚（约300m²）放置1～2箱。将蜂箱放置于离地约30cm高的干燥处，以免棚内过高的湿气侵袭蜂群。在蜂箱上方约50cm处搭盖遮阳网。蜜蜂活动的最佳温度为20～26℃。保持良好的通风透气状态，合理调节棚内温度，防止晴天中午高温闷热对蜂群造成危害。西瓜花粉和花蜜不足时，需补喂糖水（糖0.5kg兑水1kg），4d左右喂1次。放蜂后棚内不可使用杀虫剂。

三是生长调节剂授粉。花期若遇到连续阴雨天气，雄花不能正常散粉时，需采取生长调节剂授粉。将植物生长调节剂氯吡脲溶液喷施于雌花子房。氯吡脲使用浓度与温度相关，需严格按照药剂说明使用，浓度过低、过高或喷施不均匀易导致幼果畸形、裂果，对产量影响较大。

肥水管理：在开花坐果期间严格控制浇水。当瓜长到鸡蛋大小时应给予充足的水分，可使其迅速生长。果实膨大初期，结合浇水追施腐熟畜禽粪污液肥500～600kg/亩和15-15-15三元硫基复合肥10～15kg/亩，或15-15-15三元硫基复合肥20～25kg/亩。

中果型西瓜在幼果达到碗口大小时，根据田间的长势情况，酌情再追肥 1 次。腐熟畜禽粪污液肥稀释 3～5 倍后肥水一体施入。在瓜膨大后期，可叶面喷施 0.3％磷酸二氢钾和 0.1％高钙肥。

⑤ 病虫害防治

及时防治猝倒病、立枯病、枯萎病、蔓枯病、炭疽病、病毒病、茎腐病、白粉病、地老虎、蚜虫、黄守瓜、蚂蚁等病虫害。

⑥ 及时采收

根据授粉标记并通过检验确定适宜采收期，一般早熟品种授粉后 28d 左右，中熟品种授粉后 32d 左右即可采收上市。

⑦ 二茬瓜的管理

头茬瓜采收结束后，在植株基部 10cm 处留取从茎基部发出的新侧枝 2～3 枝，其余枝条全部清除，穴施 15 - 15 - 15 三元硫基复合 30～40kg/亩，尿素 10～15kg/亩，管理上注意遮阴。

（2）大棚西瓜春连夏栽培

大棚西瓜春连夏栽培是东台西瓜种植区借鉴浙江温岭、台州等地区西瓜种植模式，结合本地西瓜种植特点，通过调整西瓜播种期、深沟高畦双株定植，运用膜下水肥一体化技术、科学整枝等栽培措施，实行晚春育瓜苗、初夏长瓜、伏天卖瓜的一种西瓜简约化高效生产模式，且品质不低于早春西瓜，产量超过 5 000kg/亩，效益 1 万元/亩以上。

① 品种选择

选择综合性状优、品质佳、有一定耐热性的中果型红瓤西瓜品种，如早佳 84 - 24、全美 4K、美都等。

② 播种育苗

采用大棚内套简易小拱棚设施，轻基质 50 孔穴盘嫁接育苗，砧木通常采用长颈葫芦，4 月上中旬（接穗）浸种催芽（砧木提前 9～12d），采用顶插接法，嫁接后注意保温、保湿、遮光、通风、防病害等管理，苗龄 30～35d。嫁接育苗要求技术较高，建议种植户直接向育苗中心或育苗专业户购买品嫁接苗。

③ 整地定植

利用越冬早春叶菜、甘蓝类蔬菜茬口，或上年水稻田后空茬。定植前 10～15d 耕翻，耕深 25～30cm，均匀撒施腐熟有机肥 2 500～3 000kg/亩，或商品有机肥 600～800kg/亩，或 15 - 15 - 15 三元硫基复合肥 25～30kg/亩、64％磷酸二铵 10～15kg/亩、硼肥 1kg/亩、50％多菌灵可湿性粉剂 1kg/亩。定植前 5～7d 在棚内作畦，每棚作 2 高畦，高畦横截面为直角梯形，斜面向内，下底宽 3.00～3.75m，上底宽 1.0～1.5m，畦高 30～40cm，整个棚室横截畦面成近"V"字形。在距两侧棚脚 1.0 、1.5m 处各铺设 1 条滴灌带，全畦覆盖地膜。于 5 月上中旬定植，顺滴灌带定植瓜苗，株距 33～35cm，定植密度 700～750 株/亩。不宜定植过深，以基质坨表面低于土面 1cm 左右为宜。定植后浇透定根水，封好定植孔，晴天中午在大棚外加盖遮阳网降温，促进活棵。

④ 田间管理

温、湿度管理：5 月夜间气温已在 15℃以上，西瓜定植活棵后，大棚顶膜两侧掀起，形成宽 15~20cm 的通风口，昼夜通风；晴天中午出现 30℃以上高温时，大棚两头通风，可在顶膜加盖遮阳网降温，保持棚温为 25~28℃。苗期、伸蔓初期，保持田间湿度，坚持小水勤灌，一般于上午 8：00 前进行凉水滴灌，时间为 15~20min；持续干旱天气期间，增加滴灌时间和次数，保持土壤相对湿度在 70% 左右。梅雨期间防涝、防渍，持续雨水后遇到暴晴天气（35℃以上高温），要在顶膜加盖遮阳网降温，防止西瓜植株发生生理性萎蔫和裂果。出梅入夏后，以水调温降温，通风降湿。

整枝压蔓：一般采用一主蔓二副蔓整枝法，即除留主蔓外，再选留基部 2 条强壮子蔓作为营养副枝，摘除其余枝蔓。为便于管理和操作，主蔓一致伸向内侧斜面，副蔓伸向外侧平面。为了保证西瓜的产量和品质，通常选择第三~四朵雌花进行人工辅助授粉，留瓜节位前的功能叶以 25 片左右为宜，节位过低，瓜偏小，节位过远，易产生畸形瓜；留瓜节位后保留 15 片功能叶打顶，同时在坐瓜相邻节位处选留 2~3 条健壮孙蔓作营养枝，当西瓜碗口大（0.5kg 左右）后不再整枝。

人工授粉：一般在晴天上午 7：00—9：00 进行，取当日开的雄花授粉，每朵雄花可授 4~5 朵雌花。西瓜坐果后要注意疏果、摘除畸形果，每株留 1 果。当第一批瓜接近成熟前 10~15d，即可授粉坐第二批瓜；第一批瓜采收后，根据田间西瓜长势强弱和近期天气状况，可每株选留 1~2 果，摘去老叶、病叶、残蔓；第二批瓜生长期基本不整枝，保持西瓜植株的生长优势，确保瓜的质量和商品性。

肥水管理：西瓜整枝前，不需追肥，以水调肥降温，保证瓜苗稳健生长；西瓜整枝后授粉前，看苗施肥 1~2 次，促进西瓜茎蔓生长，可每次随水冲施高钾悬浮型含有微量元素的水溶肥料（氮＋五氧化二磷＋氧化钾，500g/L）1.5~2.0kg/亩；第一批瓜授粉 3~5d 后，重施膨瓜肥，可随水冲施水溶肥 5kg/亩；第二批瓜（7 月上中旬）坐住后再重施 1 次。

⑤ 病虫害防治

及时防治猝倒病、立枯病、枯萎病、蔓枯病、炭疽病、病毒病、茎腐病、白粉病、地老虎、蚜虫、黄守瓜、蚂蚁等病虫害。

⑥ 采收

春连夏大棚西瓜头批瓜一般在授粉后 35~40d 成熟，第二批瓜在授粉后 30d 左右成熟。采摘时每个果保留绿色果柄 5cm 以上，以防伤口感染。

(3) 大棚秋西瓜栽培

采用大棚，辅以遮阳网、防虫网等避雨、遮阴、防虫设施，于 6 月下旬至 7 月中下旬播种，9—11 月上市，在栽培上，前期注重降温、防雨、防虫，网膜结合，全面遮盖。产量 2 000~4 000kg/亩。

① 品种选择

选择高产优质、耐高温、高湿、抗病性强的早中熟品种，如全美 4K、苏蜜 518、小兰、早佳 84 - 24 等。

② 播种育苗

采用避雨遮阴设施，轻基质 72 孔穴盘育苗。温水浸种后，在室内 30℃以下的环境中催芽，种子露白后直播于穴盘中，平放，每穴 1 粒，覆盖基质，厚 1cm 左右。播后浇透水，上盖报纸，再盖遮阳网降温保湿，出苗前一般不再浇水，出苗后应及时揭去覆盖物，一般不再盖遮阳网，但中午高温下瓜苗出现明显凋萎现象时仍须在棚顶覆盖遮阳网，同时可喷少许水缓解症状。每天早上浇透水，傍晚不浇，以控制秧苗徒长，禁止使用温度较低的地下水浇苗。苗期喷施 20mg/L 乙烯利诱导雌花正常萌发。苗龄 15d 左右。

③ 整地定植

定植前 15～20d 高温闷棚，集中施腐熟有机肥 2 500～3 000kg/亩，或商品有机肥 600～800kg/亩，或 15 - 15 - 15 三元硫基复合肥 40～50kg/亩。采用起垄单行栽培和双行栽培两种方式。单行栽培宜采用小高垄，一般垄高 15～20cm、垄底宽 50cm、垄面宽 20cm。株行距可采用 50cm×140cm 或 40cm×180cm。双行栽培宜采用小高垄，垄高 15～20cm，垄面宽 50cm，垄底宽 60～80cm。株行距可采用 50cm×300cm 或 40cm×320cm，每垄栽 2 行并分别向相反的方向爬蔓。

④ 田间管理

温、湿度管理：生长过程中须在棚顶覆盖遮阳网遮阳降温，后期覆盖棚膜保温。采收前 5～7d，昼夜不通风，保持较高棚温。

整枝授粉：采用双蔓整枝并人工辅助授粉。坐果前控制植株营养生长，坐果后，一般不再整枝。如茎叶过多，可剪去病枝、弱枝、老叶、病叶，以利通风。人工授粉时间一般在晴天早晨 6：00—7：00 进行。

肥水管理：在第一批坐果后 5～6d，追施腐熟畜禽粪污液肥 500～600kg/亩和 15 - 15 - 15 三元硫基复合肥 10～15kg/亩，或 15 - 15 - 15 三元硫基复合肥 20～25kg/亩。第二批瓜膨大时，追施腐熟畜禽粪污液肥 500～600kg/亩和 15 - 15 - 15 三元复合肥 5～10kg/亩，或 15 - 15 - 15 三元复合肥 15～20kg/亩。腐熟畜禽粪污液肥稀释 3～5 倍后肥水一体施入。在瓜膨大后期，可叶面喷施 0.3% 磷酸二氢钾和 0.1% 高钙肥。

秋季西瓜生长期间，常遇高温干旱，植株蒸发量大，应适量浇水，保证植株健壮生长。但要注意，棚内温度较高时，宜在早晨或傍晚浇水。如天降大雨，应及时排水防涝。

⑤ 病虫害防治

及时防治枯萎病、蔓枯病、炭疽病、病毒病、茎腐病、白粉病、地老虎、蚜虫、蚂蚁、瓜绢螟、黄守瓜等病虫害。

⑥ 采收

根据授粉标记并通过检验确定适宜采收期。一般瓜皮上花纹伸展、颜色变深，或手指弹瓜皮时发出嘭嘭的浊音，即可采收。采收最好在早上或傍晚进行。

3. 甜瓜

甜瓜属于葫芦科黄瓜属一年生蔓性草本植物，厚皮甜瓜种子千粒重 30～50g。甜瓜喜温耐炎热，种子在 15～16℃ 时开始发芽，发芽最适温度为 25～35℃，植株生长发育的最低温度为 18℃，适宜温度为 25～28℃。甜瓜为喜光作物，生育期每日需要 10～12h 日照，光照不足，植株生长弱，果实品质下降。甜瓜耐旱不耐涝，适宜的土壤湿度为 60%，坐瓜后如果土壤水分不足，瓜的品质和产量会受到较大影响。甜瓜对土壤的适应性较强，但以通气性良好、疏松肥沃、土层深厚、pH 6.0～7.0 的壤土或沙壤土为宜。不宜重茬，施肥以有机肥为主，增施磷、钾肥并注意氮、磷、钾、钙、镁、锌、硼配比合理。

（1）春季早熟栽培

利用棚室设施及多层覆盖栽培技术，选用早、中熟优质的厚皮甜瓜品种，采用嫁接苗，提高甜瓜的抗性，提早上市期，产量 2 000～3 000kg/亩。

① 品种选择

选择早中熟优质厚皮甜瓜品种，如玉菇、西周蜜 25、翠蜜、苏甜 4 号、东方蜜等。

② 播种育苗

采用大棚＋小棚＋电热温床或加温温室设施，轻基质 50 孔穴盘嫁接育苗，砧木通常选用黑籽南瓜，12 月上中旬至翌年 2 月中下旬播种，包衣种子可以直接播种，未包衣的种子可以采用温水浸种的方法处理，水温 50～55℃，搅拌 10min 后再浸种 4～5h，之后将种子捞出沥干，用干净湿纱布包裹，置于 28～30℃ 的环境下催芽，一般 18～20h、60%～80% 种子露白即可播种，砧木比接穗提前 7～10d 播种。采用靠接法嫁接，嫁接后注意保温、保湿、遮光、通风、防病害等，苗龄 35～40d（嫁接后 30d 左右）。嫁接育苗要求技术较高，建议直接向育苗中心或育苗专业户购买成品嫁接苗。

③ 整地定植

定植前 20d，扣大棚整地作高畦，宽 6m 的大棚作 2 畦，宽 8m 的大棚作 3 畦，沟深 30cm。地爬式栽培偏畦一侧（吊蔓式栽培在畦中间）开挖宽 40cm、深 30cm 的施肥沟，集中条施腐熟有机肥 2 500～3 000kg/亩，或商品有机肥 600～800kg/亩，或 15-15-15 三元硫基复合 40～50kg/亩，施后先适当拌土挖匀，再覆土填平，随后结合整地清沟将余土放在畦面上，一次性整细耙平，使畦面中间高两边低呈龟背形，沿肥料沟铺设滴灌带，覆盖地膜。1 月中下旬至 2 月上中旬定植，采用大棚＋小棚（双层膜）＋草帘、无纺布等＋地膜 5 层覆盖模式，2 月下旬至 3 月下旬定植，采用大棚＋小棚＋地膜 3 层覆盖模式；定植时，在离滴灌带 40cm 纵向打穴，地爬式栽培每畦一行，吊蔓式栽培每畦 2 行。株距 50cm，密度为 600～700 株/亩或 1200～1400 株/亩。定植深度以基质坨表面低于土面 1cm 左右为宜。定植后搭建小棚。

④ 田间管理

温、湿度管理：定植后 5～7d，尽量提高棚室温度，昼温不超过 30℃，夜温 15℃ 以上；开花坐果后昼温不超过 35℃，夜温 15～18℃，温度过高要通风降温。保持土壤湿润，同时注意通风排湿。

植株调整：吊蔓式栽培保留主蔓，在 10～13 节位处留子蔓结瓜，一般留 1 个瓜，并将 10 节以下及 13 节以上的子蔓全部摘除，摘除子蔓一定要早，发现有侧芽就去掉。当主蔓达到 25 节位时打顶，并在顶部留 1 个子蔓，任其生长。

地爬式栽培采用双蔓整枝，一般在 4 叶期打顶，留 3 片真叶，子蔓长出后，留 2 条健壮的子蔓，分别引向畦的两边，摘除每条子蔓的第一～二条孙蔓，第三～五条孙蔓为预定坐果部位，孙蔓坐果后留 1～2 叶打顶。子蔓留瓜叶位以上 10 节左右处打顶，瓜坐住后摘除其他孙蔓。不同品种的留瓜数不同，大果型品种一般留瓜 1～2 个，一条子蔓留 1 个；小果型一般留 3～4 个。

甜瓜授粉：有人工辅助授粉、蜜蜂授粉、生长调节剂授粉 3 种方式（具体操作同西瓜）。

肥水管理：在开花坐果期间严格控制浇水。当瓜长到鸡蛋大小时应给予充足的水分，可使其迅速生长。果实膨大初期，结合浇水追施腐熟畜禽粪污液肥 500～600kg/亩和 15 - 15 - 15 三元硫基复合肥 10～15kg/亩，或 15 - 15 - 15 三元硫基复合肥 20～25kg/亩。腐熟畜禽粪污液肥稀释 3～5 倍后肥水一体施入。在瓜膨大中后期，可叶面喷施 0.3％磷酸二氢钾、0.3％尿素、0.1％高钙肥和 0.1％硼肥。

⑤ 病虫害防治

及时防治猝倒病、立枯病、枯萎病、蔓枯病、细菌性叶枯病、病毒病、茎腐病、霜霉病、白粉病、地老虎、蚜虫、斑潜蝇等病虫害。

⑥ 及时采收

授粉后作标记，根据不同品种甜瓜生育期推算成熟日期，一般薄皮瓜在约九成熟时提前采收。

（2）秋季大棚吊蔓式栽培

采用大棚并辅以遮阳网、防虫网等避雨、遮阴、防虫设施，于 7 月下旬至 8 月上旬播种，在栽培上，土壤高温闷棚处理，前期注重降温、防雨、防虫，网膜结合。产量 1 500～2 000kg/亩。

① 品种选择

选择高产优质、耐高温、高湿、抗病性强的早中熟品种，如玉菇、西周蜜、苏甜 4 号等。

② 播种育苗

采用 72 孔穴盘育苗，苗床上覆盖防虫网和遮阳网，可有效减少虫害，防止高温。苗龄 12～15d，宜在一叶一心至二叶时定植。

③ 整地定植

提前 20d 进行田园清洁和高温闷棚处理，之后整地作垄施肥。宽 6m 的大棚作 2 畦，宽 8m 的大棚 3 畦，沟深 30cm。在畦中间开挖宽 40cm、深 30cm 的施肥沟，集中条施腐熟有机肥 2 500～3 000kg/亩，或商品有机肥 600～800kg/亩，或 15 - 15 - 15 三元硫基复合 40～50kg/亩，施后先适当拌土挖匀，再覆土填平，随后结合整地清沟将余土放在畦面上，一次性整细耙平，使畦面中间高两边低呈龟背形，沿肥料沟铺设滴灌带，覆盖黑白膜（黑面向下，白面向上），大棚通风口及棚门均要安装防虫网。于晴天下午 4：00 后或阴天定植，定植时，在离滴灌带 40cm 处纵向打穴，每畦 2 行。株距 50cm，密度 1 000～1 200株/亩。定植深度以基质坨表面低于土面 1cm 左右为宜。定植后浇透定根水。

④ 田间管理

温、湿度管理：秋季栽培生育前期以降温为主，应尽可能通风降温。后期气温逐渐降低时，应注意保温。棚内空气湿度大时应在晴天通风散湿，减轻病害的发生。

整枝留果：整枝引蔓要及时，一般采用双蔓整枝，大果型 1 株留 1 果，留 1 枝作为营养枝；中小果型，可单蔓整枝，10～13 节的子蔓可留作结果枝，主蔓 22～25 节摘心，主蔓顶部留 1～2 根子蔓作为营养枝。授粉采用人工辅助授粉、蜜蜂授粉、生长调节剂授粉（具体操作同西瓜），使用生长调节剂时一定要注意浓度和温度，尽量在下午 4：00 后、棚温下降到 35℃以下时施用，且要喷匀，不得重复。要求在授粉后 4～5d 尽早摘除多余的幼果。

肥水管理：植株生长旺盛期，在晴天的清晨观察瓜叶缘是否有水珠，水珠大且多，表明土壤水分充足，如无水珠或水珠小而少，则土壤缺水，需及时浇灌。果实膨大初期，土壤相对含水量应在 70%～80%，含水量不足时可在膜下灌水 1～2 次，同时结合浇水追施腐熟畜禽粪污液肥 500～600kg/亩和 15 - 15 - 15 三元硫基复合肥 10～15kg/亩，或 15 - 15 - 15 三元硫基复合肥 20～25kg/亩。腐熟畜禽粪污液肥稀释 3～5 倍后肥水一体施入。坐果 25～30d 后，土壤相对含水量控制在 60%～70%，此期间不应灌水，以免引起裂果。在瓜膨大中后期，可叶面喷施 0.3%磷酸二氢钾、0.3%尿素、0.1%高钙肥和 0.1%硼肥。

⑤ 病虫害防治

及时防治猝倒病、枯萎病、蔓枯病、霜霉病、白粉病、病毒病、瓜螟、蚜虫、白粉虱等病虫害。

⑥ 采收

根据果实成熟的发育天数，结合瓜位叶和果皮颜色判断甜瓜成熟度，及时采收。果实成熟时，瓜位叶开始正常枯焦，同时果皮开始转色，果实果柄处出现黄斑。

4. 南瓜

南瓜属于葫芦科南瓜属一年生蔓性草本植物，种子千粒重 140～350g。南瓜喜温耐炎热，种子在 15～16℃ 时开始发芽，发芽最适温度为 25～30℃；幼苗期昼温应在 23～25℃，夜温 13～15℃；营养生长期适宜温度为 20～25℃，开花结瓜盛期适宜温度为 25～27℃。南瓜为喜光短日照作物，生育期时每天需要 10～12h 日照。对日照强度的要求较高，在光照充足的条件下生长良好，果实生长发育快且品质好，但过强的光照对其生长不利，容易引起日灼萎蔫。南瓜抗旱力很强，由于植株茎叶繁茂，生长迅速，蒸腾量大，故需水量也大，但不耐涝，在第一雌花坐果前，土壤湿度过大，易造成徒长、落花、落果。对土壤要求不严格，但以排水良好、肥沃疏松 、pH 5.5～6.7 的壤土为宜。不宜重茬，施肥以有机肥为主，增施磷、钾肥并注意氮、磷、钾、钙、镁、锌、硼配比合理。

南瓜春季栽培

南瓜春季栽培一般采用大棚＋小拱棚＋地膜或小拱棚＋地膜或地膜覆盖的栽培方式，于 1 月中旬至 4 月上旬播种，产量 1 500～3 000kg/亩。

① 品种选择

目前生产上使用的品种主要有贝贝、彩佳、小磨盘南瓜、黄狼南瓜等。

② 播种育苗

采用大棚＋小棚＋电热温床或加温温室设施，轻基质 50 孔穴盘育苗，播前温水（55℃）浸种 3～4h 后，将种子置于 25～30℃ 的温度下催芽 24～48h，露白后播于 50 孔穴盘，平放，幼芽垂直向下，1 穴 1 粒，覆盖基质，厚 1cm，播后覆盖地膜。采用大棚＋小棚＋地膜栽培的于 1 月中旬至 2 月上旬播种；小拱棚＋地膜栽培的于 2 月中旬播种；地膜栽培的于 3 月上旬播种；露地栽培的于 4 月上旬直播。苗龄 25～30d。需种量 100～200g/亩。

苗期管理：播种后至出苗前，保持棚内昼温 25～30℃，夜温 15～20℃；当种子顶土出苗时，及时揭去地膜，加大通风，控制基质湿度，保持棚内昼温 20~25℃，夜温 15℃ 左右。晴好天应注意通风降温，切勿造成高温灼苗；阴雨天则应通风降湿，控制基质湿度。定植前 7~10d，白天应逐渐加大通风炼苗。苗期可根据苗情追肥 1~2 次，浇施 0.2%尿素和 0.2%磷酸二氢钾混合液。

③ 整地定植

早春提前扣棚整地施肥。地爬式栽培，提前 5~7d 深翻开沟，集中施基肥，双行对爬的沟间距 5.5~6.0m，单行爬地的沟间距 3~3.5m，集中沟施腐熟有机肥 2 000~2 500 kg/亩，或商品有机肥 500~600kg/亩，或 15-15-15 三元硫基复合肥 30~40kg/亩。翻耕使肥料与土充分混匀，铺设滴灌带，覆盖地膜。株距 50cm，定植后及时浇水透定根水。吊蔓式栽培，提前 5~7d 撒施腐熟有机肥 2 500~3 000kg/亩，或商品有机肥 600~800 kg/亩，或 15-15-15 三元硫基复合肥 40~50kg/亩，翻地做垄。宽 8m 的大棚内做 5 垄，种植 8 行。沟宽 40cm，大棚两侧各做 1 条 65cm 宽垄的，种 1 行；中部做 3 条宽 100cm 宽垄的，每垄种植 2 行。铺设滴灌带，覆盖地膜。定植株距 45cm，每棚定植 1 800 株左右。定植深度以基质坨表面低于土面 1cm 左右为宜，定植后及时浇透定根水。

④ 田间管理

温度管理：定植后 5~7d，以保温保湿为主。幼苗成活后，通风降湿，防止幼苗徒长和发生病害。昼温控制在 25~28℃，夜温 15℃ 左右，促进幼苗健壮生长。生长中后期，加强通风，防止棚内高温、高湿引发病害。

整枝引蔓：地爬式栽培，当蔓长 40cm 时，保留 2~3 个健壮分枝，其余摘除；蔓长 80~100cm 时，枝蔓顺同一方向并用土块压蔓。吊蔓式栽培，先搭架，搭架时，在两侧的垄的正上方拉 1 条铁丝，将铁丝直接固定在棚架内侧以备引蔓；棚中部的 3 垄，则在垄中间每隔 10m 左右设 1 根水泥支柱，将铁丝架在支柱顶端，铁丝的两头用铁桩斜拉固定。为防止铁丝受力下垂，每隔 3m 左右，用细铁丝将铁丝吊挂在大棚拱架上，增强牢固性。秧苗抽蔓时应在下午及时引蔓，将软绳扣在秧苗的基部，将蔓缠绕在软绳上，引向正上方，然后将软绳扣在铁丝上让瓜蔓上架。大棚吊蔓栽培多采用主蔓结瓜，单蔓整枝。小拱棚露地爬地栽培则可双蔓或多蔓整枝，及时摘除侧枝。

授粉留瓜：一般要求在上午 10：00 以前完成。选择当天开花的雄花，摘下后去除花瓣，将花粉直接涂在雌花的柱头上即可，如果雄花的花粉量较少，可用 2~3 朵雄花给 1 朵雌花授粉。第一个留瓜节位在 11 节左右，每隔 4~5 节留 1 个瓜，小型瓜每株留 4~5 个瓜，中型瓜每株留 2~3 个，第一、第二雌花开放时植株营养生长较小，尚未发棵，应选留 10 节以上的第三、第四雌花留果，可连续选留 3~4 个雌花授粉坐果，一般单株可留 3~5 果。在最后一个瓜上方留 5~6 片叶后摘心。

水肥管理：生长期间，浇水视墒情而定，保持土壤湿润即可；成熟期，适当控水，提高品质。伸蔓初期，结合浇水追施腐熟畜禽粪污液肥 800~1 200kg/亩，或尿素 5~8kg/亩；果实膨大初期，结合浇水追施腐熟畜禽粪污液肥 500~600kg/亩和 15-15-15 三元硫基复合肥 10~15kg/亩，或 15-15-15 三元硫基复合肥 20~25kg/亩。腐熟畜禽粪污液肥稀释 3~5 倍后肥水一体施入。后期，结合防病治虫喷施 0.3%磷酸二氢钾、0.3%尿素。

⑤ 病虫害防治

及时防治病毒病、白粉病、霜霉病、蚜虫、瓜绢螟、黄守瓜、潜叶蝇等病虫害。

⑥ 采收

根据市场行情采收上市，可采老熟瓜，也可采嫩瓜。一般在授粉后 20d 左右，果实充分膨大后采收嫩瓜上市，或授粉后 40～45d 采收老熟瓜上市。采收应在晴天上午或傍晚进行，留瓜柄约 2cm，并放在阴凉通风处保存待售。

5. 西葫芦

西葫芦又称美洲南瓜，属于葫芦科南瓜属一年生短蔓草本植物，种子千粒重 140～200g。西葫芦喜温暖但耐低温能力强，种子在 13℃ 时开始发芽，发芽最适温度为 28～30℃；生长发育的适宜温度为 22～25℃；开花结果期要求 15℃ 以上，最适温度为 20～23℃，温度高于 30℃ 时易感病毒。西葫芦对光照要求比较严格，但其适应能力也很强，既喜光，又较耐弱光；光照充足，花芽分化充实，果实发育良好，进入结果期后需较强光照，雌花受粉后若遇弱光，易引起化瓜。西葫芦吸收水分的能力强，比较耐旱，但连续干旱也容易引起叶片萎蔫，容易出现花打顶和发生病害。因此在种植过程中，对土壤湿度要求较高，保持湿润但不宜过高。西葫芦对土壤要求不很严格，但以排水良好、肥沃疏松、pH 5.5～6.8 的壤土为宜。不宜重茬，施肥以有机肥为主，增施磷、钾肥并注意氮、磷、钾、钙、镁配比合理。

（1）春季栽培

西葫芦春季栽培一般采用大棚＋小拱棚＋地膜或小拱棚＋地膜或地膜覆盖的栽培方式，于 1 月中旬至 4 月上旬播种，4—8 月采收，产量 2 500～3 500kg/亩。

① 品种选择

选择较耐低温、耐弱光、优质、高产的早熟品种，如珍玉 35、珍玉 37 等。

② 播种育苗

采用大棚＋小棚＋电热温床或加温温室设施，轻基质 50 孔穴盘育苗，播前温水（55℃）浸种 5～6h 后，将种子置于 25～30℃ 的温度下催芽 36～48h，种子露白后播于 50 孔穴盘，平放，幼芽垂直向下，一穴一粒，覆盖基质，厚 1cm 左右，播后覆盖地膜。采用大棚＋小棚＋地膜栽培的于 1 月中旬至 2 月上旬播种，小拱棚＋地膜栽培的于 2 月中旬播种，地膜栽培的于 3 月上旬播种，露地栽培的于 4 月上旬播种。苗龄 30～35d。需种量 125～150g/亩。

苗期管理：当种子顶土出苗时，及时揭去地膜，加大通风，控制基质湿度；保持棚内昼温 25～30℃，夜温 13～15℃；晴好天应注意通风降温，切勿造成高温灼苗；阴雨天则应通风降湿，控制基质湿度。定植前 7～10d，控水、降温炼苗，保持棚内昼温 22～25℃，夜温 12～13℃。苗期可根据苗情追肥 1～2 次，浇施 0.2% 尿素和 0.2% 磷酸二氢钾混合液。

③ 整地定植

于早春提前扣棚整地施肥，采用高垄栽培。做垄前散施腐熟有机肥 2 000～2 500kg/亩或商品有机肥 500～600kg/亩，或 15 - 15 - 15 三元复合肥 40～50kg/亩，翻耕耙细，做高垄，垄宽 40cm，垄高 15cm，垄间距 70cm，垄上铺滴灌带，覆盖地膜，每垄 1 行，株距 50cm，密度 1 200～1 400 株/亩，定植深度以基质坨表面低于土面 1cm 左右为宜，定植后及时浇透定根水。

④ 田间管理

温、湿度管理：定植后，棚内昼温控制在 25～30℃，夜温 15～20℃；活棵后，昼温 20～25℃，夜温 10～15℃；坐果期，日温保持在 22～25℃，夜温 15～18℃；盛瓜期，棚内保持 18～25℃，棚内超过 30℃时，应加大放风量降温。待气温稳定在 15℃以上时，大棚拆裙膜、保留顶膜防雨；小棚栽培的拆去小棚。在坐果期应注意通风降湿。

整枝理蔓：及早摘除细弱的侧蔓，摘除病叶、老叶，并疏除过多雄花以及畸形雌花等。

保花保果：开花初期，人工辅助授粉或用 10～15mg/kg 的 2，4 - D 点花，同时可加入 50％腐霉利可湿性粉剂 1 000 倍液，预防灰霉病发生。一般每株留 4～5 个果。

水肥管理：开花前不干不浇，以根瓜长到 10cm 时开始浇水为宜，盛果期保持土壤湿润，第一个瓜坐稳后，结合浇水追施腐熟畜禽粪污液肥 500～600kg/亩和 15 - 15 - 15 三元复合肥 10～15kg/亩，或 15 - 15 - 15 三元复合肥 20～25kg/亩。盛瓜期再追施 1 次。

⑤ 病虫害防治

及时防治白粉病、灰霉病、霜霉病、病毒病、蚜虫、黄守瓜、红蜘蛛、烟粉虱等病虫害。

⑥ 采收

一般掌握第一个瓜要早，中间瓜要巧，后期瓜要好的采收原则。根瓜长至 250g 时应及时采收，以后根据市场行情，瓜重 250～500g 时采收。

（2）秋季栽培

秋季栽培，前期地膜覆盖保墒，顶膜＋遮阳网避雨、避高温，后期夜间密闭保温。于 8 月中下旬播种，10 月上中旬至 11 月采收。产量 2 000～2 500kg/亩。

① 品种选择

选择矮生、抗病、早熟的品种，如珍玉 35、珍玉 37 等。

② 播种育苗

采用温室或大棚等遮阴避雨设施，轻基质 72 孔穴盘育苗。播前温水浸种后，种子播于穴盘，平放，每穴 1 粒，覆盖基质，厚 1cm 左右，需种量 125～150g/亩。苗期喷施 0.5mg/L 乙烯利，促进花芽分化。苗龄 15～20d。

③ 整地定植

采用高垄栽培。做垄前，散施腐熟有机肥 2 000～2 500kg/亩，或商品有机肥 500～600kg/亩，或 15 - 15 - 15 三元复合肥 40～50kg/亩，翻耕耙细，做垄宽 40cm，垄高 15cm，垄间距 70cm 的高垄，垄上铺滴灌带，覆盖地膜，定植株距 50cm，密度 1 200～1 400 株/亩，定植深度以基质坨表面低于土面 1cm 左右为宜，定植后及时浇透定根水。

④ 田间管理

整枝理蔓：及早摘除细弱的侧蔓、病叶、老叶，并疏除过多的雄花以及畸形雌花等。

水肥管理：开花前不干不浇，以根瓜长到 10cm 时开始浇水为宜，盛果期保持土壤湿润,第一个瓜坐稳后,结合浇水追施腐熟畜禽粪污液肥 500~600kg/亩和 15 - 15 - 15 三元复合肥 10~15kg/亩,或 15 - 15 - 15 三元复合肥 20~25kg/亩;盛瓜期再追施 1 次。腐熟畜禽粪污液肥稀释 3~5 倍肥水一体施入。

⑤ 病虫害防治

及时防治白粉病、灰霉病、霜霉病、病毒病、蚜虫、黄守瓜、红蜘蛛、烟粉虱等病虫害。

⑥ 采收

一般掌握第一个瓜要早,中间瓜要巧,后期瓜要好的采收原则。根瓜长至 250g 时应及时采收,以后根据市场行情,瓜重 250~500g 时采收。

6. 丝瓜

丝瓜属于葫芦科丝瓜属一年生攀缘藤本植物,种子千粒重 100~120g。丝瓜喜温耐热,种子在 15℃时开始发芽,发芽最适温度为 30~35℃,生长发育的适宜温度为 20~25℃,15℃左右生长缓慢,10℃以下生长受到抑制,5℃以下生长不良,-1℃受冻害死亡。丝瓜属于短日照植物,在短日照下发育快,能降低雄花和雌花的着生节位。丝瓜耐湿耐渍,能适应空气湿度大和土壤水分充足的环境,相反,在干燥环境下,果实纤维多、易老化。对土壤要求不严格,但以排水良好、肥沃疏松、pH 6.0~6.5 的壤土为宜。不宜重茬,施肥以有机肥为主,增施磷、钾肥并注意氮、磷、钾、钙、镁配比合理。

春季栽培

丝瓜春季栽培一般采用大棚＋小拱棚＋地膜,或小拱棚＋地膜,或地膜覆盖的栽培方式,于 1 月中旬至 4 月上旬播种,4 月上旬至 9 月上市。栽培简易,采收期长,投入少,产量高,产量 3 000~5 000kg/亩。

① 品种选择

适宜的丝瓜品种有泰州香丝瓜、五叶香丝瓜、江蔬 1 号、长沙肉丝瓜、绿油 920、丰邦 1 号等。

② 播种育苗

采用大棚＋小棚＋电热温床或加温温室设施,轻基质 50 孔穴盘育苗。播前将种子用 55℃温水烫种 10~15min,并不断搅拌到水温降至 30~35℃,将种子反复搓洗,并用清水洗净黏液。再用温水浸泡 4~5h,将浸泡好的种子用洁净的湿纱布包好,置于 28~30℃ 的条件下催芽 2~3d,每天用温水冲洗 1~2 次,待种子 70% 露白时播于穴盘。种子平放,每穴 1 粒,覆盖基质,厚 1cm 左右,浇透水覆盖地膜。采用大棚＋小棚＋地膜栽培的于 1 月中旬至 2 月上旬播种,小拱棚＋地膜栽培的于 2 月中旬播种,地膜栽培的于 3 月上旬播种,露地栽培的于 4 月上旬播种。苗龄 30~35d。需种量 100~200g/亩。

苗期管理:当种子顶土出苗时,及时揭去地膜,加大通风,控制基质湿度;保持棚内昼温 25~30℃,夜温 15~18℃;晴好天应注意通风降温,切勿造成高温灼苗;阴雨天则应通风降湿,控制基质湿度。定植前 7~10d,控水、降温炼苗,苗期可根据苗情追肥 1~2 次,浇施 0.2% 尿素和 0.2% 磷酸二氢钾混合液。

③ 整地定植

定植前翻耕开沟集中施肥，沟间距 4m，施腐熟有机肥 2 000～2 500kg/亩，或商品有机肥 500～600kg/亩，或 15 - 15 - 15 三元复合肥 40～50kg/亩，翻耕使土壤与肥料充分混匀，做宽 50～60cm 的小高垄，铺上滴灌带，覆盖地膜。在垄的一侧，距离肥料 15cm 处定植，每垄栽 1 行，株距 20～30cm。也可采用密植栽培方式，定植前散施腐熟有机肥 2 000～2 500kg/亩，或商品有机肥 500～600kg/亩，或 15 - 15 - 15 三元复合肥40～50 kg/亩，翻耕作垄，跨度 8m 的大棚做垄 6 条，垄宽 100cm，铺上滴灌带，覆盖地膜，每畦种植 2 行。株行距：大行距 70～80cm，小行距（垄上行距）40～45cm，株距 40～50cm。

④ 田间管理温

湿度管理：定植后 7d 内少放风，保持棚内昼温 25～30℃，夜温 15～18℃，促进缓苗。缓苗后保持棚内昼温在 25～28℃，夜温 12℃ 以上。开花结果期，加强水分管理，保持土壤湿润，炎热夏季浇水应避免在中午进行。

搭架及植株调整：主蔓长 30～40cm 时，及时搭架、绑蔓。稀植栽培多采用平棚型竹木架，幅宽 4m 左右。丝瓜栽培以主蔓结瓜为主，摘除所有侧蔓。盛果期，摘除基部老叶及过多的雄花、卷须，以利通风透光，减少养分消耗。密植丝瓜可采用吊蔓栽培，具体方法：在大棚二道膜下方，每一行丝瓜的正上方拉 1 根铁丝，每一株旁吊 1 根聚丙烯包装绳，上端固定在铁丝上，下端拴 1 根长 20cm 的竹棍，竹棍一端在离植株根部 10cm 处插入土中，固定包装绳。丝瓜主蔓缠绕在包装绳上，以后每隔 5～6 节，绑蔓 1 次。当主蔓生长点离二道膜 20cm 时，及时落蔓。落蔓应选择晴天的下午（此时丝瓜茎柔软，不易折断），从最上方的绑蔓处依次向下进行。当主蔓 23～25 节时，大棚两个边行不打顶，其余隔行打顶。打顶的丝瓜采收完毕后拔除。以后根据植株生长情况，隔株拔除生长植株，保证植株生长不相互密闭，有阳光透射到大棚内。随着植株生长，将未打顶植株引向大棚内二道膜架上。

合理追肥：伸蔓初期，结合浇水追施腐熟畜禽粪污液肥 500～800kg/亩，或尿素 3～5kg/亩；开花坐果后，结合浇水追施腐熟畜禽粪污液肥 500～600kg/亩和 15 - 15 - 15 三元复合肥 10～15kg/亩，或 15 - 15 - 15 三元复合肥 20～25kg/亩；采收后，每隔 15～20d，追肥 1 次。腐熟畜禽粪污液肥稀释 3～5 倍肥水一体施入。

⑤ 病虫害防治

及时防治白粉病、灰霉病、霜霉病、病毒病、蚜虫、黄守瓜、红蜘蛛、烟粉虱等。

⑥ 适时采收

一般花后 7～10d，瓜条表面茸毛褪去，显示出商品特性时即可采收。采收宜在早晨进行，轻放忌压，保护好瓜皮，然后包装，尽快上市。

7. 冬瓜

冬瓜属于葫芦科冬瓜属一年生蔓性植物，种子千粒重 40～60g。冬瓜耐热性强、怕寒冷、不耐霜冻，种子发芽期适宜温度为 30～35℃；幼苗忍耐低温的能力较强，早春经过低温锻炼的幼苗，可忍耐短时间的 3～5℃ 低温，幼苗期以 25～28℃ 为宜；在茎叶生长和开花结果期，以 25～30℃ 为宜。冬瓜属于短日照植物，对光照长短的适应性较广，对日照要求不严格，在其他环境条件适宜时，一年四季都可以开花结果，但在低温短日照条件下，可使雌花和雄花发生的节位降低。冬瓜喜水，怕涝、耐旱，适宜的土壤湿度为60％～80％，适宜的空气相对湿度为 50％～60％。冬瓜对土壤要求不严格，但以排水良好、肥沃疏松、pH 5.5～7.6 的壤土为宜。不宜重茬，施肥以有机肥为主，增施磷、钾肥并注意氮、磷、钾、钙、镁配比合理。

冬瓜栽培

冬瓜的种植茬口主要为春茬和秋茬，春茬早熟栽培于 1 月下旬至 4 月上旬播种育苗，2 月下旬至 5 月上旬定植，4 月下旬至 9 月上旬采收上市；秋茬栽培于 6 月播种育苗，7 月定植，9 月上旬开始采收上市，产量 4 000～5 000kg/亩。

① 品种选择

适宜的冬瓜品种有"黑金刚"黑皮冬瓜。

② 播种育苗

早春栽培，采用大棚＋小棚＋电热温床或加温温室设施，轻基质 50 孔穴盘育苗。播前将种子用 55℃温水烫种 10～15min，并不断搅拌到水温降至 30～35℃，将种子反复搓洗，并用清水洗净黏液，再用温水浸泡 4～5h，将浸泡好的种子用洁净的湿纱布包好，置于 30℃的条件下催芽，每天用温水冲洗 1～2 次，待种子 70％露白时播于穴盘（因冬瓜种子种壳较厚，透气性差，往往发芽不齐，部分种子不能及时发芽，这时需要将种子发芽孔叩开，俗称"开口"，继续催芽），播种时种子平放，胚芽朝下，每穴 1 粒，覆盖基质，厚1cm 左右，浇透水，覆盖地膜。采用大棚＋小棚＋地膜栽培的于 1 月中旬至 2 月上旬播种，小拱棚＋地膜栽培的于 2 月中旬播种，地膜栽培的于 3 月上旬播种，露地栽培的于 4 月上旬直播。苗龄 30～35d。需种量 60～100g/亩。

夏秋栽培，采用棚顶覆盖遮阳网，轻基质 50 孔穴盘育苗，温水浸种（温水浸泡 6h），开口直播于穴盘，苗龄 20d 左右。需种量 60～100g/亩。

苗期管理：早春育苗，在出苗前注意保温，保持棚内昼温 25～30℃，夜温 18～20℃；出苗后及时揭去地膜，注意控温控湿，保持棚内昼温 20～25℃，夜温 15～18℃。真叶展开后棚温可适当提高，定植前 7d 内逐步揭膜降温炼苗。出苗前严格控制浇水，真叶展开前一般可不浇水，真叶展开后床面发白时，选晴天上午适当浇水，浇水时可适当加入多菌灵或噁霉灵等防病药剂预防病害。苗期可根据苗情追肥 1～2 次，浇施 0.2％尿素和 0.2％磷酸二氢钾混合液。

夏秋育苗注意控湿、降温，防止秧苗徒长。

③ 整地定植

地爬式栽培：定植前开沟，集中施基肥，沟间距 3～4m，沟施腐熟有机肥 2 000～2 500kg/亩，或商品有机肥 500～600kg/亩，或 15‑15‑15 三元复合肥 40～50kg/亩。翻耕使肥料与土壤充分混匀，做宽 50～60cm 的小高垄，铺上滴灌带，覆盖地膜。在垄的一侧，距离肥料 10～15cm 处定植，每垄 1 行，株距 60cm。

搭架式栽培：定植前，散施腐熟有机肥 2 000～2 500kg/亩，或商品有机肥 500～600kg/亩，或 15‑15‑15 三元复合肥 40～50kg/亩，翻耕作畦。跨度 8m 的大棚作 3 畦，畦宽 160～180cm，每畦铺上 2 条滴灌带，覆盖地膜，每畦种植 2 行。株行距：株距 80cm 左右，行距 150cm 左右。

④ 田间管理

温度管理：早春定植后 7d 内少放风，保持棚内昼温 25～30℃，夜温 15～18℃，促进缓苗。缓苗后小拱棚的膜日揭夜盖，大棚的裙膜根据气温变化揭盖，以便通风换气。保持棚内昼温 25～28℃，夜温 12℃以上。开花结果期，加强水分管理，保持土壤湿润，炎热夏季浇水应避免在中午进行。4 月中旬，当外界夜温稳定在 15℃以上时，撤出小拱棚。在 5 月中旬可收起大棚裙膜，昼夜通风，6—8 月，用稻草或秸秆覆盖冬瓜防日灼。秋季栽培的大棚前期要收起裙膜，只留顶膜，11 月中旬以后盖严裙膜保温。

瓜蔓整理：地爬式栽培，当瓜苗长 60～70cm 时，向一侧引蔓，并在茎节下方开 3cm 浅沟，除去茎节上侧枝和卷须后，压入浅沟中覆土，隔 40cm 再压蔓 1 次。坐果前留 1～2 个侧蔓，利用主、侧蔓结果，坐果后侧蔓任意生长。搭架式栽培，在坐果前摘除全部侧蔓，坐果后留 2 个侧蔓，其余摘除。当瓜蔓长 30～40cm 时，搭"人"字形架，并引蔓上架。

选瓜留瓜护瓜：早春大棚温度低，昆虫较少，可采用人工辅助授粉提高冬瓜坐果率，人工授粉在上午 7：00—9：00 进行，摘取当天早晨开放的雄花，剥去花瓣，将花粉均匀涂抹在当天开放的雌花柱头上。每株一般留 3 根蔓、2 个瓜，第一个瓜在主蔓第二～三雌花中选留，选留节位为 18～26 节，第二个瓜在主蔓、侧蔓中均可。每株授粉后留 3～4 个幼瓜，等幼瓜长到拳头大小时，选留 2 个健壮幼瓜，其余摘除，待选留的 2 个瓜坐稳之后长成的瓜则可任其生长。

肥水管理：伸蔓初期，结合浇水追施腐熟畜禽粪污液肥 500～800kg/亩，或尿素 3～5kg/亩；开花坐果后，结合浇水追施腐熟畜禽粪污液肥 500～800kg/亩和 15 - 15 - 15 三元复合肥 10～15kg/亩，或 15 - 15 - 15 三元复合肥 20～30kg/亩；生长中后期，根据植株长势，适当追肥。腐熟畜禽粪污液肥稀释 3～5 倍肥水一体施入。

⑤ 病虫害防治

及时防治猝倒病、枯萎病、疫病、病毒病、白粉病、蚜虫、蓟马、白粉虱、黄守瓜、斑潜蝇等病虫害。

⑥ 采收

早春栽培的冬瓜一般在 4 月中下旬至 9 月采摘，夏季栽培的冬瓜在 9 月上旬开始采摘，霜降前在老熟瓜上覆盖稻草，盖严大棚四周棚膜，可一直储藏到春节行情好时上市。一般幼果选定后 40d 左右即可采摘鲜瓜上市，长期储藏的老熟瓜则需 50d 以上才能达到生理成熟，瓜农可根据当地消费习惯和市场行情择期采摘上市。采摘宜在晴天早晨露水干后进行，采摘时要注意轻拿轻放，剪齐瓜柄，避免刺伤瓜皮。

8. 苦瓜

苦瓜属于葫芦科苦瓜属一年生蔓性植物，种子千粒重 140～180g。苦瓜喜温暖、较耐热、不耐寒。在 20℃ 以下发芽缓慢，发芽的适宜温度为 30～35℃；在 15～25℃，温度越高越有利于苦瓜植株的生长发育。在结果盛期，夏季高温往往在 30℃以上，但苦瓜却能生长繁茂，果实累累；到结果后期，气温降低到10℃左右时，仍能继续采收嫩瓜，直至初霜降临。苦瓜属于短日性植物，喜光不耐阴，但经过长期的栽培和选择，已对光照长短的要求不太严格，但开花结果期需要较强的光照。苦瓜喜湿但怕雨涝，在生长期间要求有70%～80%的空气湿度和土壤湿度。如遇较长时间的阴雨连绵天气，或暴雨成灾排水不良时，植株生长不良，极易感病烂瓜，重者发病致死。苦瓜对土壤的要求不太严格，但以排水良好、肥沃疏松、pH 6.0～6.8的壤土为宜。不宜重茬，施肥以有机肥为主，增施磷、钾肥并注意氮、磷、钾、钙、镁配比合理。

苦瓜栽培

苦瓜可在春、秋两季栽培。春早熟栽培采用多层覆盖栽培方式，于1月下旬至3月初播种，2月下旬至4月初定植，上市期较露地栽培提早30d左右；春露地栽培，于3月下旬至4月上旬播种育苗，4月下旬定植。秋季栽培，于7月中旬播种，8月中旬定植。产量1 500～2 000kg/亩。

① 品种选择

选择生长势旺、分枝能力强、品质优、抗病的品种，如翠玉苦瓜、碧玉青苦瓜、蓝山长白苦瓜等。

② 播种育苗

早春采用大棚＋小棚＋电热温床或加温温室设施，轻基质50孔穴盘育苗。播前将种子用55℃温水烫种10～15min，并不断搅拌到水温降至30～35℃，将种子反复搓洗，并用清水洗净黏液，再用温水浸泡10～12 h，将浸泡好的种子用洁净的湿纱布包好，置于30℃的条件下催芽，每天用温水冲洗1～2次，待种子70%露白时播于穴盘。播种时种子平放，胚芽朝下，每穴1粒，覆盖基质，厚1～1.5cm，浇透水覆盖地膜。采用大棚＋小棚＋地膜栽培的于1月中旬至2月上旬播种，小拱棚＋地膜栽培的于2月中旬播种，地膜栽培的于3月上旬播种，露地栽培的于4月上旬直播。夏秋栽培，棚顶覆盖遮阳网，采用轻基质50孔穴盘育苗，种子经温水浸种处理后直播于穴盘。苗龄25～30d。需种量250～300g/亩。

苗期管理：早春育苗在出苗前注意保温，保持棚内昼温25～30℃，夜温18～20℃。出苗后，及时揭去地膜，注意控温、控湿，保持棚内昼温20～25℃，夜温15～18℃。真叶展开后棚内温度可适当提高，定植前7d内逐步揭膜降温炼苗。出苗前严格控制浇水，真叶展开前一般可不浇水，真叶展开后基质表面发白时，选晴天上午适当浇水，苗期可根据苗情追肥1～2次，浇施0.2%尿素和0.2%磷酸二氢钾混合液。夏秋育苗注意控湿、降温，防止秧苗徒长。

③ 整地定植

整地前，撒施腐熟有机肥2 500～3 000kg/亩，或商品有机肥600～800kg/亩，或15-15-15三元复合肥40～50kg/亩。早熟或极早熟栽培的提前扣棚保温，翻耕耙细，做宽100cm的小高垄，沟距50～60cm，垄面上铺滴灌带，覆盖地膜。每垄栽2行，行距70～80cm，株距60cm。

④ 田间管理

温度管理：早春定植后7d内少放风。缓苗后昼温保持在25～30℃，夜温15～18℃，充分见光。秋季栽培，午间高温强光时覆盖遮阳网。

整枝理蔓：植株伸蔓后，及时剪除植株 50cm 以下的侧蔓，选 3～4 枝健壮枝及时引蔓上架。逐步剪除基部老叶、病叶、过密枝和弱枝，以利通风。

人工授粉：早春栽培可人工辅助授粉，授粉时间以上午 9：00 前后为宜。

肥水管理：定植后保持土壤湿润。伸蔓初期，结合浇水追施腐熟畜禽粪污液肥 500～800kg/亩，或尿素 3～5kg/亩；开花坐果后，结合浇水追施腐熟畜禽粪污液肥 500～600kg/亩和 15 - 15 - 15 三元复合肥 10～15kg/亩，或 15 - 15 - 15 三元复合肥 20～25kg/亩；生长中后期，根据植株长势，适当追肥。腐熟畜禽粪污液肥稀释 3～5 倍肥水一体施入。

⑤ 病虫害防治

及时防治白粉病、霜霉病、灰霉病、病毒病、蚜虫、蓟马、瓜绢螟、黄守瓜等病虫害。

⑥ 及时采收

苦瓜以嫩果供食用，应及时采收，一般在花后 10～12d，顶端花冠干枯、脱落，果实充分长成，果皮上的条状和瘤状粒迅速膨大时采摘。

9. 瓠瓜

瓠瓜为葫芦科葫芦属一年生蔓性草本。种子千粒重 120～130g。瓠瓜喜温，不耐低温。种子在 15℃开始发芽，适宜温度为 30～35℃；20～25℃适宜其生长和结果，15℃以下生长缓慢，10℃以下停止生长，5℃以下开始受寒害。瓠瓜属短日照作物，苗期短日照可以使主蔓提早发生雌花；瓠瓜对光照要求较高，光照不足则炭疽病严重，且易化瓜、烂瓜，果实发育迟缓。瓠瓜对水分要求严格，既不耐旱，又不耐涝；结果期间对空气湿度要求较高，但开花结果时水分不宜过大，否则易烂瓜，因此雨季要注意排水。瓠瓜不耐贫瘠，以肥沃疏松、保水保肥、pH 6.5～7.0 的壤土为宜。不宜重茬，施肥以有机肥为主，增施磷、钾肥并注意氮、磷、钾、钙、镁配比合理。

春季栽培

采用简易设施如大棚＋小棚＋地膜或小棚＋地膜或地膜覆盖栽培，于 1 月下旬至 4 月上旬分期播种，2 月下旬至 5 月上旬定植，4 月下旬至 8 月上市，产量 2 500～3 000 kg/亩。

① 品种选择

适宜的品种有早春 1 号长瓠、早春 3 号圆瓠等。

② 播种育苗

早春栽培，采用大棚＋小棚＋电热温床或加温温室设施，轻基质 50 孔穴盘育苗。播种前晒种 1～2d，放入 55℃温水中浸泡 15min，让水温降到 30℃，浸种 8～12h，将浸泡好的种子用洁净的湿纱布包好，置于 30℃的条件下催芽，每天用温水冲洗 1～2 次，待种子 70％露白时播于穴盘。播种时种子平放，胚芽朝下，每穴 1 粒，覆盖基质，厚 1～1.5cm，浇透水，覆盖地膜。苗龄 30～35d。需种量 200g/亩左右。

苗期管理：早春育苗，在出苗前注意保温，保持棚内昼温 25～30℃，夜温 18～20℃。

出苗后，及时揭去地膜，注意控温控湿，保持棚内昼温 20～25℃，夜温 15～18℃。定植前 7d 内逐步揭膜降温炼苗。出苗前严格控制浇水，真叶展开前一般可不浇水，真叶展开后基质表面发白时，选晴天上午适当浇水，苗期可根据苗情追肥 1～2 次，浇施 0.2%尿素和 0.2%磷酸二氢钾混合液。

③ 整地定植

深翻耕后，做宽 150cm 的小高畦，畦面宽 120cm，沟宽 30cm，沟深 15～20cm，畦面中间开沟集中深施基肥，施腐熟有机肥 2 000～2 500kg/亩，或商品有机肥 500～600kg/亩，或 15-15-15 三元复合肥 40～50kg/亩。浅翻入土，最后将畦整成龟背形，畦面上铺设滴灌带，覆盖地膜。每畦栽 2 行，株距 60cm。定植深度以基质坨面低于土面 1cm 左右为宜，定植后及时浇定根水。

④ 田间管理

温度及水分管理：采用大棚＋小棚或小棚栽培的，定植后 5～7d 以保温、保湿为主；地膜覆盖栽培的，保持土壤湿润，雨季注意排涝。

搭架：当瓠瓜苗长 40～45cm 开始爬蔓时，采用"人"字形支架，架高 2～2.2m，中间设横架 2～3 道。

植株调整：瓠瓜多为侧蔓结瓜，主蔓长至 1m 左右时第一次摘心，以利侧蔓及早发生和结果，提高单株产量。子蔓上选留 1 个健壮的雌花，并在雌花上部留 1～2 片叶摘心。但要留最上部的 1 条子蔓的顶心，代替主蔓生长，此后再将抽生的孙蔓按此法摘心，孙蔓结果后及时疏掉细弱徒长侧枝，以每株同时结 2 条瓜较好。当第一瓜采收时，将基部不结瓜的侧蔓摘除，以后随着结瓜节位的上移，要将下部老、黄、病叶及时摘除，并经常摘除卷须。为使瓠瓜雌花节位发生低、提高坐果率，可人工授粉。

肥水管理：定植后 10～15d 追施伸蔓肥，结合浇水追施腐熟畜禽粪污液肥 500～800kg/亩，或尿素 3～5kg/亩；第一批瓜坐果后追施膨果肥，结合浇水追施腐熟畜禽粪污液肥 500～800kg/亩和 15-15-15 三元复合肥 10～15kg/亩，或 15-15-15 三元复合肥 20～30kg/亩；采收期每周至少浇水 1 次，每采收 2～3 批瓜应追肥 1 次。腐熟畜禽粪污液肥稀释 3～5 倍肥水一体施入。

⑤ 病虫害防治

及时防治猝倒病、立枯病、病毒病、疫病、霜霉病、白粉病、蚜虫、蓟马、斑潜蝇等病虫害。

⑥ 适时采收

开花后 15d 左右，果实茸毛减少，符合品种采收标准时即可采收、包装上市。采收一般应在晴天上午进行。注意首批瓜宜早采，以确保营养生长与生殖生长平衡，有利于后期开花结果。

10. 佛手瓜

佛手瓜又名菜肴梨、合掌瓜、拳头瓜等，是葫芦科佛手瓜属具块状根的多年生宿根草质藤本植物。佛手瓜喜温，不耐高温和严寒，茎叶生长适宜温度为 20～25℃，0℃时出现冻害，-5～-3℃时茎叶全部冻死。10℃时生长缓慢；开花结果的适宜温度是 15～20℃，低于 15℃或高于 25℃，均影响开花授粉，到 5℃以下，瓜停止膨大。佛手瓜是短日照作物，在具有一定的营养生长量后，在秋季短日照条件下，开始生殖生长；佛手瓜开花结果要求月均温度 22℃左右，月日照时数 170h。佛手瓜对水分需量大，尤其是 7—8 月高温季节，一定要保持空气和土壤中有较高的湿度，否则蔓茎停止生长，叶色变黄；开花结果期土壤水分不足时，开花少，落花多，坐果率低，瓜也小。对土壤要求不严，但以肥沃疏松、保水保肥、pH 6.5～7.0 的沙壤土、壤土、黏壤土为宜。不宜重茬，施肥以有机肥为主，增施磷、钾肥并注意氮、磷、钾、钙、镁配比合理。

佛手瓜栽培

佛手瓜具有产量高、抗病虫、管理简便、营养丰富、又耐贮运、能补充秋冬淡季市场供应等优点。种瓜育苗一般于 1 月下旬催芽育苗，或在 11—12 月提早育苗，将幼苗壮枝切段，30 孔穴盘扦插育苗，苗龄 25～30d。露地栽培于 4 月中旬定植，大棚栽培于 3 月上中旬定植，9 月下旬至 11 月采收，产量 3 000～5 000kg/亩。

① 品种选择

佛手瓜品种有绿皮、白皮、合掌瓜等。一般选择结果多、果实大、生长势头强，丰产的绿皮佛手瓜。

② 播种育苗

种瓜育苗：种瓜要选取个头大、没有病害、品质优良的佛手瓜，在 11 月下旬左右将种瓜沙藏，室温控制在 5～10℃。于翌年 1 月下旬将种瓜取出，移至催芽室催芽，温度 15～20℃，半个月左右种瓜顶端开裂，生出幼根，当种瓜发出幼芽时移入电热温床育苗。种瓜发芽端朝上，柄朝下，覆土 4～6cm，土壤湿度以手握成团，落地即散为准。不要有积水。出苗前保持棚内昼温 25～30℃，夜温 18～20℃。出苗后，注意控温控湿，保持棚内昼温 20～25℃，夜温 l5～18℃，并注意保持较好的通风光照条件。育苗期，瓜蔓幼芽以留 2～3 枝为宜，多而弱的芽要及时摘掉。对生长过旺的瓜蔓留 4～5 叶摘心，控制徒长，促其发侧芽。需种瓜量为 30～35 个/亩。

切段扦插育苗：11—12 月，将种瓜在棚室内提前育苗，培育出用于切段扦插的健壮秧蔓，将幼苗秧蔓剪断，每一切段含 2～3 个节。将切段茎部置于 500mg/kg 的萘乙酸溶液中浸泡 5～10min，取出插于 30 孔穴盘内，保温保湿促其生根，气温 20～25℃，经 7～10d 即可生根出芽，保持基质湿度，基质表面发白时，选晴天上午适当浇水，苗期可根据苗情追肥 1～2 次，浇施 0.2%尿素和 0.2%磷酸二氢钾混合液。苗龄 25～30d 即可定植。需种瓜量 8～10 个/亩。

③ 整地定植

定植时，穴要大而深，约 1m 见方，深 1m。将挖出的土再填入穴内 1/3，每穴施腐熟有机肥 200～250kg 或商品有机肥 50～60kg，并与穴土充分混合均匀，上铺盖 20cm 的土壤，用脚踩实。定植密度，若采用种瓜育苗，大苗定植，20～30 株/亩；切段扦插的小苗栽培，密度可适当加大，行距 3～4m，株距 2m，80～120 株/亩。定植后浇水，促其缓苗。

④ 田间管理

搭架引蔓与整枝：当瓜蔓长到 40cm 左右时，搭架并及时引蔓上架。上架前要及时抹除茎基部的侧芽，每株保留 2～3 个子蔓。上架后，不再打侧枝，任其生长，但应注意调整茎蔓伸展方向，使其分布均匀，通风透光。

水肥管理：采用大棚栽培的，定植后 1 个月内以保温、保湿为主；露地栽培的，保持土壤湿润，雨季注意排涝；进入根系迅速发育期，要多中耕松土，促进根系发育；越夏期，勤浇水，保持土壤湿润，增加空气湿度；6 月上中旬，植株地上部分生长明显加快时进入旺盛生长期，结合浇水追施腐熟畜禽粪污液肥 60～80kg/株和尿素 0.2kg/株、15-15-15 三元复合肥 1kg/株，或尿素 0.4kg/株、15-15-15 三元复合肥 2kg/株。腐熟畜禽粪污液肥稀释 3～5 倍肥水一体施入。盛花盛果期，日蒸腾量大，需要充分的水肥，水分以保持土壤湿润为宜；后期，结合防病治虫喷施 0.3% 磷酸二氢钾、0.3% 尿素 2～3 次，或施腐熟畜禽粪污液肥。

⑤ 病虫害防治

及时防治霜霉病、蚜虫等病虫害。

⑥ 采收

开花后 15～20d 采收较为适宜，要分批采收，一般 7～10d 采收 1 次。采收后，按果形大小，用纸包好，装入包装箱内上市或储藏。

（五）豆类

1. 豇豆

豇豆为豆科豇豆属一年生草质藤本或近直立草本植物，种子千粒重 120～170g。豇豆喜温暖，耐热，不耐低温，种子发芽最低温度为 8℃，最适温度为 25～30℃；植株生长发育适宜温度为 20～30℃，能适应 30～40℃的高温；开花结荚适宜温度为 25～28℃，35℃也能正常结荚；对低温敏感，10℃以下生长受抑制。豇豆为短日性喜光植物，开花结荚期要求光照良好，但多数品种对长日反应不敏感。豇豆根系吸水能力强，比较耐土壤干旱，但生长期要求适量的土壤水分，开花期前后要有足够的水分，适宜的空气相对湿度为 55%～60%，土壤水分过多时会影响根系发育和根瘤菌活动，根易发病，落花落荚。豇豆对土壤要求不严格，但以富含有机质、疏松肥沃、排水良好、pH 6.0～7.0 的壤土和沙壤土为宜，不宜重茬，施肥以有机肥为主，增施磷、钾肥并注意氮、磷、钾、钙、钼、硼配比合理。

（1）春早熟栽培

利用棚室设施，播期为 2 月下旬至 3 月初，5 月上旬至 7 月上市，产量 1 500～2 500 kg/亩。种植效益较高。

① 品种选择

选择早熟、耐低温的品种，如长豇 100、苏豇 3 号、扬豇系列、赣豇系列、津豇等。

② 整地播种

播种前，结合整地撒施腐熟有机肥 2 000～2 500kg/亩，或商品有机肥 500～600kg/亩，或 15-15-15 三元复合肥 40～50kg/亩，翻耕耙细，做垄，宽 6m 的大棚做 4 垄，宽 8m 的大棚做 5 垄。每垄 2 行，穴播。播种前晒种 2d，垄上行距 50cm，穴距 20～25cm，每穴播种 3～4 粒种子，需种量 1 500～2 000g/亩。播种垄面间铺设滴灌带，覆盖地膜。

③ 田间管理

定苗搭架：出苗后及时破膜放苗，间苗 1～2 次，二叶一心时定苗；抽蔓时，及时搭架引蔓（"人"字形架），每穴定苗 2～3 株。

温度管理：前期以保温为主，棚内昼温不要超过 32℃，夜温不能低于 15℃。

水肥管理：搭架前，结合浇水追 1 次提苗肥，追施腐熟畜禽粪污液肥 500～800kg/亩，或 0.3％尿素和 0.3％磷酸二氢钾混合液 1 000～1 500kg/亩；开花结荚后，每隔 10～15d 结合浇水追施腐熟畜禽粪污液肥 500～600kg/亩和 15 - 15 - 15 三元复合肥 5～10kg/亩，或穴施 15 - 15 - 15 三元复合肥 15～20kg/亩。腐熟畜禽粪污液肥稀释 3～5 倍后肥水一体施入。开花后，每 10～15d 叶面喷施硼、钼肥，喷施 2～3 次；采收中后期，可叶面喷施 0.2～0.3％尿素、磷酸二氢钾混合液。

④ 病虫害防治

及时防治锈病、煤霉病、根腐病、病毒病、豇豆螟、蚜虫、蓟马、潜叶蝇等病虫害。

⑤ 采收

开花后约 20d，籽粒尚未起鼓时及时采收。

（2）露地栽培

豇豆露地栽培从 4 月上中旬至 7 月 25 日均可播种，6 月至 11 月上旬上市。产量 1 500～2 500kg/亩。

① 品种选择

选用长豇 100、苏豇 3 号、扬豇系列、赣豇系列、津豇等。

② 整地播种

播种前，结合整地撒施腐熟有机肥 2 000～2 500kg/亩或商品有机肥 500～600kg/亩，或 15 - 15 - 15 三元复合肥 40～50kg/亩，翻耕耙细，做垄，宽 6m 的大棚做 4 垄，宽 8m 的大棚做 5 垄，每垄 2 行，穴播，播种前晒种 2d，垄上行距 50cm，穴距 20～25cm，每穴播种 3～4 粒种子，需种量 1 500～2 000g/亩。播种垄面间铺设滴灌带，覆盖地膜。

③ 田间管理

二叶一心时定苗，每穴留苗 2～3 株。搭架前结合浇水追 1 次提苗肥，追施腐熟畜禽粪污液肥 500～800kg/亩，或 0.3％尿素和 0.3％磷酸二氢钾混合液 1 000～1 500kg/亩；开花结荚后，每隔 10～15d 结合浇水追施畜禽粪污腐熟液肥 500～600kg/亩和 15 - 15 - 15 三元复合肥 5～10kg/亩，或穴施 15 - 15 - 15 三元复合肥 15～20kg/亩。腐熟畜禽粪污液肥稀释 3～5 倍后肥水一体施入。开花后，每 10～15d 喷施硼、钼肥，喷施 2～3 次；采收中后期，可叶面喷施 0.2～0.3％尿素、磷酸二氢钾混合液。

④ 病虫害防治

及时防治锈病、煤霉病、根腐病、病毒病、豇豆螟、蚜虫、蓟马、潜叶蝇等病虫害。

⑤ 采收

开花后约 20d，籽粒尚未起鼓时及时采收。

2. 菜豆

菜豆为豆科菜豆属缠绕或直立一年生草本，千粒重 200～500g。菜豆喜温，既不耐热，也不耐霜冻，种子发芽的适宜温度为 20～25℃，8℃以下、35℃以上不易发芽；幼苗生长适宜温度为 18～20℃，13℃以下停止生长；开花结荚期的适宜温度为 18～25℃，15℃以下、27℃以上均不能结荚，且出现落花落荚现象。同时，菜豆从播种到开花需要 700～800℃的积温，低于这一有效积温，菜豆植株即使开花，也不会结荚，所以在春季早熟栽培中，播种期不能过早。菜豆生长发育对日照长度的要求不严格，但如果光照不足，容易徒长、落花落荚。性喜湿润，也较耐旱，但不耐涝。在整个生育期间，适宜的土壤湿度为土壤田间持水量的 60%～70%。对土壤的要求相对较高，一般需要有机质含量丰富、土层深厚、排水良好、pH 6.2～7.0 的壤土。不宜重茬，施肥以有机肥为主，增施磷、钾肥并注意氮、磷、钾、钙、钼、硼配比合理。

（1）春菜豆栽培

春菜豆大棚＋小棚＋地膜栽培一般于 2 月下旬至 3 月底播种；地膜覆盖栽培一般于 4 月上旬至 4 月下旬播种，露地栽培一般于 4 月下旬至 5 月上旬播种，播后 55～60d 上市。产量：矮生菜豆 800～1 000kg/亩，蔓生菜豆 1 500～2 000kg/亩。

① 品种选择

选择早熟、耐低温的品种。矮生菜豆有 81－6、地豆王等；蔓生菜豆有春秋架豆王、黑籽架豆、白籽架豆、龙王架豆、春满园等。

② 整地播种

提前 7～10d 扣上大棚提升地温，结合整地撒施腐熟有机肥 2 000～2 500kg/亩，或商品有机肥 500～600kg/亩，或 15－15－15 三元复合肥 30～35kg/亩，翻耕，做宽 1.8～2m 的高畦。采用穴播，每穴播种子 4～5 粒。矮生菜豆行株距 25cm×25cm，需种量 6 000～8 000g/亩；蔓生菜豆大小行种植，大行距 70～80cm，小行距 50cm，穴距 20cm，需种量 3 000～4 000g/亩。播种后铺设滴灌带，覆盖地膜，浇透水，扣上小棚。

③ 田间管理

出苗后，破膜放苗，间苗 1～2 次，二叶一心时定苗，每穴定苗 3 株。生长前期，以保温为主，棚内昼温不超过 32℃，夜温不低于 15℃。

矮生菜豆开花结荚时，结合浇水追施腐熟畜禽粪污液肥 500～600kg/亩和 15－15－15 三元复合肥 10～15kg/亩，或 15－15－15 三元复合肥 20～25kg/亩。腐熟畜禽粪污液肥稀释 3～5 倍后肥水一体施入。开花后，叶面喷施硼、钼肥 1～2 次；后期，可叶面喷施 0.2～0.3%尿素、磷酸二氢钾混合液 1～2 次。结荚后不能缺水。

蔓生菜豆，抽蔓期及时搭架引蔓。开花结荚后追肥 1～2 次，追施腐熟畜禽粪污液肥 500～600kg/亩和 15－15－15 三元复合肥 10～15kg/亩，或 15－15－15 三元复合肥 20～25kg/亩。腐熟畜禽粪污液肥稀释 3～5 倍后肥水一体施入。开花后，叶面喷施硼、钼肥 1～2 次；后期，可叶面喷施 0.2%～0.3%尿素、磷酸二氢钾混合液 1～2 次。结荚后不能缺水。

④ 病虫害防治

及时防治锈病、根腐病、炭疽病、枯萎病、蚜虫、斑潜蝇、夜蛾类等病虫害。

⑤ 采收

嫩荚形成后，种子刚开始生长，籽粒尚未起鼓，果皮鲜嫩有光泽，纤维少，品质好，此时最宜采收。

（2）秋菜豆栽培

秋蔓生菜豆一般露地栽培，于7月下旬至8月上旬播种，9月下旬至11月下旬上市，产量1 500～2 000kg/亩。秋矮生菜豆一般于7月下旬至8月上旬播种，或利用棚室秋延后栽培，可延至8月下旬播种，上市期为10月中旬至11月下旬，可以增加市场花色品种，产量为800～1 000kg/亩。

① 品种选择

短生菜豆选择81-6、地豆王等，蔓生菜豆选择春秋架豆王、白籽四季豆、荷兰架豆、长白7号等。

② 整地播种

播种前，撒施腐熟有机肥2 000～2 500kg/亩，或商品有机肥500～600kg/亩，或15-15-15三元复合肥30～35kg/亩，翻耕，做成宽1.8～2m的高畦。采用穴播，每穴播种子4～5粒。矮生菜豆行株距25cm×25cm，需种量6 000～8 000g/亩；蔓生菜豆大小行种植，大行距70～80cm，小行距50cm，穴距20cm，需种量3 000～4 000g/亩。播后铺设滴灌带。

③ 田间管理

蔓生菜豆二叶一心时定苗，每穴定苗3株左右。苗期温度较高，应防止徒长，促进壮苗。水肥管理上，以促控结合为原则，苗期追肥1次，追施腐熟畜禽粪污液肥500～800kg/亩，或0.3%尿素水溶液1 000～1 500kg/亩，爬藤前中耕除草，搭架绑蔓。开花结荚后，结合浇水追施腐熟畜禽粪污液肥500～600kg/亩和15-15-15三元复合肥10～15kg/亩，或15-15-15三元复合肥20～25kg/亩；采收中期，可酌情追施腐熟畜禽粪污液肥。腐熟畜禽粪污液肥稀释3～5倍后肥水一体施入。开花后，叶面喷施硼、钼肥1～2次；后期，可叶面喷施0.2～0.3%尿素、磷酸二氢钾混合液1～2次。结荚后不能缺水。

矮生菜豆间苗1～2次，二叶一心时定苗，每穴定苗3株左右。开花结荚后，结合浇水追施腐熟畜禽粪污液肥500～800kg/亩和15-15-15三元复合肥10～15kg/亩，或15-15-15三元复合肥20～30kg/亩。腐熟畜禽粪污液肥稀释3～5倍后肥水一体施入。开花后，叶面喷施硼、钼肥1～2次；后期，可叶面喷施0.2～0.3%尿素、磷酸二氢钾混合液1～2次。结荚后不能缺水。10月上中旬，大棚覆膜，棚温超过30℃时，通风透气；后期管理以保温为主，可有效延长采收期。

④ 病虫害防治

及时防治锈病、根腐病、炭疽病、枯萎病、蚜虫、斑潜蝇、夜蛾等病虫害。

⑤ 采收

嫩荚形成后，种子刚开始生长，籽粒尚未起鼓，果皮鲜嫩有光泽，纤维少，品质好，此时最宜采收。

3. 毛豆

毛豆学名大豆，俗称黄豆，为豆科大豆属一年生草本植物，种子千粒重 200～400g。毛豆喜温暖，种子在 10～12℃ 开始发芽，15～20℃ 最适宜，温度低发芽慢，种子容易腐烂，幼苗生长弱；生长适宜温度为 20～25℃，开花结荚期适宜温度为 20～28℃，低温下结荚延迟，低于 14℃ 不能开花；温度过高，植株提前结束生长，≤2.5℃ 植株受害，−3℃ 植株冻死。毛豆属短日照植物。种子发芽要求水分较多，开花期要求土壤含水量为 70%～80%，否则落蕾严重。对土壤条件的要求相对较高，一般需要有机质含量丰富、土层深厚、排水良好、pH 6.2～7.0 的壤土。不宜重茬，施肥以有机肥为主，增施磷、钾肥并注意氮、磷、钾、钼配比合理。

（1）春季栽培

毛豆春季栽培一般于 2 月下旬采用大棚＋小棚＋地膜设施直播；于 3 月中下旬采用地膜覆盖直播；于 4 月上中旬采用露地直播；于 5—7 月采收，鲜荚产量 700～1 000kg/亩。

① 品种选择

春播应选用早、中熟鲜食品种，如绿领 9 号、台湾 292、台湾 75，以及江苏农科院推出的苏早 2 号、苏奎 3 号等。

② 整地播种

大棚栽培的提前 7～10d 扣棚，播种前，结合整地撒施腐熟有机肥 2 000～2 500kg/亩，或商品有机肥 500～600kg/亩，或 15-15-15 三元复合肥 40～50kg/亩，翻耕耙细，做成宽 60cm 的小高垄，一垄两行，穴距 20cm，每穴播种 3～4 粒，盖土不宜太厚，否则易烂种。播后铺设滴灌带，覆盖地膜、小棚。需种量 6 000～8 000g/亩。

③ 田间管理

早春栽培要注意防寒保温。出苗后长至 2 片复叶时第一次中耕，在分枝后期结合清沟培土第二次中耕。营养生长期，土壤干湿结合；生殖生长期，保持土壤湿润；结荚期，应注意排除田间积水防止烂荚。分别于初花期和终花期，结合浇水追施腐熟畜禽粪污液肥 500～800kg/亩。或尿素 4～5kg/亩。腐熟畜禽粪污液肥稀释 3～5 倍后肥水一体施入。在营养生长旺盛期间，每隔 7～10d 向叶面喷施 0.3% 的磷酸二氢钾和 0.03% 钼酸铵，共 2 次。

④ 病虫害防治

及时防治锈病、病毒病、炭疽病、豆荚螟、大豆食心虫、蜗牛、地老虎等病虫害。

⑤ 采收

鲜食大豆在豆荚鼓至八成熟时开始采收。早熟毛豆分批采摘，及早上市；中熟毛豆多整株拔起，一次采收。

（2）夏季栽培

夏季栽培，一般于 6 月中下旬播种，露地播种最迟不超过 7 月上旬，9—10 月采收，鲜荚产量 600～800kg/亩，干荚产量 180～220kg/亩。

① 品种选择

夏播鲜食品种应选择中熟品种，如江苏农科院推出苏豆 16、苏豆 17、苏豆 18 等；夏播干荚品种应选择抗病毒，早、中熟夏大豆品种，如江苏农科院推出的苏豆 13、通豆 11、通豆 12 等。

② 整地播种

播种前，结合整地撒施腐熟有机肥 2 000～2 500kg/亩，或商品有机肥 500～600kg/亩，或 15 - 15 - 15 三元复合肥 40～50kg/亩，翻耕耙细，做成宽 60cm 的小高垄，播种前将种子晒 1～2d，一垄两行，穴距 30cm，每穴播种 3～5 粒，盖土不宜太厚，否则易烂种。播后铺设滴灌带。需种量 6 000～8 000g/亩。

③ 田间管理

播种出苗前，使用封闭土壤处理剂除草；出苗后长至 2 片复叶时第一次中耕，在分枝后期结合清沟培土第二次中耕。营养生长期，土壤干湿结合；生殖生长期，保持土壤湿润；结荚期，应注意排除田间积水防止烂荚。分别于初花期和终花期，结合浇水追施腐熟畜禽粪污液肥 500～800kg/亩，或尿素 3～5kg/亩。腐熟畜禽粪污液肥稀释 3～5 倍后肥水一体施入。在营养生长旺盛期间，每隔 7～10d 向叶面喷施 0.3％的磷酸二氢钾和 0.03％钼酸铵，共 2 次。

④ 病虫害防治

及时防治锈病、病毒病、炭疽病、紫斑豆荚螟、大豆食心虫、蜗牛、蚜虫等病虫害。

⑤ 采收

鲜食毛豆在豆荚鼓至八成熟时开始采收。采干荚的，待植株枯黄整株拔起，一次采收。

4. 豌豆

豌豆属豆科豌豆属一年生或多年草本植物，种子千粒重 120～150g。豌豆耐寒不耐热，4℃以上即可发芽，发芽最适温度为 18～20℃，生长发育适宜温度为 10～20℃，苗期温度低可提早花芽分化；开花结荚期气温以 15℃左右为宜，25℃以上生长不良，受精率低，结荚少，夜温高影响尤甚。豌豆为长日照植物，多数品种对日照长短要求不严格，但在低温长日照下，能促进花芽分化。豌豆需水量较大，种子发芽的临界含水量为 50％～52％；在生长发育后期，需水量逐渐增加，开花结荚期的最适土壤湿度为 60％～90％，如缺水干旱会导致严重减产。豌豆对土壤的适应性很广，以有机质含量丰富、土层深厚、排水良好、土壤 pH 6.2～7.0 的土壤为宜。不宜重茬，施肥以有机肥为主，增施磷、钾肥，并注意氮、磷、钾、钼配比合理。

（1）春食荚豌豆

春食荚豌豆露地栽培一般于 9 月中旬至 11 月上旬播种，翌年 5 月上中旬至 6 月下旬采收；大棚栽培于 10 月下旬至 11 月上旬播种，翌年 4 月上旬至 5 月下旬采收，播种期比露地栽培迟 30～40d，上市期可提早 30d 左右。嫩荚产量 800～1 000kg/亩。

① 品种选择

选用耐低温能力强、品质好、产量高的品种，如甜脆、白玉豌豆、台中 11、大荚荷兰豆等。

② 整地播种

播前，结合整地撒施腐熟有机肥 2 000～2 500kg/亩，或商品有机肥 500～600kg/亩，或 15 - 15 - 15 三元复合肥 45～50kg/亩，整平耙细，做成宽 1.8～2m 的高畦。播种前晒种 2～3d，打破种子休眠期，大小行种植，大行距 70～80cm，小行距 50cm，株距 20cm，每穴 3～4 粒，需种量 7 000～8 000g/亩。

③ 田间管理

中耕追肥：株高 5～7cm 时第一次中耕，结合中耕追施腐熟畜禽粪污液肥 500～600kg/亩，或尿素 5kg/亩；株高 10～15cm 时结合培土第二次中耕；入冬前，结合浇水追施腐熟畜禽粪污液肥 500～600kg/亩和 15 - 15 - 15 三元复合肥 10～15kg/亩，或 15 - 15 - 15 三元复合肥 20～25kg/亩；开春后及时中耕除草保墒；旺盛生长期，结合浇水追施腐熟畜禽粪污液肥 500～600kg/亩和 15 - 15 - 15 三元复合肥 10～15kg/亩，或 15 - 15 - 15 三元复合肥 20～25kg/亩。腐熟畜禽粪污液肥稀释 3～5 倍后肥水一体施入。开花后，叶面喷施硼、钼肥 1～2 次；后期，可叶面喷施 0.2%～0.3% 尿素、磷酸二氢钾混合液 1～2 次。遇低温的寒冬或早春倒春寒天气，可培土壅根防冻或覆盖保温层以防苗期冻害。4 月底至 5 月开花结荚期，雨水较多应及时排除渍水；保持土壤湿润，防止落花落荚。

搭架引蔓：当豌豆苗高 20～30cm 时，在畦两端安装支柱后挂上高 150cm 的网状架或搭"人"字形架引蔓。

④ 病虫害防治

及时防治锈病、白粉病、潜叶蝇、豆荚螟、蚜虫、蜗牛、蚁等病虫害。

⑤ 采收

花后 8～10d，当嫩荚充分肥大，豆荚扁平、尚未起鼓为宜，一般 2～3d 采 1 次。

(2) 夏食荚豌豆

夏食荚豌豆于 3 月下旬至 4 月上旬播种，初春后地膜覆盖播种，生长期较短，且嫩荚收获期主要集中在 6 月的高温多雨季节，产量偏低，嫩荚产量 500～800kg/亩。

① 品种选择

选用耐低温能力强、品质好、产量高的品种，如甜脆、台中 11 等。

② 整地播种

播种前，结合整地撒施腐熟有机肥 2 000～2 500kg/亩，或商品有机肥 500～600kg/亩，或 15 - 15 - 15 三元复合肥 45～50kg/亩，整平耙细，做成宽 1.8～2m 的高畦。大行距 70～80cm，小行距 50cm，株距 20cm，每穴 3～4 粒，播后覆盖地膜，需种量 7 000～8 000g/亩。

③ 田间管理

肥水管理：株高 5～7cm 时第一次中耕，结合中耕追施腐熟畜禽粪污液肥 600～800kg/亩，或尿素 5kg/亩；株高 10～15cm 时结合培土第二次中耕；开花结荚后，结合浇水追施腐熟畜禽粪污液肥 500～600kg/亩和 15 - 15 - 15 三元复合肥 10～15kg/亩，或 15 - 15 - 15 三元复合肥 20～25kg/亩。腐熟畜禽粪污液肥稀释 3～5 倍后肥水一体施入。开花后，叶面喷施硼、钼肥 1～2 次；后期，可叶面喷施 0.2%～0.3% 尿素、磷酸二氢钾混合液 1～2 次。花期如遇高温干旱天气，极易发生落花落荚现象，必须迅速浇水保持土壤湿润，有条件的可适当遮阴降温。如遇暴雨或长时期的连绵阴雨天气，应及时清沟排水。

搭架引蔓：当豌豆苗高 20～30cm 时，在畦两端设支柱后挂上高 150cm 网状架或搭"人"字形架引蔓。

④ 病虫害防治

及时防治锈病、白粉病、潜叶蝇、豆荚螟、蚜虫等病虫害。

⑤ 采收

于 5 月下旬至 7 月上旬陆续采收上市。

(3) 冬豌豆叶

利用棚室设施，于 10 月播种，11 月至翌年 3 月采收，以满足冬春叶菜类的市场需求，嫩茎叶产量 1 500～2 000kg/亩。露地种植，于 8 月中下旬播种，9 月中下旬至 12 月上旬收获，嫩茎叶产量 600～800kg/亩。

① 品种选择

选择分枝多、生长旺盛、不易早衰、耐寒能力强的品种，如白玉豌豆、麻豌豆等。

② 整地播种

播前，结合整地撒施腐熟有机肥 2 000～2 500kg/亩，或商品有机肥 500～600kg/亩，或 15 - 15 - 15 三元复合肥 45～50kg/亩，翻耕耙细，做成宽 1.8～2m 的高畦。条播或撒播，需种量 8 000～10 000g/亩。

③ 田间管理

播后浇透水，以后保持田间湿润，及时拔除田间杂草。第一次采收后，结合浇水追施腐熟畜禽粪污液肥 500～800kg/亩，稀释 3～5 倍后浇施，或浇施 0.3% 尿素、0.3% 磷酸二氢钾混合液 1 000～1 500kg/亩，以后每隔 15d 浇施 1 次。

④ 病虫害防治

及时防治白粉病、霜霉病、蚜虫、潜叶蝇等病虫害。

⑤ 采收

当苗高 10～20cm，具 8～10 片叶时及时采收顶端嫩梢，以后视植株长势及时采收。

5. 蚕豆

蚕豆属豆科野豌豆属二年生草本植物。蚕豆喜温暖湿润，耐寒不耐热，4℃ 以上即可发芽，发芽最适温度为 16℃，最高温度为 35℃；营养生长期所需温度较低，营养器官形成适宜温度为 14～16℃；开花结荚期要求温度 15～20℃，温度过低不能正常授粉，结荚较少。蚕豆属喜光的长日照植物，对光照的反应属中间型，有一定的适应性。生长喜湿润、忌干旱、怕渍水，但生长期应保持土壤湿润。对土壤的适应性很广，以有机质含量丰富、土层深厚、排水良好、pH 6.2～8.0 的壤土或黏壤土为宜。不宜重茬，施肥以有机肥为主，增施磷、钾肥并注意氮、磷、钾、硼配比合理。

蚕豆栽培

蚕豆一般于 10 月中下旬播种，翌年 5 月上中旬青荚上市，利用冬闲、"什边地"（零星的空地）等种植，提高土地利用率。青荚产量 1 000～1 200kg/亩。

① 品种选择

适宜的品种有海门大青皮、日本大白皮、苏蚕豆1号等。

② 整地播种

播前，结合整地撒施腐熟有机肥2 000～2 500kg/亩，或商品有机肥500～600kg/亩，或15-15-15三元复合肥40～50kg/亩，耕翻做高畦，按行株距50cm×30cm开穴直播，每穴2粒种子，播后浇透水。需种量8～10kg/亩。

③ 田间管理

始花期（10%的植株开花时），根据苗情，追施腐熟畜禽粪污液肥500～600kg/亩和15-15-15三元复合肥5～10kg/亩，或15-15-15三元复合肥15～20kg/亩；向叶面喷施0.1%硼肥、0.3%磷酸二氢钾和0.4%尿素的混合液2～3次。腐熟畜禽粪污液肥稀释3～5倍后浇施。春节前和开春后要及时清沟、培土、除草，排除田间积水，防冻保暖。初花期，对生长旺盛的蚕豆于晴天摘去3～5cm的顶梢。

④ 病虫害防治

及时防治赤斑病、锈病、枯萎病、蚕豆象、蚜虫等病虫害。

⑤ 适时采收

豆荚饱满、豆粒充实、籽粒皮色呈淡绿、种脐尚未转黑时为最佳采收期。

6. 扁豆

扁豆属豆科扁豆属多年生缠绕藤本植物。种子千粒重为500g左右，扁豆喜温，可耐高温，不耐霜冻，种子发芽适宜温度为22～28℃；生长发育适宜温度为20～30℃，开花结荚最适温度为25～28℃，可耐35℃高温。在35～40℃高温下，花粉发芽力下降，容易引起落花落荚。扁豆属短日照作物，对光周期不敏感，较耐阴。对水分要求不严格，成株抗旱力极强。对土壤适应性广，以有机质含量丰富、土层深厚、排水良好、pH 5.0～7.5的沙质壤土为宜。不宜重茬，施肥以有机肥为主，增施磷、钾肥并注意氮、磷、钾、硼配比合理。

扁豆栽培

设施栽培一般在1月下旬至3月上旬播种，2月下旬至4月初（约3叶期）定植，5—8月采收；露地栽培于4月上中旬至5月上旬直播。8月中下旬至11月采收。产量2 000～3 000kg/亩。

① 品种选择

适宜的品种有白扁豆、紫扁豆（泰州地方品种）等。

② 播种育苗

采用大棚＋小棚＋地膜＋电热线或加温温室设施，轻基质50孔穴盘育苗。挑选种皮无破损、无病斑，干燥保存的扁豆种子，晒种1～3d，在24～26℃的水中浸泡4～6h，将种子捞出洗净，用洁净的湿纱布包裹置于温度为24～28℃条件下恒温催芽，50%种子露白时播于穴盘，每穴2～3粒，覆盖基质厚1～1.5cm，浇透水覆盖地膜。苗龄30～35d。需种量3 000g/亩左右。

苗期管理：在出苗前注意保温，保持棚内昼温24～28℃，夜温18～20℃。出苗后，及时揭去地膜，注意控温控湿，保持棚内昼温 20～25℃，夜温 15～18℃。一叶一心时定苗，每穴 2 株。定植前 7d 内逐步揭膜降温炼苗。出苗后保持基质湿润，基质表面发白时，选晴天上午适当浇水，苗期可根据苗情追肥 1～2 次，浇施 0.2％尿素和 0.2％磷酸二氢钾混合液。

③ 整地定植

定植（播种）前，结合整地撒施腐熟有机肥 2 000～2 500kg/亩，或商品有机肥 500～600kg/亩，或 15－15－15 三元复合肥 40～50kg/亩，耕翻做畦，畦宽 130cm，高 15cm，沟宽 50cm。铺设滴灌带，覆盖地膜。每畦种 2 行，行距 70～80cm，株距 50cm。定植苗定植深度为基质坨面低于土面 1cm 左右，定植后浇透水。大棚提前覆盖以增高地温，定植后及时覆盖小棚。直播的每穴 3～4 粒种，覆土 2～3cm，需种量 3 500～4 000g/亩。

④ 田间管理

温度管理：定植苗前期注意保温，棚内保持昼温 20～32℃，夜间不低于 15℃。棚内湿度过大时注意及时通风降湿，当外界气温稳定在 20℃时，揭开大棚两侧，昼夜通风。

搭架、整枝：当幼苗长到 30cm 时，及时搭"人"字形架并引蔓上架，架高 2m 左右。当主蔓长到 50cm 时，及时摘心，促发侧蔓和花序枝，当侧蔓长至 50cm 时对侧蔓摘心，促发更多的花序枝。同时剪除无花序细弱枝蔓及老叶、病叶，保持良好的通风透光条件，防止疯长。

肥水管理：扁豆苗期需水量较小，伸蔓后及结荚期需水量较大，花荚期需水量减少。扁豆结荚期长，要保证肥料充足。当第一批扁豆荚能采收时，结合浇水追施腐熟畜禽粪污液肥 500～600kg/亩和 15－15－15 三元复合肥 5～10kg/亩，或 15－15－15 三元复合肥 15～20kg/亩，之后每采收 2～3 次扁豆，追肥 1 次。在整个结荚期可叶面喷施 0.1％硼肥、0.3％磷酸二氢钾和 0.4％尿素的混合液 3～4 次。腐熟畜禽粪污液肥稀释 3～5 倍后肥水一体施入。

⑤ 病虫害防治

及时防治锈病、煤霉病、蚜虫、红蜘蛛、食心虫、斑潜蝇等病虫害。

⑥ 采收

扁豆开花后 15～20d，在嫩荚籽粒没有明显鼓起时采收嫩荚上市。

（六）绿叶菜类

1. 芹菜

芹菜属伞形科芹属二年生草本植物。从品种类型上可分为本芹和西芹，本芹依叶柄颜色分为绿芹、白芹、黄芹等类型，种子千粒重 0.5～0.6g。芹菜属于耐寒性蔬菜，能耐 -5～-4℃低温也能忍受 30℃ 左右高温；4℃种子发芽，发芽适宜温度为 15～20℃，生长适宜温度为 20～23℃。芹菜属于春化型蔬菜，幼苗长到 3～4 片叶以后，遇到 10℃以下低温，历时 10～15d 就能完成春化，在长日照条件下抽薹开花。芹菜属长日照植物，但营养生长期不耐强光，生产上利用这一特点可适当密植，有利于提高产量与品质。芹菜根系分布在浅土层内，吸收能力弱，对土壤水分和养分要求比较严格，适宜在富含有机质、保水、保肥力强、pH 6.0～7.6 的壤土或轻黏土上生长。不宜重茬，施肥以有机肥为主，并注意氮、磷、钾、钙、硼的配比。

(1) 芹菜春季设施栽培

春芹菜利用小棚、大棚、温室等设施密植栽培，一般在 2 月上旬大棚、温室育苗，5 月下旬采收。产量 2 000～4 000kg/亩。

① 品种选择

选择抽薹迟的优质高产品种，如黄心芹、申香芹、四季西芹、意大利冬芹等。

② 播种育苗

播种：种子经温水浸种后继续浸种 24h，浸种时需换水 1～2 次，之后在 15～20℃ 条件下催芽，7～8d 就可发芽。2 月上旬，在大棚内育苗，向播种苗床撒施腐熟有机肥 1 500～2 000kg/亩，或 15 - 15 - 15 三元复合肥 15～20kg/亩，做成宽 1～1.2m 的高畦。播前浇足底水，将发芽种子与基质或细土按 1∶5 的比例拌匀后撒播到育苗床上，播后盖 0.3cm 细土或育苗基质，覆盖地膜，播种量为 8～10g/m² （苗床）。

苗床管理：播种出苗前保持床土湿润，出苗后及时揭去地膜。始终保持床土湿润，白天适当降温，多见光，夜温不低于 10℃，随水浇施 0.2% 尿素＋0.2% 磷酸二氢钾，每 10～15d 浇施 1 次。在苗长出 2 片真叶时除草间苗，苗距 3cm，苗龄 45～50d。也可采用轻基质穴盘育苗，当苗一叶一心时移栽至 72 孔穴盘内，每穴 1 株或 3～4 株，保持基质湿润，结合浇水，浇施 0.2% 尿素＋0.2% 磷酸二氢钾混合液 1～2 次。

③ 整地定植

整地前，撒施腐熟有机肥 3 000～4 000kg/亩，或商品有机肥 800～1 000kg/亩，或 15 - 15 - 15 三元复合肥 40～50kg/亩，耕翻耙细，做成宽 1.8～2.0m 的高畦，铺设滴灌带。本芹 3～4 株/簇，按株行距（8～10）cm×20cm 定植；西芹单株按株行距 30cm×30cm 定植，定植深度要求不埋心，栽后及时浇透定根水。

④ 田间管理

定植后前 7～10d 内保持土壤湿润，之后见干见湿，进入生长旺盛期后要勤施肥水。栽后 10d，结合浇水追施腐熟畜禽粪污液肥 1 200～1 500kg/亩，或追施尿素 8～10kg/亩；20d 后，再次追施腐熟畜禽粪污液肥 800～1 000kg/亩，或追施 15 - 15 - 15 三元复合肥 15～20kg/亩。腐熟畜禽粪污液肥稀释 3～5 倍后肥水一体施入。

⑤ 病虫害防治

及时防治斑枯病、叶斑病、猝倒病、蚜虫等病虫害。

⑥ 采收

当芹菜株高 40～50cm 时，及时采收。

(2) 芹菜伏秋栽培

采用遮阴防雨设施，于 4 月中旬至 6 月播种，5 月底至 8 月中旬定植，7 月中旬至 10 月上旬采收。产量 1 500～3 000kg/亩。

① 品种选择

适宜伏秋种植的芹菜品种有黄心芹、申香芹、四季西芹等。

② 播种育苗

播种：可分批分期播种，播前种子经温汤浸种后，在5～10℃的环境下处理24～48h。向播种苗床撒施腐熟有机肥1 500～2 000kg/亩，或商品有机肥400～500kg/亩，或15-15-15三元复合肥15～20kg/亩，做成宽1～1.2m的高畦。播前浇足底水，将发芽种子与基质或细土按1：5的比例拌匀后撒播在苗床上，播后盖0.3cm育苗基质或细土，覆盖遮阳网，播种量为8～10g/m²（苗床）。

苗床管理：避强光降温，保持畦面湿润。齐苗后逐步撒掉遮阳网，每天喷水保湿润。随水浇施0.2％尿素＋0.2％磷酸二氢钾，每10～15d浇施1次。在苗长出2片真叶时除草间苗，苗距3cm，苗龄45～50d。也可采用轻基质穴盘育苗，当苗一叶一心时移栽至72孔穴盘内，每穴1株或3～4株。保持基质湿润，结合浇水浇施0.2％尿素＋0.2％磷酸二氢钾混合液1～2次。

③ 整地定植

整地前，撒施腐熟有机肥3 000～4 000kg/亩，或商品有机肥800～1 000kg/亩，或15-15-15三元复合肥40～50kg/亩，耕翻耙细，做成宽1.8～2.0m的高畦，铺设滴灌带。本芹3～4株/簇，按株行距（8～10）cm×20cm定植；西芹单株按株行距30cm×30cm定植，定植深度要求不埋心，栽后及时浇透定根水。

④ 田间管理

定植3～5d后活棵，定期浇水、中耕除草、施肥。土壤见干见湿，在生长旺盛期要勤施肥水，每次结合浇水追施腐熟畜禽粪污液肥800～1 200kg/亩，或追施尿素5～8kg/亩，追肥次数因长势而定，夏季追肥应在早晚进行，采收前15d停止追肥浇水。每次追肥前结合除草浅中耕。腐熟畜禽粪污液肥稀释3～5倍后肥水一体施入。

⑤ 病虫害防治

及时防治斑枯病、叶斑病、猝倒病、蚜虫等病虫害。

⑥ 采收

当芹菜株高40～50cm时，及时采收。

(3) 芹菜秋冬栽培

秋冬芹菜于7月中旬至9月中下旬播种，8月下旬至11月上旬定植，11月至翌年4月上市。早秋芹菜播种育苗期间正值高温多雨，需利用遮阴防雨设施；越冬栽培，有条件的可采用小棚或大棚设施。产量2 500～5 000kg/亩。

① 品种选择

选用生长速度快、耐低温、不易抽薹的品种，如黄心芹、申香芹、四季西芹、意大利冬芹等。

② 播种育苗

播种：可分批分期播种，播前种子经温汤浸种后，在5～10℃的环境下处理24～48h。向播种苗床撒施腐熟有机肥1 500～2 000kg/亩，或商品有机肥400～500kg/亩，或15-15-15三元复合肥15～20kg/亩，做成宽1～1.2m高畦。播前浇足底水，将发芽种子与基质或细土按1：5的比例拌匀后撒播在苗床上，播后盖0.3cm育苗基质或细土，覆盖遮阳网，播种量为8～10g/m²（苗床）。

苗床管理：避强光降温，保持畦面湿润。齐苗后逐步撤掉遮阳网，每天喷水保湿润。随水浇施 0.2％尿素＋0.2％磷酸二氢钾，每 10～15d 浇施 1 次。在苗长出 2 片真叶时除草间苗，苗距 3cm，苗龄 45～50d。也可采用轻基质穴盘育苗，当苗一叶一心时移栽至 72 孔穴盘内，每穴 1 株或 3～4 株。保持基质湿润，结合浇水浇施 0.2％尿素＋0.2％磷酸二氢钾混合液 1～2 次。

③ 整地定植

整地前，撒施腐熟有机肥 3 000～4 000kg/亩，或商品有机肥 800～1 000kg/亩，或 15 - 15 - 15 三元复合肥 40～50kg/亩，或尿素 10kg/亩，耕翻耙细，做成宽 1.8～2.0m 的高畦，铺设滴灌带。本芹 3～4 株/簇，按株行距（8～10）cm×20cm 定植；西芹单株按株行距 30cm×30cm 定植，栽植深度要求不埋心，栽后及时浇透定根水。

④ 田间管理

定植 3～5d 后活棵，定期浇水、中耕除草、施肥。土壤见干见湿，在生长旺盛期要勤施肥水，每 15d 追肥 1 次，每次追施腐熟畜禽粪污液肥 800～1 200kg/亩，或追施尿素 5～8 kg/亩，采收前 15d 停止追肥浇水。在 10 月中旬视天气冷暖情况，在寒流（气温低于 12℃）到来之前扣膜，温度保持 15～23℃，夜间不低于 10℃。扣膜后保持土壤湿润，浇水后要及时放风排湿，温度过低时，小棚加盖草帘或无纺布保温。

⑤ 病虫害防治

及时防治斑枯病、叶斑病、猝倒病、蚜虫等病虫害。

⑥ 采收

植株高度在 50cm 以上时，根据市场行情及时采收上市。

2. 莴苣

莴苣属于菊科莴苣属一年生或二年生草本植物，种子千粒重 0.8～1.2g。莴苣属半耐寒蔬菜，种子在 4℃时即可缓慢发芽，以 15～20℃生长最快，只需 4～5d，30℃以上发芽受阻，因此在高温季节播种应提倡低温处理或凉水浸种催芽；营养生长的适宜温度为 12～18℃，而以昼温 15～20℃、夜温 10～15℃最好，0℃以下容易受冻。莴苣属长日照作物，在长日照条件下发育速度随温度升高而加快，其中早熟品种最为敏感。种子发芽需要光照，生长期间应保证日照充足。莴苣根系分布浅，叶大而薄，消耗水分多，不耐旱也不耐涝。莴苣对土壤要求比较严格，适宜在富含有机质、保水、保肥力强、pH 6.0～7.0 的壤土或轻黏土上生长。不宜重茬，施肥以有机肥为主，并注意氮、磷、钾、钙、硼的配比。

莴笋四季栽培

莴笋可四季周年栽培，周年供应用市场，但一般以春、秋冬栽培为主。产量依品种和季节的不同而不同，一般 1 500～3 000kg/亩。

① 品种选择

越冬、春莴笋选用耐寒、适应性强、抽薹迟的中晚熟品种，如青剑、冬青、已海天红等。夏、秋莴笋，选用耐热的早熟品种，如夏皇、二白皮等。

② 播种育苗

采用轻基质 50～72 孔穴盘育苗。春莴笋于 10—11 月利用避雨设施播种育苗；夏莴笋于2—4月利用避雨设施播种育苗；秋冬莴笋于7—9月利用避雨设施，遮阳播种育苗。秋冬莴笋播种时温度较高，种子需低温处理，方法是将种子在凉水中浸泡5～7h，洗净后用湿纱布包裹好，放在冰箱或冷藏柜内，在5～8℃下保湿催芽，经过3～4d，有70%～80%的种子露白后即可播种，每穴1～2粒，播种深度0.5～1.0cm，播后在穴盘上覆盖地膜控温保湿，苗龄25～40d。用种量25～40g/亩。

③ 整地定植

定植前，撒施腐熟有机肥4 000～5 000kg/亩，或商品有机肥1 000～1 200kg/亩，或15-15-15三元复合肥40～50kg/亩，翻耕细耙，做成1.8～2.0m宽的高畦，铺设滴灌带。夏莴笋苗龄30～35d，5～6片叶时定植，株行距20cm×（25～30）cm；秋冬莴笋苗龄25～30d，株行距25cm×（30～35）cm。春莴笋苗龄35～40d，采用地膜覆盖定植，株行距（30～35）cm×（30～40）cm。定植不宜过深，基质坨面以低于土面1cm为宜，定植后浇透定根水。

④ 田间管理

保持土壤湿润，定植活棵后，结合浇水追施腐熟畜禽粪污液肥800～1 200kg/亩，或尿素5～8kg/亩，促苗生长；在植株封垄期前后，结合浇水追施腐熟畜禽粪污液肥800～1 000kg/亩和15-15-15三元复合肥10～15kg/亩，或15-15-15三元复合肥25～30kg/亩。腐熟畜禽粪污液肥稀释3～5倍后肥水一体施入。

⑤ 病虫害防治

及时防治霜霉病、灰霉病、病毒病、菌核病、黑斑病、蚜虫、猿叶虫、斑潜蝇等病虫害。

⑥ 采收

当莴笋顶端与最高叶片的尖端相平时，为收获莴笋茎的最适时期，及时采收嫩株上市。秋莴笋为了延长上市期，可在晴天用手掐去生长点和花蕾调控植株生长，延迟采收期。

3. 生菜

生菜属于菊科莴苣属一二年生草本植物。分为不结球形、半结球形，叶色有红色、绿色和黄绿色等，叶片有光滑、皱褶、全缘、深裂和碎裂等多种类型。种子千粒重0.5～1.2g。生菜喜冷凉、忌高温、稍耐霜冻。种子在4℃时开始萌动，发芽适宜温度为15～20℃，30℃以上受抑制；幼苗耐低温能力较强，可忍受－3℃的低温，幼苗生长最适温度为15～20℃，25℃以上则生长不良，且易先期抽薹；16～18℃的温度最适于叶球生长，0℃以下易受冻害，25℃以上则结球松散，心叶易腐烂。生菜属长日照植物，喜光忌荫。生菜整个生育期需有均匀充足的水分供给，但不同时期对水分的要求不同，幼苗期要保持土壤湿润，发棵期应适当控水，结球期要求水分充足。生菜根系分布在浅土层内，吸收能力弱，对土壤和养分要求比较严格，适宜在pH 6.0～7.0、富含有机质、保水、保肥力强的壤土或沙壤土上生长。不宜重茬，施肥以有机肥为主，并注意氮、磷、钾、钙、镁、硼的配比。

（1）春、秋冬栽培

冬季及早春温度偏低，采用大棚＋小棚＋地膜设施栽培，春季于1—4月分批播种育苗，3—7月采收，秋冬栽培于9—10月分批播种育苗，于元旦和春节供应市场。产量1 500～3 000kg/亩。

① 品种选择

选择耐寒性强的中、晚熟品种，如大湖659、绿波生菜、大速生，玻璃生菜、奶油生菜等。

② 播种育苗

采用轻基质72孔穴盘育苗，1—3月在大棚内控温育苗，4、9、10月避雨或避雨遮阳育苗。播种前，将种子用凉水浸泡4～6h，搓洗捞出用湿纱布包好放于冰箱中（温度控制在4～5℃），24h后再将种子置于阴凉处催芽，2～3d即可露芽，60%～80%种子露白时应及时直播于穴盘，每穴1～2粒，覆盖基质，厚0.5cm左右，需种量25～30g/亩。苗龄35～45d，三叶一心。苗期保持基质湿润，视苗情追肥0.2%尿素＋0.2%磷酸二氢钾混合液1～2次。

③ 整地定植

定植前，撒施腐熟有机肥2 500～3 000kg/亩，或商品有机肥600～800kg/亩，或15-15-15三元复合肥40～50kg/亩，耕翻耙细，做成1.8～2.0m宽的高畦，铺设滴灌带，覆盖地膜。定植前7d内扣棚增温，定植株行距散叶生菜20cm×25cm，结球生菜30cm×35cm。定植不宜过深，基质坨面以低于土面1cm为宜，定植后浇透定根水。

④ 田间管理

温度管理：定植后5～7d内密闭大棚，活棵后应注意保温，保持昼温18～20℃，夜温13～15℃。气温低于0℃时，要用小棚和无纺布等多层覆盖，防寒保温。

水肥管理：散叶生菜一般追肥1次，结合浇水追施腐熟畜禽粪污液肥1 200～1 500kg/亩，或追施尿素8～10kg/亩。结球生菜追肥2次，于定植后10～15d，结合浇水追施腐熟畜禽粪污液肥800～1 200kg/亩，或追施尿素5～8kg/亩；结球初期，结合浇水追施腐熟畜禽粪污液肥500～800kg/亩和15-15-15三元复合肥10～15kg/亩或15-15-15三元复合肥20～30kg/亩，腐熟畜禽粪污液肥稀释3～5倍后肥水一体施入。封行后一般不再施肥并适当控水。

⑤ 病虫害防治

及时防治灰霉病、软腐病、菌核病、蚜虫、红蜘蛛、斑潜蝇等病虫害。

⑥ 采收

生菜采收可根据市场情况，分期分批进行。散叶生菜生长期较短，定植35～40d后至老叶开始发黄前都可采收，结球生菜一般需50～60d，待叶球长成紧实后采收为宜。

（2）生菜伏秋栽培

生菜耐热性差，长日照高温下极易提早抽薹，夏季栽培难度最大。生菜夏季栽培要用大棚、遮阳网覆盖，遮光降温，选择耐热、早熟、耐抽薹的品种，于5—8月播种育苗，7—11月采收，可供应伏秋季节的地产叶菜市场。产量1 000～2 000kg/亩。

① 品种选择

宜选择耐热、早熟、耐抽薹的品种，如意大利耐抽薹生菜、凯撒生菜、大速生等。

② 播种育苗

采用轻基质 72 孔穴盘育苗。播种前将种子用凉水浸泡 4～6h，搓洗捞出后，用湿纱布包好放于冰箱中（温度控制在 4～5℃）24～48h，有 60%～80% 种子露白后即可播于穴盘中，每穴 1～2 粒，覆盖基质，厚 0.5cm 左右，需种量 30～35g/亩。苗龄 25～30d，三叶一心。苗期保持基质湿润，追施 0.2% 尿素 + 0.2% 磷酸二氢钾混合液 1～2 次。

③ 整地定植

定植前，撒施腐熟有机肥 2 000～2 500kg/亩，或商品有机肥 500～600kg/亩，或 15 - 15 - 15 三元复合肥 30～40kg/亩，耕翻耙细，做成 1.8～2.0m 宽的高畦，铺设滴灌带。定植株行距：散叶生菜 20cm×20cm，结球生菜 25cm×25cm。定植不宜过深，基质坨面以低于土面 1cm 为宜，定植后及时浇透定根水。由于夏季土壤水分蒸发量大，未成活前每天早晚各复水 1 次，直至成活。

④ 田间管理

伏秋生菜栽培采用防雨遮阴设施，有条件可使用喷淋装置喷水降温。定植后 10～15d，结合浇水追施腐熟畜禽粪污液肥 800～1 200kg/亩，或尿素 5～8kg/亩。腐熟畜禽粪污液肥稀释 3～5 倍后肥水一体施入。生长期间保持土壤湿润。

⑤ 防治病虫害

及时防治灰霉病、软腐病、菌核病、蚜虫、红蜘蛛等病虫害。

⑥ 及时采收

定植 35d 后即可陆续采收上市。

4. 菠菜

菠菜属于苋科菠菜属一二年生草本植物。种子千粒重 8～9g。菠菜为耐寒力强的蔬菜，在 −10℃ 左右的地区可以露地安全越冬。种子在 4℃ 时即可发芽，但 35℃ 时发芽率下降；生长适宜温度为 15～25℃；萌动的种子或幼苗在 0～5℃ 条件下 5～10d 完成春化。菠菜是典型的长日照植物，在天气凉爽、日照短的条件下营养生长旺盛，产量高，抽薹开花晚。菠菜生长需大量水分，生长期缺水，生长减缓，叶肉老化，纤维增多，尤其在高温、干燥、长日照的条件下，会促进花器官发育，提早抽薹。菠菜对土壤的适应性较广，但以富含有机质、保水、保肥力强、pH 6.0～7.5 的壤土为宜。不宜重茬，施肥应以有机肥为主，并注意氮、磷、钾的配比。

(1) 菠菜春季栽培

早春温度偏低，采用大棚或小棚设施，2 月下旬至 4 月中旬分批播种，4—6 月上市，产量 1 000～2 000kg/亩。

① 品种选择

种植春菠菜应选择抽薹迟、叶片肥大的圆叶型菠菜，如圆叶菠、春秋大叶、荷兰 K4 等。

② 整地播种

播种前，撒施腐熟有机肥 2 000～3 000kg/亩，或商品有机肥 500～800kg/亩，或

15-15-15 三元复合肥 20～25kg/亩、尿素 8～10kg/亩，翻耕耙细，做成 1.8～2.0m 宽的高畦。早春温度低，播前须浸种催芽，先将种子用温水浸泡 5～6h，捞出用湿纱布包好后置于 15～20℃下催芽，每天用水清洗 1 次，3～4d 便可出芽。播前先浇透底水，撒播种子，覆盖 1.0～1.5cm 细土或腐熟有机肥，用种量为 5～7kg/亩。

③ 田间管理

间苗：出苗后对出苗过密的地方进行间苗，苗间距保持在 5～8cm。

水肥管理：保持土壤湿润。在 2 片真叶后、采收前 15d，可根据田间长势适当追肥，结合浇水追施腐熟畜禽粪污液肥 800～1 200kg/亩，或尿素 5～8kg/亩。

④ 病虫害防治

及时防治猝倒病、灰霉病、炭疽病、病毒病、蚜虫、夜蛾等病虫害。

⑤ 采收

播后 30～50d，有 4～5 叶时可陆续采收上市。

（2）秋冬菠菜栽培

于 8 月下旬至 11 月分批播种，9 月底至翌年 3 月上市。立秋以后温度逐渐下降，日照时间逐渐缩短，气候条件对营养生长有利，产量也比较高，采用露地栽培。产量 1 500～2 000kg/亩。

① 品种选择

常用的品种有尖叶菠、春秋大叶、日本超能、荷兰菠菜 K4 等。

② 整地播种

播种前，撒施腐熟有机肥 2 000～3 000kg/亩，或商品有机肥 500～800kg/亩，或 15-15-15 三元复合肥 25～30kg/亩、尿素 8～10kg/亩，翻耕耙细，做成 1.8～2.0m 宽的高畦。8 月播种时，日平均气温常在 24～29℃，播前需浸种催芽；9—11 月播种时，播种前一天用 15～20℃的清水浸种 12h，将种子捞出晾干后撒播。播前先浇透底水，撒播种子，覆盖 1.0～1.5cm 细土或腐熟有机肥，需种量为 5～7kg/亩。

③ 田间管理

勤浇水，轻浇水，保持土壤湿润并降低地温。在苗 2 片真叶后，结合间苗、拔草、浇水，轻追肥 1 次，追施腐熟畜禽粪污液肥 800～1 200kg/亩，或尿素 5～8kg/亩；进入生长盛期，追施腐熟畜禽粪污液肥 1 200～1 500kg/亩，或尿素 8～10kg/亩。腐熟畜禽粪污液肥稀释 3～5 倍后肥水一体施入。采收前 15d 停止施肥。

④ 防治病虫害

及时防治猝倒病、灰霉病、炭疽病、病毒病、蚜虫、夜蛾类等病虫害。

⑤ 采收

播种后 30～60d 可陆续采收上市。

5. 苋菜

苋菜又称米苋，属于苋科苋属一年生草本植物。按苋菜叶片颜色不同，可以分为红苋、绿苋、彩色苋 3 种类型。种子千粒重 0.6～0.7g。苋菜喜温暖，耐热力较强，不耐寒冷，生长适宜温度为 23～27℃，20℃ 以下生长缓慢，温度过高，茎部纤维化程度高，

10℃以下种子发芽困难。苋菜是一种高温短日照作物，在高温短日照条件下极易开花结籽。在气温适宜、日照较长的春夏季栽培，抽薹迟，品质柔嫩，产量高。苋菜具有较强的抗旱能力，但水分充足时，叶片柔嫩，品质好，苋菜不耐涝。苋菜对土壤适应性较强，但以富含有机质、土层深厚、保水、保肥力强、pH 5.5～7.5 的沙壤土、壤土为宜。不宜重茬，施肥应以有机肥为主，并注意氮、磷、钾的配比。

苋菜栽培

苋菜从春季至秋季均可栽培，在气温适宜、日照较长的春季栽培，抽薹迟、品质柔嫩、产量高；根据市场的需求，秋冬季可以保护地栽培。从 1—9 月分期播种，分期上市，能从 3 月一直供应至 11 月。产量 1 000～2 000kg/亩。是增加夏淡季市场蔬菜花色的重要蔬菜之一。

① 品种选择

常用的品种有花红苋菜、青苋菜、红苋菜等。

② 整地播种

播种前，撒施腐熟有机肥 1 000～1 500kg/亩，或商品有机肥 400～500kg/亩，或 15 - 15 - 15 三元复合肥 30～40kg/亩。翻耕细耙，做成宽 1.2～1.5m 的高畦。播前要浇足底水，将种子与少量腐熟有机肥拌匀后撒播，播后覆细土或腐熟有机肥 0.5cm 左右，轻拍土表。用种量 1 000～1 500g/亩。

③ 田间管理

早春、晚秋季节播种因地温低，采用大棚或小拱棚覆盖，尽量提高温度。播后保持土壤湿润，注意防治杂草，中期结合浇水追施肥 1 次，追施腐熟畜禽粪污液肥 1 200～1 500kg/亩，或尿素 8～10kg/亩；以后根据长势适当追施氮肥。

④ 病虫害防治

及时防治白锈病、炭疽病、蚜虫、红蜘蛛等病虫害。

⑤ 采收

春播苋菜在播后 40～45d，以间苗方式进行第一次采收；待苗高 12～15cm 时，保留基部 5cm 左右进行第二次采收。待侧枝再次长到 12～15cm 时，进行第三次采收。夏、秋播种的苋菜，一般在播后 30d 开始采收，生产上只采收 1～2 次。

6. 蕹菜

蕹菜又称空心菜，是旋花科虎掌藤属一年生或多年生草本植物，种子千粒重 32～37g。蕹菜喜温暖湿润的气候，种子萌发需要的温度在 15℃以上，藤腋芽萌发初期须保持在 30℃以上；蕹菜能耐 35～40℃的高温，15℃以下蔓叶生长缓慢，10℃以下蔓叶停止生长，蕹菜不耐霜冻，受冻植株会死亡。喜充足光照，但对密植的适应性也较强。喜欢较高的空气湿度及湿润的土壤，对土壤条件要求不严格，但因其喜肥喜水，仍以比较黏重、保水保肥力强、pH 中性偏酸的土壤为好。需肥量大，耐肥力强，对氮肥的需求量特大。施肥以有机肥为主，并注意氮、磷、钾的配比。

(1) 露地栽培

一般在 4—8 月播种，5—11 月采收上市，投入少，易管理。产量 2 000～5 000kg/亩。

① 品种选择

常用的品种有大叶空心菜、泰国柳叶空心菜。

② 整地播种

整地前，撒施腐熟有机肥 2 000～3 000kg/亩，或商品有机肥 500～800kg/亩，或 15 - 15 - 15 三元复合肥 30～40kg/亩，翻耕细耙，做成宽 1.2～1.5m 的高畦。蕹菜种皮厚、坚硬，吸水慢，未经处理的种子出苗时间长，不整齐。播种前可用 50～55℃温水浸泡 30min，然后用清水浸泡 24h 后直播，一般采用条播，按行距 20cm 左右开浅沟，沟深 2～3cm，用种量 8～10kg/亩，播后覆盖细土，厚 1cm，浇透水，然后用遮阳网覆盖，出苗后揭除遮阳网。

③ 田间管理

保持土壤湿润，尤其是在高温干旱季节，要勤浇水、浇足水；勤除草，防止杂草滋生。勤采收，清理老叶、黄叶，保持田间清洁。合理追肥，当幼苗有 3～4 片真叶时，结合浇水追施腐熟畜禽粪污液肥 1 200～1 500kg/亩，或尿素 8～10kg/亩；以后每采收 1次，追施腐熟畜禽粪污液肥 500～800kg/亩和 15 - 15 - 15 三元复合肥 10～15kg/亩，或 15 - 15 - 15 三元复合肥 10～15kg/亩和尿素 3～5kg/亩。腐熟畜禽粪污液肥稀释 3～5 倍后肥水一体施入。

④ 病虫害防治

及时防治猝倒病、茎腐病、螨类、红蜘蛛等病虫害。

⑤ 采收

一般播种后 35～45d，当植株生长到 25～30cm 高时即可采收。一次性采收或多次采收。如果多次采收，第一次采摘茎部留 2 个茎节，第二次采摘将茎部留下的第二节采下，第三次采摘将茎基部留下的第一茎采下，以使茎基部重新萌芽。这样，以后采摘的茎蔓可保持粗壮。采摘时，用手掐摘较合适，若用刀等铁器刀口部易锈死。

(2) 设施栽培

利用大棚、小棚、日光温室等保护设施可提前或延后上市，延长供应期，于早春 1—3 月利用大、小棚播种（也可育苗移栽），3 月上旬至 6 月采收上市。产量 2 000～3 000 kg/亩。

① 品种选择

常用的品种有大叶空心菜、泰国柳叶空心菜等。

② 整地播种

播前 7d 内扣好大棚，撒施腐熟有机肥 2 000～4 000kg/亩，或商品有机肥 500～1 000kg/亩，或 15 - 15 - 15 三元复合肥 30～40kg/亩，翻耕细耙，做成宽 1.2～1.5m 的高畦。播前种子处理，可用 50～60℃温水浸泡 3 min，然后用清水浸泡 24h 后，捞起洗净，用湿纱布包裹后放在 25～28℃温度下保湿催芽，每天用清水冲洗种子 1 次，经过 4～6d，有 60%～70%种子露白时即可播种。一般条播，按行距 20cm 左右开浅沟，沟深 2～3cm，用种量 8～10kg/亩，播后覆盖细土，厚 1cm，浇透水，扣好小棚。

③ 田间管理

温、湿度管理：播种后注意保温，棚内温度尽量高于 10℃，避免高于 35℃。高温及阴雨天需及时揭开大棚两端或四周的薄膜透气。

肥水管理：保持土壤湿润，合理追肥。当幼苗有 3～4 片真叶时，结合浇水追施腐熟畜禽粪污液肥 1 200～1 500kg/亩，或尿素 8～10kg/亩；以后每采收 1 次，追施腐熟畜禽粪污液肥 500～800kg/亩和 15 - 15 - 15 三元复合 10～15kg/亩，或 15 - 15 - 15 三元复合 10～15kg/亩和尿素 3～5kg/亩。腐熟畜禽粪污液肥稀释 3～5 倍后肥水一体施入。

④ 病虫害防治

及时防治猝倒病、茎腐病、螨类、红蜘蛛等病虫害。

⑤ 采收

当植株生长到 25～30cm 高时即可采收。一次性采收或多次采收。如果多次采收，第一次采摘茎部留 2 个茎节，第二次采摘将茎部留下的第二节采下，第三次采摘将茎基部留下的第一茎采下，以使茎基部重新萌芽。这样，以后采摘的茎蔓可保持粗壮。采摘时，用手掐摘较合适，若用刀等铁器刀口部易锈死。

7. 茼蒿

茼蒿又名蓬蒿、菊花菜，是菊科茼蒿属一二年生草本植物。种子千粒重 1.6～2.0g。茼蒿属半耐寒蔬菜，喜欢冷凉湿润的气候条件，种子在 10℃ 以上即可萌发，但 15～20℃ 发芽最快；生长适宜温度为 17～20℃，12℃ 以下生长缓慢，29℃ 以上生长不良，但能忍受短期 0℃ 低温。茼蒿对光照要求不严格，一般在较弱光照条件下生长良好，在较高的温度和短日照条件下抽薹开花。长日照条件下，营养生长不充分。属浅根性蔬菜，生长速度快，单株营养面积小，要求充足的水分供应，土壤需经常保持湿润。对土壤要求不严格，但以肥沃、pH 5.5～6.8 的壤土为宜。施肥以有机肥为主，并注意氮、磷、钾的配比。

茼蒿栽培

茼蒿在冷凉温和、土壤相对湿度保持在 70%～80% 的环境下，有利于其生长，而且生长快、周期短，容易栽培。近年来，冬、春、秋季保护地种植越来越普遍，播种后一般 40～50d 收获，温度低时生长期延长至 60～70d，产量 1 000～1 500kg/亩。

① 品种选择

常用品种为大板叶茼蒿、小叶茼蒿、杆子蒿、净杆王等。

② 整地播种

整地前，撒施腐熟有机肥 1 500～2 000kg/亩，或商品有机肥 400～500kg/亩，或 15 - 15 - 15 三元复合肥 20～30kg/亩，翻耕耙细，做成宽为 1.2～1.5m 的高畦。春播一般在 3—4 月，3 月播种的采用大棚或小棚栽培；秋播在 8—9 月，播后采用遮阳网覆盖；冬播在 11 月至翌年 2 月，采用大棚或小棚。播种时若气温较低，种子催芽后再播，将种子放入 50～55℃ 热水中浸种 30min，水温降至 30℃ 再浸泡 12～24h，洗净捞出用湿纱布包裹，在 20～25℃ 条件下保湿催芽，每天用清水浸洗 1 遍，经过 3～5d 即可出芽，若是新种子，必须将种子在 0～5℃ 低温下处理，7d 后可打破休眠。播种一般采取撒播或条播，播前在畦面或畦沟上浇透水，条播按行距 8～10cm 划 2～3cm 的浅沟，播种后覆土 0.5～1.0cm，轻拍压平，浇透水。需种量 1 500～2 500g/亩。

③ 田间管理

温度管理：早春和冬季，低于 10℃时需大棚或小棚覆盖保温，秋季气温较高，需覆盖遮阳网降温，最高温度不宜超过 25℃，设施种植超过 25℃时要打开通风口放风。

间苗除草：茼蒿在播种后约 7d 即可出苗，在幼苗长到具有 2～3 片真叶时，应间苗并拔除田间杂草。撒播的间苗应使植株保持 3～4cm 的株行距，条播的株距控制在 3～4cm。

肥水管理：播后始终保持土壤湿润。采收前 20d，结合浇水追施腐熟畜禽粪污液肥 1 200～1 500kg/亩，或尿素 8～10kg/亩；多次采收的，每采收 1 次追肥 1 次。腐熟畜禽粪污液肥稀释 3～5 倍后肥水一体施入。

④ 病虫害防治

及时防治猝倒病、立枯病、叶枯病、霜霉病、灰霉病等病害。

⑤ 采收

当幼苗长到 18～20cm 高时，小叶品种可一次性贴地面割收，大叶品种如果想多次收获，可用利刀在主茎基部留 2～3cm 桩割下。采收后追肥，过 25～30d，可收割第二次。一般收割 2～3 次。

8. 芫荽

芫荽为伞形科芫荽属一年生或二年生草本植物。种子千粒重 6～10g。芫荽喜冷凉气候，不耐高温，耐寒性强。发芽温度 20～25℃，种子在高于 25℃的条件下难以发芽；适宜生长温度为 17～20℃，超过 20℃生长缓慢，30℃时停止生长，且植株易抽薹开花，品质下降；可忍耐−12～−8℃的低温，但生长十分缓慢，且叶片和叶柄变成淡紫色。芫荽属于低温、长日照植物，在一般条件下，2～5℃低温幼苗经过 10～20d 可完成春化，以后在长日照条件下，通过光周期抽薹；较耐阴，中等强度光照下生长健壮。芫荽为浅根系蔬菜，吸收能力弱，对土壤水分和养分要求均较严格，以保水保肥力强、有机质丰富、pH 6.0～7.6 的黏壤土为宜。不宜重茬，施肥以有机肥为主，增施氮肥并注意氮、磷、钾配比合理。

芫荽栽培

春季栽培，秋冬栽培，利用棚室设施栽培，可于 1—3 月或 10—11 月播种；夏季栽培用遮阳网或植物天然棚帐降温栽培，可于 6、8 月播种，实现周年供应。春季及秋冬栽培产量较高，为 1 000～2 000kg/亩，夏季产量较低，为 500～800kg/亩。

① 品种选择

宜选择抗逆性强、香味浓的品种，如青梗香菜、泰国大叶香菜等。

② 整地播种

播前，施腐熟有机肥 1 500～2 000kg/亩，或商品有机肥 400～500kg/亩，或 15-15-15 三元复合肥 25～30kg/亩，翻耕耙细，做成宽为 1.5～2.0m 的高畦。播种前须处理种子。将种皮搓去，用 1% 高锰酸钾溶液或 50% 多菌灵可湿性粉剂 300 倍液浸种 15～30min，捞出洗净后用湿纱布包好，在 4～8℃的温度下放置 20～24h，取出置于 20～25℃条件下催芽，每天用清水冲洗 1～2 次，经 4～7d，当 50% 种子露白时播种。播前浇透底水，然后撒播，用种量 5～8kg/亩，播后覆土 1cm 左右。

③ 田间管理

温度管理：春季或秋冬栽培，播后注意保温，一般昼温不超过 25℃，夜温不低于 5℃；夏季栽培，播后全期覆盖遮阳网降温。

水肥管理：播后始终保持土壤湿润。齐苗后，当苗高 2cm 左右，结合浇水追施腐熟畜禽粪污液肥 400～500kg/亩，或 0.2％尿素 1 000～1 500kg/亩；当苗高 10cm 左右，结合浇水追施腐熟畜禽粪污液肥 500～800kg/亩，或 0.3％尿素和 0.2％磷酸二氢钾混合液 1 000～1 500kg/亩。腐熟畜禽粪污液肥稀释 3～5 倍后肥水一体施入。

④ 病虫害防治

及时防治猝倒病、立枯病、叶枯病、病毒病、蚜虫、斑潜蝇等病虫害。

⑤ 采收

幼苗播后 30～50d，苗高 15～20cm 时即可间拔，分批采收，一般采收 3～4 次。

9. 荠菜

荠菜又名护生草、菱角菜、地米菜等，是十字花科荠属一年生或二年生草本植物。种子千粒重 0.1g 左右。荠菜为耐寒性蔬菜，喜冷凉湿润，种子发芽适宜温度为 20～25℃，生长适宜温度为 12～20℃。气温低于 10℃ 或高于 22℃，生长缓慢且品质差。荠菜的耐寒力强，－5℃ 时植株不受害，可忍耐－7.5℃ 的短期低温。在 2～5℃ 低温下，荠菜 10～20d 完成春化，即抽薹开花，食用品质降低。荠菜对光照要求不严格，但在冷凉短日照条件下，营养生长良好。荠菜对土壤条件要求不严，但以肥沃、疏松的土壤为宜。不宜连作，施肥以有机肥为主，并注意氮、磷、钾的配比。

荠菜栽培

一般于 9—10 月上旬播种，12 月至翌年 3 月采收，产量 1 000～1 500kg/亩。

① 品种选择

适宜的品种有板叶荠菜、花叶荠菜。

② 整地播种

播前，撒施腐熟有机肥 1 500～2 000kg/亩，或商品有机肥 400～500kg/亩，或 15 - 15 - 15 三元复合肥 30～40kg/亩，翻耕耙细，做成宽 1.2～1.5m 的高畦。早秋播种的荠菜如使用当年采收的新种，要低温处理打破种子休眠。通常在 2～7℃ 的低温中催芽，经 7～9d，种子开始萌动，即可播种。播种时先浇透底水，种子与 4～5 倍的细土拌匀后，均匀撒播于畦面，播后轻轻拍实，使种子与泥土紧密接触。需种量 1 000～1 500g/亩。早秋，播后用遮阳网覆盖，可以降低土温，保持土壤湿度，防止雷阵雨侵蚀，晚秋播种需利用棚室设施。

③ 田间管理

播后始终保持土壤湿润。当幼苗具有 2～3 片真叶时，结合浇水追施腐熟畜禽粪污液肥 800～1 000kg/亩，或 0.3％尿素水溶液 2 000kg/亩；采收前 20d 再以同样的施肥量追施 1 次；以后每采收 1 次追施 1 次。腐熟畜禽粪污液肥稀释 3～5 倍后肥水一体施入。在生长过程中及时拔除杂草。

④ 病虫害防治

及时防治霜霉病、病毒病、白斑病、蚜虫等病虫害。

⑤ 适时采收

播种后 30～50d，具 10～13 片真叶时采收。采收原则是采大留小，采密留稀，使留下的苗分布均匀。一般可采收 4～5 次。

10. 木耳菜

木耳菜学名为落葵，是落葵科落葵属一年生缠绕草本植物。种子千粒重 30～40g。落葵喜温暖，耐热性、耐湿性均较强，不耐寒。种子发芽适宜温度为 25℃左右，植株生长适宜温度 25～30℃。落葵的个别品种对高温短日照要求较严，多数品种对日照要求不严。在整个生育期都需要土壤湿润。对土壤要求不严，但以疏松肥沃、中性的沙壤土为宜。不宜连作，施肥以有机肥和氮肥为主，并注意氮、磷、钾的配比。

木耳菜栽培

一般 2—7 月均可播种。一次种植，多次采收，早春和晚秋栽培可利用棚室提早上市或延长供应期。产量 2 000～2 500kg/亩。

① 品种选择

适宜的品种有大叶木耳菜等。

② 整地播种

播种前，撒施腐熟有机肥 2 000～2 500kg/亩，或商品有机肥 400～600kg/亩，或 15-15-15 三元复合肥 30～40kg/亩，翻耕耙细，做成宽 1.2～1.5m 的高畦。木耳菜的种壳厚而坚硬，为提高发芽率一般在播种前要处理种子。用 50℃水搅拌浸种 30min，然后在 28～30℃的温水里浸泡 4～6h，搓洗干净后用湿纱布包裹，在 30℃条件下保湿催芽，催芽期间每隔 12h 翻动 1 次种子，每天用温水清洗种子 1 次，4～6d，当种子 70% 露白时播种。播种多采用穴播，穴距 20～25cm，每穴 3～4 粒，播前浇透底水，播后盖 1.5cm 厚的细土。用种量为 3 000～4 000g/亩，播后 7～10d 齐苗。

③ 田间管理

温度调控：早春、晚秋气温偏低，出苗慢，用大棚或小拱棚覆盖栽培的，播种后出苗前一般不通风。若温度低，夜间在小棚上加盖草帘，提高棚内温度，出苗后，保持床土湿润，保持昼温在 20℃以上，夜温不低于 15℃。7—8 月温度较高，可用遮阳网覆盖保湿。

间苗定苗：植株具 3～4 片真叶时，结合幼株采收定苗，使每穴留 2～3 株。掌握去小留大，去弱留强的原则。

肥水管理：小水勤浇，始终保持土壤湿润，定苗后和每次采收后，结合中耕培土和浇水，追施腐熟畜禽粪污液肥 1 000～1 200kg/亩，或尿素 5～8kg/亩和磷酸二氢钾 3～5kg/亩。腐熟畜禽粪污液肥稀释 3～5 倍后肥水一体施入。

④ 病虫害防治

及时防治褐斑病、蛇眼病、灰霉病、蛴螬、蚜虫、夜蛾等病虫害。

⑤ 整枝与采收

当苗高 20cm 时进行第一次采收。采收时留 2～3 片叶，将上部的嫩梢用手掐下。第一次采收时选留 2 个强壮的侧芽，其余的侧芽都应抹去。第二次采收的是侧枝上的嫩梢，采收标准和第一次采收相同，此次采收后留 2～4 个强壮侧芽，10～15d 采收 1 次。在木耳菜的生长旺期可选留 5～8 个强壮侧芽，生长的中后期应随时抹去花蕾，其采收期长达 3 个月。

11. 黄花苜蓿

黄花苜蓿为豆科苜蓿属多年生草本。种子千粒重 1.9～2.5g。适宜在温暖潮湿或半干燥的气候条件下生长，性喜温凉。它的耐寒性较强，第一片真叶期能忍耐−4℃的短期低温，甚至地表温度短期降至−7℃时也无冻害表现，越冬芽甚至能耐−30℃的严寒；生长盛期，干物质累积需较高温度（20～30℃）。耐旱、耐盐，对土壤要求不严，pH 6.5～8.5 均能生长良好。

黄花苜蓿秋季栽培

黄花苜蓿春、秋季均可播种，但生产上通常以秋季栽培为主，一般于 10 月上中旬播种，11 月中下旬至翌年 4 月陆续采收。食用其嫩茎叶，一次种植，多次采收，产量 500～1 000kg/亩。

① 整地播种

播前，撒施腐熟有机肥 1 500～2 000kg/亩，或商品有机肥 400～500kg/亩，或 15 - 15 - 15 三元复合肥 30～40kg/亩，翻耕耙细，做成宽 1.2～1.5m 的高畦。播种前，先将种子在 50～55℃温水中浸种 15min，漂去浮籽后，常温下浸种 48h。一般采用撒播或条播，需种量 5 000～7 000g/亩。播后浇透水，覆盖地膜或遮阳网，以保持土壤湿润。播后 4～5d 出苗。

② 田间管理

水肥管理：幼苗具有 2～4 片真叶时追肥 1 次，追施腐熟畜禽粪污液肥 800～1 200kg/亩，或尿素 5～8kg/亩；每次采收伤口愈合后，追施腐熟畜禽粪污液肥 1 200～1 500kg/亩，或尿素 8～10kg/亩。腐熟畜禽粪污液肥稀释 3～5 倍后肥水一体施入。雨水多时及时排涝。

适时耕翻压青：为不影响下茬蔬菜种植，同时保证其肥效，一般在 4 月底至 5 月初翻压，翻压后及时灌水，加速分解腐烂。

③ 病虫害防治

及时防治病毒病、锈病、蚜虫和小地老虎等病虫害。

④ 采收

一般播后 25～35d 即可收割。收割时，茎叶尽可能留得短而平，以利于以后的采收和产量的提高。秋播一般年前采收 1～2 次，施足水肥，翌年采收 2～3 次。

12. 茴香

茴香是伞形科茴香属多年生草本，作一二年生栽培。种子千粒重 3～5g。茴香喜冷凉，种子发芽的适宜温度为 16～23℃，生长适宜温度为 15～20℃，超过 28℃时生长不良。茴香对光照要求不严格，但其生长阶段喜光怕阴，阳光充足有利于植株生长、养分积累和球茎膨大。茴香有明显的春化过程，需要 4℃以下低温才能完成春化，分化花芽。春化阶段后，在长日照条件和较高的温度下，才能抽薹开花结果。茴香后期的叶面积较大，因此，总蒸腾面积大，加上根系浅吸收能力弱，所以需要湿润的土壤和空气条件。特别是营养生长盛期，更需要充足的水分。空气湿度以 60%～70% 为宜，土壤最大持水量为80%。球茎茴香对土壤要求不太严格，但以肥沃、疏松、保水保肥、通透性好、pH 5.0～7.0 的壤土、沙壤土为宜。不宜连作，施肥以有机肥和氮肥为主，并注意氮、磷、钾的配比。

茴香栽培

茴香的种植时间一般为 3 月中下旬至 4 月上旬，一般情况下产量 1 000～3 000kg/亩。

① 品种选择

一般选择生长快、耐寒、抗病、产量高的品种，如内蒙古小茴香、青县"大茴"小茴香等。

② 整地播种

播前，撒施腐熟有机肥 1 500～2 000kg/亩，或商品有机肥 400～500kg/亩，或 15 - 15 - 15 三元复合肥 20～30kg/亩，翻耕耙细，做成宽 1.2～1.5m 的高畦，畦间距离为 30cm，畦面上铺设滴灌带。播种前用 40℃ 温水浸泡 1～2h，捞出后置于纱布袋中，放在温暖处，每天用温水冲洗 2 次，70% 种子露白时即可播种。在畦内按行距 40cm 开深 3～5cm 的浅沟，将种子均匀撒入，覆土稍压。用种量 1 500～2 000g/亩。

③ 田间管理

间苗、定苗：播种后，在 15～25℃，土壤湿度适宜的环境下，10～15d 即能出苗。当苗高为 8～10cm 时，间去过密苗，当苗高 15～20cm 时定苗。每隔 10～15cm 留苗 1 株，定苗时，如缺苗可补苗。

中耕、除草：茴香植株高大，中耕、除草多集中在生长前期，封垄后不便作业。一般每个生育期中耕、除草 2～3 次。以收茎叶为目的的，每次收割茎叶后都要中耕、培土和除草，每个生育期可中耕、除草 3～4 次。

肥水管理：出苗后保持土壤湿润，每次采收后及时供给充足的水分，使植株能迅速萌发更新。雨季，要挖好排水沟，防止涝害。苗高 20cm 时，追施腐熟畜禽粪污液肥 1 600～2 000kg/亩，或尿素 10～15kg/亩；每次采收伤口愈合后，追施腐熟畜禽粪污液肥 1 600～2 000kg/亩，或尿素 10～15kg/亩。腐熟畜禽粪污液肥稀释 3～5 倍后肥水一体施入。

④ 病虫害防治

及时防治灰斑病、茴香蚜和黄翅茴香螟等病虫害。

⑤ 采收与加工

一般在茎叶生长繁茂的初花期收割，收割时留茬以 3cm 为宜，一般收割 2～4 茬。

（七）葱蒜类

1. 洋葱

洋葱为石蒜科葱属二年生草本植物，种子千粒重 3.1～4.6g。耐寒且适应性广，能够忍耐0℃以下低温，甚至短时间−7～−6℃的低温也不会冻死。生长适合温度为12～26℃；种子和鳞茎在3～5℃时开始缓慢发芽；苗期生长适宜温度为12～20℃，鳞茎形成需要20～23℃，超过26℃时鳞茎便停止生长。洋葱是低温长日照植物，幼苗在2～5℃的低温下，经过60～70d完成春化，之后在长日照和15～20℃的温度条件下才能抽薹开花；较长日照和较高温度也是鳞茎形成的必要条件。洋葱要求较高的土壤湿度和较低的空气湿度，对土壤的要求也比较严格，以保水保肥力强、有机质丰富、pH 6.0～6.5的黏壤土为宜。不宜重茬，施肥以有机肥为主，增施氮肥并注意氮、磷、钾配比合理。

地膜覆盖栽培

秋季播种，采用穴盘育苗移栽及地膜覆盖栽培技术，适当密植，第二年晚春及初夏采收，避开梅雨提早上市。产量4 000～5 000kg/亩。

① 品种选择

选择中日照、冬性强、耐寒、色泽优、不易抽薹、品质好、产量高、耐储运的黄皮洋葱、紫皮洋葱，以及江苏白皮洋葱。

② 播种育苗

采用轻基质72孔穴盘育苗。早熟品种适宜于9月10日后播种；中晚熟品种适宜于9月20日前后播种。播前处理种子，将种子先用15℃的清水浸湿，然后置于50～55℃的温水中浸泡15min，冷却到20℃再浸泡8～12h，之后洗净捞出并用湿纱布包好，置于25～28℃保湿催芽，每天翻动几次，并用温水淘洗2～3次，经过2～3d，50%种子露白即可播种，每穴1～2粒，覆盖基质，厚0.5～1.0cm，贴盘覆盖遮阳网，出苗后揭去遮阳网正常管理。苗龄30～35d。需种量100～120g/亩。

③ 整地定植

整地时，撒施腐熟有机肥3 000～5 000kg/亩，或商品有机肥800～1 200kg/亩，或15-15-15三元复合肥35～40kg/亩，耕翻耙细。作成1.8～2.0m宽的高畦，铺设滴灌，覆盖地膜。早熟品种株行距为（10～15）cm×20cm；中熟品种株行距为20cm×20cm。定植深度以基质坨面低于土面1cm为宜。

④ 田间管理

水肥管理：定植后及时浇水，3～5d后浇缓苗水。越冬期，土壤较干时应浇灌1次；越冬后，返青进入茎叶生长期，保持土壤见干见湿。鳞茎进入膨大期后，随气温的升高，植株生长量加大，是追肥灌水的关键时期，浇水宜勤，以满足植株生长需要。鳞茎接近成熟时，叶部和根系的生理机能减弱，逐渐减少浇水，采收前7～10d不再浇水。洋葱一般追肥2～3次。第一次在定植活棵后，结合浇水追施腐熟畜禽粪污液肥500～800kg/亩，或深施尿素3～5kg/亩；第二次在翌年3月茎叶旺盛生长期，结合浇水追施腐熟畜禽粪污液肥1 500～2 500kg/亩，或深施尿素10～15kg/亩；第三次在4月初，葱头开始膨大时，结合浇水深施15-15-15三元复合肥20～25kg/亩。腐熟畜禽粪污液肥稀释3～5倍后肥水一体施入。

植株调整：一般洋葱很少分蘖，1株结1个葱球，移栽成活后出现的分权苗可人为掰去，留1株苗。

⑤ 病虫害防治

及时防治猝倒病、霜霉病、灰霉病、紫斑病、锈病、潜叶蝇、蚜虫、葱蓟马和根蛆等病虫害。

⑥ 及时采收

洋葱成熟后应及时收获，成熟的标志是植株茎部第一、第二片叶枯黄，第三、第四片叶尚带绿色，假茎失水变软，地上部管状叶 50%～70% 自然倒伏时为收获最佳时期。收获时整株拔出，放在地头晒 2～3d，晒时用叶子遮住葱头，只晒叶不晒头。

2. 韭菜

韭菜为石蒜科葱属多年生草本植物。种子千粒重 4.0～4.2g。韭菜抗寒性较强，不耐高温，鳞茎发芽的最低温度为 2～3℃，种子在 4～5℃ 时开始发芽，发芽适温为 15～18℃，在 20℃ 左右发芽出苗最快。幼苗期要求温度在 12℃ 以上。生长最适温度为 15～20℃，如果气温超过 25℃ 且光照强烈，不利于韭菜的正常生长。韭菜是长日照作物，但营养体的生长对日照长短反应不敏感，主要对温度高低反应敏感，比较耐阴。韭菜半喜湿，较耐旱，怕涝渍。韭菜对土壤适应能力较强，以保水保肥、富含有机质、pH 5.6～6.5 黏壤土为宜。不宜重茬，施肥以有机肥为主，增施氮肥并注意氮、磷、钾、硫配比合理。

（1）韭菜（薹）栽培

韭菜抗寒性较强，对光照要求不严，只要有适宜的温湿度条件，其鳞茎都可萌发生长。栽培上采用小拱棚和大棚等多种形式，越冬设施栽培是解决韭菜冬季和早春供应的有效措施。产量 2 500～5 000kg/亩。

① 品种选择

选择耐低温、耐弱光、品质优、产量高、抗逆性强的品种，如新韭王、平韭 4 号、雪韭 4 号、四季韭薹等。

② 整地播种

整地前，撒施腐熟有机肥 3 000～4 000kg/亩，或商品有机肥 800～1 000kg/亩，或 15-15-15 三元复合肥 40～50kg/亩，耕翻耙细，做宽 1.2～1.5m 的高畦。于 3 月中下旬至 4 月上旬播种。播前温水浸种，洗净捞出后用湿纱布包裹好，放置在 18～20℃ 环境中保湿催芽 2～3d，50% 种子露白后即可播种。条播，按行距 30cm 开浅沟，按穴距 7～10cm 播种，每穴 5～6 粒，播后覆盖 0.5～1.0cm 厚的细土，用种量 2 000～2 500g/亩。

③ 田间管理

苗期管理：播后覆盖地膜，加盖小棚，出苗后及时撤除，2～3 片叶时追施腐熟畜禽粪污液肥 800～1 200kg/亩，或尿素 5～8kg/亩。幼苗期要见干见湿。梅雨季节要及时清沟排涝，防止水涝沤根，伏旱季节要经常浇水，保持土壤湿润。立秋后，植株进入旺盛生长期，每 20～25d 追肥 1 次，每次追施腐熟畜禽粪污液肥 1 500～2 000kg/亩和 15-15-15 三元复合肥 15～20kg/亩，或追施尿素 10～12kg/亩和 15-15-15 三元复合肥 15～20kg/亩。连续追肥 2～3 次。腐熟畜禽粪污液肥稀释 3～5 倍后肥水一体施入。畦面见干见湿，控制地上生长，促进地下部分养分积累，及时除去畦面和韭墩中的杂草，若有韭薹要及时摘除。

入棚后管理：11月中下旬，割除韭菜地上部分，清理韭畦，覆盖大棚或小棚，追肥1次，追施腐熟畜禽粪污液肥1 500~2 000kg/亩和15‐15‐15三元复合肥20~30kg/亩，或追施尿素10~12kg/亩和15‐15‐15三元复合肥20~30kg/亩。腐熟畜禽粪污液肥稀释3~5倍后肥水一体施入。其后调节好棚内温度（不得高于30℃），保持田间湿润。

④ 病虫害防治

及时防治灰霉病、疫病、霜霉病、紫斑病、枯萎病、蓟马、蚜虫、韭蛆等病虫害。

⑤ 采收及采后管理

采收：当韭菜株高25~35cm时，即可采收。1月上中旬收割第一刀，以后根据市场行情，每隔20~30d收割1次，新韭王、平韭4号、雪韭4号每年收割6~7刀。四季韭薹采收期从2月中旬至10月下旬，采收期8个月左右，应市期6个月左右。秋季采收结束后可收一刀青韭，春节前后收一刀青韭，共可收2刀青韭。

采收后管理：每收割1次追施1次肥，一般在收割后1~2d，在行里撒施腐熟有机肥1 000~1 500kg/亩，行间施15‐15‐15三元复合肥10~15kg/亩＋尿素3~5kg/亩。2月下旬后，注意通风；5月上旬，外界温度25℃以上时揭膜，转入露地生长。一般3~4年为高产期，4年后产量下降，应及时更新。

（2）韭黄栽培

韭黄即在避光的环境条件下生产出的黄化韭菜，无论是春、夏、秋露地栽培或越冬棚室栽培，利用黑色农膜均可生产韭黄。产量2 500~5 000kg/亩。

① 品种选择

选直立性强，抗倒伏，耐寒、耐湿、抗病，高产的品种，如黄金韭F1、黄韭1号、独根红等。

② 整地播种

整地前，撒施腐熟有机肥3 000~4 000kg/亩，或商品有机肥800~1 000kg/亩，或15‐15‐15三元复合肥40~50kg/亩，耕翻耙细，做宽1.2~1.5m的高畦。于3月中下旬至4月上旬播种。播前温水浸种，之后洗净捞出用湿纱布包裹好，放置在18~20℃环境中保湿催芽2~3d，50%露白后即可播种。条播，按行距70~80cm开浅沟，浇透底水，播后覆盖0.5~1cm厚的细土，用种量2 000~2 500g/亩。

③ 田间管理

肥水管理：要勤施、薄施肥水，及时清理田间杂草。当苗高8~10cm时，追肥1次，20~30d后再追施1次，生长旺盛的夏季可每隔7~10d追施1次。每次用腐熟畜禽粪污液肥500~800kg/亩稀释3~5倍浇施。如遇久旱，需放水沟灌，如果苗势弱，植株叶片薄，茎的粗度、硬度不够，可适当追施15‐15‐15三元复合肥，用量20~25kg/亩。适当中耕培土，使土壤疏松，达到培养壮苗的目的。根株培养约需2年，以韭黄为主要产品的根株培养阶段一般不收割青韭，目的是使根株多积累养分，有利于提高韭黄的产量。

扣棚遮光：在扣棚遮光前要先清除韭畦内的枯叶杂草并割除青韭，留4~5cm。等伤口愈合后，浇透水1次，2~3d后再扣棚覆盖。割青韭前15d，追施腐熟畜禽粪污液体肥500~800kg/亩，稀释3~5倍浇施。覆盖小拱棚，棚膜用黑色薄膜盖严，棚膜两侧必须用土块封紧压实，在畦面和棚膜之间每隔 3m 左右设 1 个通气孔，以调节湿度，透气孔可用塑料管或竹筒制作。畦的两端为通风口，可覆多层遮阳网透气遮光。另外，无论是夏、秋季还是冬季生产，都需要准备好可盖于小拱棚的无纺布或棉被，以便遮阳或保温，夏季气温过高时也可在小拱棚外再搭一层遮阳网。

扣棚后的管理：黑色农膜吸光性强、增温快、保暖性好。因此冬、春两季覆盖农膜时，要注意降温、降湿管理，避免高温、高湿造成叶片腐烂。夏季气温高，棚内温、湿度大的情况下，应加两侧通气孔密度，在原有的通气孔中间再增加一个孔，晚上可打开棚两头通风口，大通风以降温降湿。中午阳光强烈时还需盖草苫降温；冬季大棚扣小棚生产韭黄可待中午气温高时掀开大棚或中棚的棚膜通风降湿。棚内温度保持在 20℃，湿度 60%～70%，才能使韭黄生长健壮。低温季节还需在大小棚顶加盖草苫，早上揭去晚上盖，提高棚温，满足韭黄正常生长需要。

④ 病虫害防治

及时防治灰霉病、疫病、霜霉病、紫斑病、枯萎病、蓟马、蚜虫、韭蛆等病虫害。

⑤ 采收及采后管理

韭黄可以采收的标准：韭黄顶端出现枯叶、长度为 65cm 左右。要及时采收，否则，如遇水涝就会烂苗，影响产量。采收时间依气温高低而定，一般在气温 30℃时，盖帘后 6～7d 即可采收；气温在 25℃左右时，盖帘 10～13d 即可采收；20℃以下时，18～20d 即可割韭；12℃以下时，30d 左右才能采收。割后晾兜 1～2d，在根的一侧施腐熟畜禽粪污液肥 1 000～1 500kg/亩，稀释 3～5 倍浇施，进行下轮韭黄的培育。一年之内可采收 2～3 次韭黄。

3. 大蒜

大蒜为石蒜科葱属一二年生草本植物。大蒜喜冷凉，适宜温度范围－5～26℃。3～5℃下可萌芽发根，茎叶生长适宜温度为 12～16℃，花茎和鳞茎适宜温度为 15～20℃，超过 26℃，植株生理失调，茎叶枯萎，进入休眠；0～4℃下，30～40d 完成春化，短日照和冷凉环境有利于茎叶生长，鳞芽形成受抑制，长日照和较高温度（15～20℃），有利于鳞芽和花芽分化。大蒜喜湿怕旱，土壤以保水保肥力强、有机质丰富、pH 6.0～7.0 的沙壤土为宜。不宜重茬，施肥以有机肥为主，增施氮肥并注意氮、磷、钾配比合理。

大蒜栽培

选用早熟品种，一般在 9 月中下旬播种。若单纯采收蒜苗，可利用遮阴降温栽培或藤蔓植物棚架套种等措施，播期可提前至 8 月上旬，发挥其早熟、优质的特性，满足市场的需求，增加农民经济收入。8 月播种的，主要以采蒜苗为主，产量 2 000～2 500kg/亩；9 月播种的，采收蒜苗、蒜薹、蒜头均可，产量分别为 2 000～2 500kg/亩、200～500kg/亩、1 000～1 500kg/亩。

① 品种选择

适合泰州地区的大蒜品种有二水早、徐州白皮、鑫丰 1 号、鲁新 1 号等。

② 整地播种

整地前，撒施腐熟有机肥 4 000～5 000kg/亩，或商品有机肥 1 000～1 200kg/亩，或

15-15-15 三元复合肥 35～40kg/亩，翻耕耙细，做宽 1.8～2.0m 的高畦。播前选瓣，选择重 4.5～5.0g、洁白、无病斑、无伤口的蒜瓣作种瓣，剥掉蒜皮和干茎盘。栽植密度：早熟品种株行距为（10～7）cm×15cm。中晚熟品种株行距为 10cm×（16～18）cm。大蒜播种适宜深度为 3～4cm，采用插种或开沟条播的方式。用种量 200～250kg/亩。

③ 田间管理

水分管理：

齐苗期：播种 7d 即齐苗。若田土较干，可灌水 1 次，促苗生长。

幼苗前期：此期正值雨水较多季节，因此要控制灌水，及时排水。

幼苗中后期：越冬期，降雨明显减少，土壤较干时，应浇灌 1 次；越冬后，气温渐渐回升，幼苗进入旺盛生长期，应及时灌水，以促进蒜叶生长，假茎增粗。

抽薹期：此期是需肥水量最大的时期，应及时浇灌抽薹水。"现尾"后要连续浇水，以水促苗。

蒜头膨大期：蒜薹采收后立即浇水以促进蒜头迅速膨大和增重。收获蒜头前 5d 停止浇水，控制长势，促进叶部的同化物质加速向蒜头转运。

施肥管理：

苗肥：大蒜在全苗后 2～3 叶期，结合浇水施腐熟畜禽粪污液肥 800～1 200kg/亩，或尿素 5～8kg/亩。

腊肥：一般在冬至前追施 15-15-15 三元复合肥 25～30kg/亩。

返青肥：立春后进入雨水季节，结合浇水除草，施腐熟畜禽粪污液肥 1 000～1 500 kg/亩，或尿素 8～10kg/亩。

抽薹肥：在谷雨前后，结合浇水施腐熟畜禽粪污液肥 800～1 000kg/亩和 15-15-15 三元复合肥 10～15kg/亩，或 15-15-15 三元复合肥 25～30kg/亩。

所有的腐熟畜禽粪污液肥稀释 3～5 倍后肥水一体施入。

④ 病虫害防治

及时防治紫斑病、叶枯病、锈病、软腐病、病毒病、根蛆、蓟马、潜叶蝇、蛴螬等病虫害。

⑤ 采收

蒜薹采收：

一般在薹长 15～20cm，田间 70%蒜薹总苞变白，蒜薹打弯时即可采收。在蒜薹采收前 5～7d 停止浇水。蒜薹采收时要尽量保护功能叶，尤其是最上部的 1～2 片叶。

蒜头采收与处理：

蒜头一般在采薹后 25～30d，假茎松软，地上部植株 50%～70%变黄时采收。蒜头采收应选在晴天进行，蒜头收获后及时将根和梢剪掉，留 10～15cm 长的叶鞘。修整完后晾晒 3～5d，蒜秆充分干燥后收起储藏。

4. 葱

葱为石蒜科葱属多年生草本植物。种子千粒重 2.4～3.4g。大葱种子发芽始温为 2～5℃，种子发芽适宜温度是 15～25℃，2～3d 即可发芽。适宜生长的温度为 7～35℃，在

15～25℃时茎叶生长旺盛，10～20℃条件下葱白生长旺盛，超过25℃则生长迟缓，品质较差。香葱喜冷凉，生长适宜温度为13～20℃，能耐0℃左右低温，在25℃以上高温和强光下品质下降，只有春、秋两季生长和分蘖旺盛。葱是绿体完成春化的植物，3叶以上的植株在低于7℃的温度下经过7～10d便可完成春化。葱对光照强度要求不高，但健壮生长需要良好的光照条件，不耐阴，也不喜强光。葱各生长发育期均需供应适当的水分。葱幼苗生长旺盛期、叶片生长旺盛期、开花结实期对水分的需求较多，应保持较高的土壤湿度。葱不耐涝，多雨季节应注意及时排水防涝，防止沤根，抽薹期水分过多易倒伏。葱对土壤的适应性较强，以土层深厚、排水良好、富含有机质、pH 7.0～7.6的沙壤土为宜。不宜重茬，施肥以有机肥为主，增施氮肥并注意氮、磷、钾、硫配比合理。

（1）大葱栽培

大葱对温度的适应范围较广，春、秋季均可播种，从幼苗到抽薹前均可收获食用，除春季培育充分生长的大葱外，其他季节栽培可收获小葱。一般以春季播种为主，3月上旬至4月上旬播种，5月中下旬至6月初定植，秋、冬季收获。产量2 500～4 000kg/亩。

① 品种选择

选择适合春种，秋、冬收获的长葱白或短葱白品种。

② 播种育苗

苗床准备：选用3年内未种过葱蒜类且平坦，肥沃、排灌方便、耕作层深厚的壤土，整地前撒施腐熟有机肥2 500～3 000kg/亩，或商品有机肥600～800kg/亩，或15 - 15 - 15三元复合肥20～25kg/亩，耕翻，做成宽1.2～1.5m的高畦。播前对种子进行消毒处理，将种子在清水中浸泡，捞出秕子等杂质，再将种子放入55℃左右温水中20～30min。播种方法有撒播和条播。撒播时先浇足底水，将1份种子与3～4份细土拌匀，均匀撒播，之后覆土0.5～1.0cm。条播时，在播种畦内做行距15cm，深1.5～2cm的浅沟，将1份种子与3～4份细土拌匀，均匀播在沟内，耙平畦面，浇水，覆盖地膜，加盖小棚。用种量1 000～1 500g/亩。每亩葱苗可定植3 500～5 600m²。

苗床管理：出苗后及时揭去地膜，白天揭去小棚，晚上覆盖，当温度高于15℃时，撒除小棚。田间要保持土壤湿润，同时要勤拔草，到3片真叶时控制浇水，促进根系发育。3叶期后保证充足的水肥，追肥1～2次，每次追施腐熟畜禽粪污液肥800～1 000kg/亩。当葱苗高50cm（8～9片叶）时定植，定植前10～15d，应停止浇水。

③ 整地定植

整地前，撒施腐熟的有机肥4 000～5 000kg/亩，或商品有机肥1 000～1 200kg/亩，或15 - 15 - 15三元复合肥30～40kg/亩，耙细，做宽1.5～2.0m的高畦，铺设滴灌带。株行距为（5～6）cm×（50～60）cm，挖深8～10cm，南北向的沟，沿沟壁较陡的一侧按株距摆放葱苗，栽时要使葱叶面与沟向平行，葱根压入沟底松土内，再用锄从沟的另一侧取土，埋在葱秧外叶分杈处，压实，再顺沟浇透水。大葱苗的栽植深度，要掌握上齐下不齐的原则，即葱苗心叶处以距沟面以上7～10cm为宜。

④ 田间管理

水分管理：大葱定植后，浇透定根水，第二、第三天复水，直至活棵。缓苗期结束正值炎夏多雨季节，雨后注意及时排水，在生长旺盛期经常保持土壤湿润。采收前7～10d

停止浇水。

肥料管理：进入旺盛生长期后，每隔15～20d结合浇水追肥1次，追施腐熟畜禽粪污液肥800～1 200kg/亩，或尿素5～8kg/亩，后期结合防病治虫，叶面喷施0.3％尿素＋0.3％硫酸钾。

中耕培土：雨后或每次施肥后及时中耕培土，培土在上午露水干后进行，注意不要埋住心叶，尽量少伤叶片。

⑤ 防治病虫害

及时防治霜霉病、疫病、锈病、软腐病、灰霉病、紫斑病、蓟马、地蛆、甜菜夜蛾、潜叶蝇等病虫害。

⑥ 适时采收

霜降以后气温下降，叶片光合作用趋于停止，叶内水分减少，叶肉变薄下垂时，是冬储干葱的收获适期，应及时收获。采收应选择晴天进行，先挖松根际土壤，用手轻拔葱株，抖落根茎上的泥土，摊放地面晾晒2～3d，待叶片柔软，须根和葱白表层半干时除去枯叶，分级打捆，出售或堆放阴凉处储藏。

（2）香葱栽培

香葱是本地脱水蔬菜加工的主要品种。因其生长期短，复种指数高，适应性强，容易栽培，当地四季均可种植，近几年种植面积逐渐扩大。一般在5—7月（夏葱）和9—10月（秋葱）两个时期分株移栽，植株当年就可发生较多分蘖，于7—10月和11月至翌年4月陆续采收，起到周年均衡供应市场的作用。产量一般在1 000～2 000kg/亩。

① 品种选择

适合的品种有兴化小香葱、香葱21等。

② 播种育苗

种植/亩大田需苗床60～80m²。向育苗畦撒施腐熟有机肥2 000～2 500kg/亩，或商品有机肥500～600kg/亩，或15-15-15三元复合肥20～30kg/亩作基肥。翻耕耙细后，做宽1.2～1.5m的高畦。播种前，灌足底水，将1份种子与3～4份细土拌匀后撒播，播后覆盖0.5～1.0cm厚的细土，5～7d即可出齐苗。苗期保持土壤湿润，并根据秧苗生长状况调节肥水，如苗偏小，可用0.3％尿素和0.3％的磷酸二氢钾浇施1～2次。用种量1 000～1 500g/亩（苗床）。移栽时间根据茬口灵活选择。

③ 整地移栽

整地前，撒施腐熟有机3 000～3 500kg/亩，或商品有机肥800～1 000kg/亩，或15-15-15三元复合肥30～40kg/亩，耕翻耙细，做宽1.2～1.5m的高畦，铺设滴灌带。栽前将母株挖起，剪去根部过长的须根，用手将株丛拨开，拨开后的分株应有茎盘和须根，剔除细、弱苗。夏葱株行距10cm×15cm，每穴栽分蘖苗2～3株，种植深度3～4cm。秋葱可适当稀植。

④ 田间管理

栽后浇透定根水，夏葱移栽时温度较高，需覆盖遮阳网。移栽成活后，结合中耕除草追施腐熟畜禽粪污液肥800～1 000kg/亩，或0.3％尿素水溶液2 000kg/亩，之后保持土壤湿润，多雨天气要及时排除积水；进入旺盛生长期，结合浇水追施腐熟畜禽粪污液肥

800～1 200kg/亩和尿素 5～8kg/亩，或尿素 10～15kg/亩。腐熟畜禽粪污液肥稀释 3～5 倍后肥水一体施入。秋葱栽培的采收期长，可适当增加追肥次数。采收前 15～20d 停止追肥。

⑤ 病虫害防治

及时防治霜霉病、疫病、锈病、软腐病、灰霉病、紫斑病、蓟马、棉铃虫、地蛆、斜纹夜蛾、潜叶蝇等病虫害。

⑥ 采收

一般在栽后 2～3 个月株丛已较繁茂，可采收。采收前一天在田间适量浇些水，采收时用手抓住葱白下部稍用力往上提，即可拔出葱株，或一手抓住葱丛，另一手用小锹轻轻一挖。挖好的葱株抹去枯、黄、病叶，敲去根部泥土，捆束运往加工地点或销售市场。

（八）薯芋类

1. 马铃薯

马铃薯学名阳芋，为茄科茄属一年生草本。块茎圆、卵圆或长圆形，薯皮颜色为白、黄、粉红、红或紫色；薯肉为白、淡黄或黄色。马铃薯喜冷凉环境，生长发育需要冷凉的气候条件。块茎的最佳储存温度为 0～4℃，0℃以下块茎受冻害，4℃以上块茎的芽就能萌动，植株生长最适温度为 21℃左右，植株在 -2℃时受冻害，部分茎叶枯死、变黑；块茎生长发育的最适温度为 17～19℃，温度低于 2℃和高于 29℃时，块茎停止生长。马铃薯是喜光作物，长日照可促进茎叶生长和现蕾开花，短日照有利于块茎形成。马铃薯整个生长期需水量较大，块茎形成期需水最多，适宜的土壤含水量为田间最大持水量的70%～80%。马铃薯适宜生长于表土深厚、结构疏松、排水透气良好且富含有机质、pH 5.5～6.5 的壤土或沙壤土。忌前茬为甘薯、萝卜和茄果类，施肥应以有机肥为主，并注意氮、磷、钾、钙、硼的配比。

（1）春马铃薯栽培

春马铃薯一般于 2 月中下旬播种，采用大棚加地膜多层覆盖栽培，可提早至 1 月播种，4 月采收，可提早上市 30d 左右，效益高，有效地解决了春末夏初蔬菜供应淡季问题。产量 1 500～2 000kg/亩。

① 品种选择

宜选择抗性强、品质优的早熟品种，如克新 4 号、郑薯 2 号、荷兰 15 等。

② 种薯储藏

种薯应储藏在温度为 0～4℃，光线较暗，湿度较低的环境下。10—11 月气温较高时，要注意通风换气，降温降湿，防止烂种、发芽；播种前气温低时，要注意防冻保暖。

③ 种薯处理及催芽

播种前 15～20d（时间约在 2 月初）开始催芽。马铃薯种切块时，保证每种块至少有 1 个芽眼，以 20～30 块/kg 为宜。切好后，用 50% 多菌灵可湿性粉剂 500 倍液浸种杀菌消毒，待种块晾干后苗床催芽。催芽方法：一种是在棚室内整平地面，铺设电热线，电热线上方覆盖 1 层 10cm 厚的稻草，将种薯平放在上面，厚度不超过 20cm，上面再覆盖 1 层稻草或加厚的无纺布,加温催芽,温度在 20℃左右。催芽期间用喷水壶喷水保持湿润状态。另一种是将种薯直接置于恒温、恒湿的催芽室内催芽。当芽长到长 0.5～1.0cm 时,在散射光下,芽绿化变粗后即可播种。

④ 整地播种

播种前撒施腐熟有机肥 4 000～5 000kg/亩,或商品有机肥 1 000～1 200kg/亩,或 15-15-15 三元硫基复合肥 60～70kg/亩,耕翻耙细,做宽 1.6～1.8m 的高畦,畦间沟宽 30cm,每畦 4 行,大行距 50cm,小行距 40cm,株距 25cm,播种深度 10～13cm,种植密度 5 500～6 000 株/亩,需种量 200～300kg/亩。播后可根据天气情况采用地膜、小拱棚、大棚等设施,防止冻害。

⑤ 田间管理

引苗覆土:出苗后 3～5d 应人工破膜放苗,然后用细土封孔保温,防止日光灼伤幼苗,露苗后要注意天气变化,做好防晚霜和冻害的保苗工作。

温度管理:拱棚内保持昼温 20～26℃,夜温 12～14℃。白天多见光。随外界温度的升高,逐步加大通风量,4 月中旬可撤棚膜。

水分管理:苗期需水量不大,块茎开始形成和膨大时,需水量骤增,应保持水分充足,成熟期时要注意控制水分。

肥料管理:苗齐后,结合浇水,追施腐熟畜禽粪污液肥 1 200～1 500kg/亩,或尿素 8～10kg/亩,腐熟畜禽粪污液肥稀释 3～5 倍后肥水一体施入。结薯期,向叶面喷施 1～2 次 0.3%磷酸二氢钾＋0.1%硼肥＋0.1%钙肥。

⑥ 病虫害防治

及时防治晚疫病、病毒病、环腐病、青枯病、蚜虫、地老虎、蛴螬等病虫害。

⑦ 适时收获

当地上部茎叶逐渐枯黄时,选择晴天及时采挖上市。

(2) 早春稻田免耕覆盖稻草栽培

马铃薯稻草覆盖栽培技术:在水稻收获后,稻田免耕,直接开沟成畦,将种薯摆放在畦面上,配合适当的管理措施,直至收获鲜薯。与传统栽培方式比,省工,薯块大而整齐,收获时破损率低,产量提高 10%～30%。

品种选择、种薯处理及田间管理与常规栽培相同。盖草前先用少量的沟土覆盖种薯,利于出苗,盖草厚度为 8～10cm。盖草后清沟,将泥土均匀压在稻草上,再浇透水,防止稻草被风刮跑。用稻草覆盖后一般不盖地膜,以防畦内过分干燥影响出苗,若需要加盖地膜防寒,在寒潮过后也要将地膜揭去。也可采用二次盖草法,即在播种后及时覆盖 3～4 厚稻草,不露土;在马铃薯幼芽长出稻草后,将准备好的稻草全部盖上,这样对种薯出苗有利。采收时因 70%的块茎都生长在地面上,入土很少。只要将稻草拨开,将马铃薯拣起即可,省工省力。

(3) 秋马铃薯栽培

一般于 8 月上中旬播种,下霜前(10 月底至 11 月中旬)采收,产量 1 500～2 000kg/亩。

① 品种选择

秋马铃薯因气候等因素限制,必须选择休眠期短、结薯早,薯块膨大快,同时苗期能耐高温和抗晚疫病的品种，如郑薯 2 号、克新 4 号、荷兰 7 号等。

② 选薯催芽

可选新收获的春薯，选无病、无伤、无裂 50g 左右的小薯块，整薯播种，也可选大种薯切块，每种块至少有 1 个芽眼，以 30～40 块/kg 为宜，播种前 7～10d 进行种薯消毒和打破休眠，用 50% 多菌灵可湿性粉剂 500 倍液与 5～10mg/kg 的赤霉素混合浸种 15～20min，沥干后置室内阴凉处催芽，当种薯芽长 1.0～1.5cm 时，在散射光下，芽绿化变粗后即可播种。

③ 整地播种

播种前，撒施腐熟有机肥 2 000～3 000kg/亩，或商品有机肥 500～600kg/亩，或 15 - 15 - 15 三元硫基复合肥 40～50kg/亩，耕翻耙细，做畦宽 1～1.2m，畦间沟宽 20～30cm，深 15～20cm 的高畦，每畦 2 行，株距 20～25cm，种植密度 4 500～5 000 株/亩，需种量 150～200kg/亩。播种于早、晚温度较低时进行，防止幼芽灼伤。

④ 田间管理

补苗补水：秋马铃薯病虫害比较严重，易缺苗，应及时补苗；秋季气温高、蒸发量大，薯块会因大气及土壤过分干燥而失水干瘪，影响生长，需及时补水，保持土壤湿润。浇水时避开中午高温。

中耕培土：一般在出苗后封行前中耕除草 1～2 次，苗高 16～20cm 时中耕培土，利于结薯，防止"露头青"和后期薯块受冻。

肥料管理：苗齐后，结合浇水追施腐熟畜禽粪污液肥 1 200～1 500kg/亩，或尿素 8～10kg/亩。腐熟畜禽粪污液肥稀释 3～5 倍后肥水一体施入。结薯期，向叶面喷施 1～2 次 0.3% 磷酸二氢钾＋0.1% 硼肥＋0.1% 钙肥。

⑤ 病虫害防治

及时防治晚疫病、病毒病、环腐病、青枯病、蚜虫、地老虎、蛴螬等病虫害。

⑥ 适时收获

秋马铃薯不耐严霜，但可耐轻霜，初霜损伤部分嫩茎、嫩叶时，块茎尚能利用地上健壮茎叶中的养分继续膨大，可适当晚收，视行情陆续采挖上市。

2. 豆薯

豆薯，别名地瓜、凉薯，为豆科豆薯属一年生草本。肉质根，呈扁圆、扁球、纺锤或圆锥形等，种子和叶片含有鱼藤酮，对人畜有毒，不能食用，可制成有机杀虫剂。种子千粒重 200～250g。豆薯喜温暖湿润环境，不耐寒，生长适宜温度为 20～30℃，种子发芽出苗始温为 12℃，以 25℃ 最适宜，30℃ 左右有利于茎叶生长，肉质根膨大期适宜温度为 20～25℃。豆薯生长期间要求日照充足，长日照条件下适于茎叶生长，短日照条件下适于块根膨大。豆薯种植应选排水良好、保水保肥力强、耕层深厚、质地疏松、pH 6.2～7.0 的沙壤土或壤土。忌连作，不宜与豆科作物及根菜类蔬菜轮作，施肥应以有机肥为主，并注意氮、磷、钾配比合理。泰州地区一般以春季种植为主。

豆薯栽培

豆薯一般于 3 月上中旬催芽后大棚育苗，4 月中下旬地膜覆盖栽培，8 月下旬至 11 月收获，其块根耐储藏，可周年供应。产量2 000～2 500kg/亩。

① 品种选择

选择早、中熟，块根扁圆形，皮薄，肉质细嫩，纤维少，品质好的品种，如贵州黄平地瓜、四川牧马山地瓜、广东早沙葛、四川遂宁地瓜、广东顺德沙葛等。

② 播种育苗

采用大棚设施，轻基质50孔穴盘育苗。播前种子在30℃清水浸种8～10h，用湿布包裹在25～28℃条件下催芽，每天取出漂洗1次，经4～5d种子露白时直播于穴盘，每穴播3粒，用种量2 000～2 500g/亩，苗龄40d左右。

③ 整地定植

定植前，撒施腐熟有机肥2 500～4 000kg/亩，或商品有机肥600～1 000kg/亩，或15-15-15三元复合肥40～50kg/亩，翻耕耙细，做宽60～70cm，高15～20cm的高垄，沟距45～50cm，垄上铺设滴灌带，覆盖地膜。定植时每垄2行，行距45～50cm，株距30～35cm。定植后浇透水。

④ 田间管理

搭架引蔓：蔓长30cm时搭"人"字形架，每穴插1根架材，2～3株缠绕1根架材，并引蔓上架。

打杈、摘心、打花：一般仅留1个主蔓，摘除侧蔓，主蔓长至18～24叶，长160cm时摘心，为集中养分结薯，还应及时摘除花序。

肥水管理：保持土壤见干见湿。地上部出现花序后，块薯进入膨大期，应增加浇水，保持地面湿润。生长期注意排涝，防止田间积水。定植后20d，结合浇水追施腐熟畜禽粪污液肥1 200～1 500kg/亩，或尿素8～10kg/亩；块根膨大时，追施腐熟禽粪污液肥500～600kg/亩和15-15-15三元复合肥10～15kg/亩，或15-15-15三元复合肥20～25kg/亩。腐熟畜禽粪污液肥稀释3～5倍后肥水一体施入。在收获前20～25d，根据长势情况，结合病虫害防治，向叶面喷施2～3次0.3％磷酸二氢钾＋0.3％尿素。

⑤ 病虫害防治

及时防治菌核病、病毒病、甘薯天蛾、斜纹夜蛾、豆卷螟、蛴螬、地老虎等病虫害。

⑥ 采收

早熟品种于8月下旬至10月下旬、中熟品种于9月至11月上旬可陆续采收。

⑦ 储藏加工

嫩豆薯不耐储藏，块根可直接生食，也可凉拌、炒食等，是供应8—9月秋淡季的优良蔬菜。老熟块根应防寒储藏，能陆续供应至翌年2月，也可加工成淀粉后销售。

3. 芋头

芋头为天南星科芋属多年生湿生草本植物，常作一年生作物栽培。芋头要求高温湿润环境，在13～15℃时球茎开始发芽，生长期要求20℃以上，以27～30℃为佳。比较耐阴，强烈的日照与高温干旱常致叶片枯焦，短日照有利于地下球茎形成。具有水生植物的特性，整个生长期要求水分充足。对土壤适应性广，富含有机质、pH 5.5～7.0的壤土或沙壤土较为适宜，不宜连作，施肥应以有机肥为主，并注意氮、磷、钾配比合理。

芋头栽培

芋头为湿生作物，介于旱生和水生之间，可种植于水田，亦可种植于旱地。栽培方法不同，播种与采收时间不同。大棚栽培：一般于1月上旬播种，覆地膜，加盖小棚，8月下旬至9月中旬可采收。小拱棚栽培：一般于2月下旬播种，覆盖地膜和小拱棚，9月采收。地膜覆盖栽培：于3月上旬播种，9月中旬至10月上旬采收。露地直播栽培：于3月下旬至4月上旬播种，10月上旬至11月采收。产量1 500～2 000kg/亩。

① 品种选择

一般选择优质抗逆的地方品种，如香荷芋、香沙芋、紫荷芋、龙香芋、荔浦芋等。

② 种芋催芽

选择球茎饱满、顶芽健壮、无病虫害，单球重30～50g的健壮子芋作种芋，催芽前将种芋晾晒2d，晒至子芋尾部稍微有点萎缩为好，以打破休眠。催芽方法：一种是苗床催芽，将宽1～1.2m的底板压实，将种芋依次排于床内，顶芽向上，种芋间稍留空隙，排完后盖细土，盖没种芋，并浇少量水，覆地膜后搭拱形架，上覆塑料薄膜，拱棚内保持昼温20～25℃，最高不超过30℃，阴天和夜间保持10～15℃，不低于8℃，一般播种后15d出苗。出苗后及时揭去地膜，并适当降低床温炼苗，待幼苗长出2片真叶时即可定植于大田。另一种是室内架上催芽，将种芋置于恒温恒湿的室内的架子上催芽，为便于管理、节省空间，可以整袋放置，不影响出芽，一般30～40d出芽，注意芽刚萌发时要降低温度，使温度保持在20～21℃，可促芽健壮。用种量120～150kg/亩。

③ 整地定植

整地前，撒施腐熟有机肥2 000～3 000kg/亩，或商品有机肥500～800kg/亩，或15-15-15三元复合肥50～60kg/亩，做畦宽130～135cm（包括沟），畦高20～25cm的高垄，垄上铺设滴灌带。双行种植，大行60cm，小行40cm，株距35cm，密度3 200～3 400株/亩。芋头球茎有向上生长的习性，宜深栽，栽植深度应在10～15cm。除露地种植外，其它方式均覆盖地膜。

④ 田间管理

开孔破膜：播种15～20d后芋芽露出地面，要及时开孔，让芋芽自然生长，开孔宜小不宜大。

中耕培土：芋头生长过程中一般培土两次。气温、地温上升，地上部迅速生长，球茎迅速膨大，子芋和孙芋开始形成，这时可撤去地膜并结合第二次追肥进行第一次培土，培土厚度4cm左右；距离第一次培土20d左右，结合第三次追肥进行第二次培土，厚度为6～8cm。每次培土都要保证四周均匀，芋头形状才能端正。

水肥管理：生长期间始终保持土壤湿润。芋头是喜肥作物，生长期长，生长过程中适当追肥，追肥的次数应根据芋头生长情况而定，一般追2～3次，第一次追肥在幼苗第一片叶展开时，追施腐熟畜禽粪污液肥1 200～1 500kg/亩，或尿素8～10kg/亩；长至5～6片叶时第二次追肥，追施腐熟畜禽粪污液肥500～600kg/亩和15-15-15三元硫基复合肥5～10kg/亩，或15-15-15三元硫基复合肥15～20kg/亩；封行前第三次追肥，追施15-15-15三元硫基复合肥20～25kg/亩。腐熟畜禽粪污液肥稀释3～5倍后肥水一体施入。

⑤ 病虫害防治

及时防治疫病、叶斑病、软腐病、红蜘蛛、蚜虫、斜纹夜蛾等病虫害。

⑥ 采收与储藏

芋头叶变黄衰败、根系枯萎是球茎成熟的象征，此时为最佳收获期，为了最大限度地满足生育期的需要，在保证不受冻害的前提下，尽量晚收，可提高产量和品质。也可根据市场需要适当提前或延迟采收。采收的芋头晾晒后储藏于室内或窖内，晾晒程度以手触芋头与泥土能分离为宜，储藏期间要求温度 10℃左右，相对湿度 80%～90%，适当通风。

4. 山药

山药为薯蓣科薯蓣属多年生缠绕藤本植物。山药对气候条件要求不严，喜温暖，也耐寒。地温在 13℃以上时才能发芽出苗，发芽适宜温度为 17～18℃；幼苗适宜生长温度为 15～20℃；茎蔓生长的适宜温度为 25～28℃，低于 20℃生长减缓。山药是短日照作物，既需要强光照射，光照时间又不能太长，不然不利于块茎的发育和养分储存。由于山药是一种深根性植物，种植要选土壤深厚、排水良好、疏松肥沃、pH 6.0～7.5 的沙质壤土。不宜重茬，施肥以有机肥为主，增施氮肥并注意氮、磷、钾、钙、镁、硼配比合理。

山药栽培

山药栽植的适宜期在清明至谷雨，即于 4 月上旬至 4 月下旬栽植，10 月地上部叶枯萎时采收，鲜山药产量 1 200～2 000kg/亩。如果采用地膜和大棚膜双膜覆盖栽培，可提早播种 30d，延长生长期，提高产量。

① 品种选择

适宜的品种有长山药、梅岱山药等。

② 种子繁殖

块茎切块繁殖：在收获时，选择具有本品种特性、生长健壮、无病、隐芽完好的植株，从块茎与茎部连接处切下长 20～30cm 的一段，晾干伤口，入窖储藏，也可在春季播种前切下。长柱种块茎顶端有一潜伏芽，常用带潜伏芽的一段作种，称山药栽子或芽嘴子。块茎其余部分也可切段做种，称山药段子。山药段子出芽较晚，应催芽先播，采用此法播种，出苗早，发育快，植株生长势旺盛，但繁殖系数低，连续几年后，顶芽衰老，生活力衰退，产量降低。因此应及时用气生块茎繁殖换种。

气生块茎繁殖：又叫零余子繁殖法。采用此法当年可收到大块茎，产量较高。利用气生块茎繁殖，因生长期短，当年只能形成大量较短小的种栽子，供翌年种用。该法可获得大量种用块茎，繁殖容易，而且繁殖的后代生活力旺盛，年年选择，可保持种性。但是植株生长较慢，需要两年才有大块茎收获，较费时。气生块茎繁育时，应选用具有本品种特征特性的植株，采收单个重在 1g 以上的无病虫伤害的零余子作种。气生块茎冬季沙藏越冬，于翌春播种在地内。株行距（3～10）cm×（10～20）cm。播前先用小水灌沟，水下渗后把气生块茎顶芽朝上按入土中，覆土 4～5cm。出土后的管理同栽培山药。到霜降后挖出，可形成 24～35cm 长的小块茎。此种块茎翌年即作种用栽培于大田，代替退化的种块茎。

③ 种子催芽：栽植前 20～25d 取出山药栽子，切成 10～20cm 长的小段。切口用石灰

或草木灰消毒，晒种 1～2h。之后置于小拱棚或温暖的室内，控制温度在 25℃，20d 左右芽长 3～5cm 时即可栽植。栽植前降低温度使其与大田相同，以锻炼秧苗。有的地方不催芽，在室内放置 2～3d 伤口愈合后即可栽植。

④ 整地定植

整地施肥：栽培地应冬耕，使土壤疏松。山药入土很深，栽植前 25d 应开挖深沟，沟距 90～100cm，沟宽 20～30cm，沟深 1m 以上，在浅土层撒施腐熟有机肥 5 000～6 000 kg/亩，或商品有机肥 1 200～1 500kg/亩，栽植沟宜冬挖春填，一面填土，一面混入充分腐熟的有机肥。整平后做成平畦。

定植：定植时在深沟处开定植沟，深度 15～20cm。先在沟内浇小水，水下渗后，按山药嘴间距 15～25cm，将山药栽子平铺在沟中，上覆土 6～10cm。干旱地区为保墒，可在定植沟上覆土成脊状，出芽时再扒平。

⑤ 田间管理

搭架整枝：山药出苗后，茎部生长较迅速，为防止幼茎被风吹摇断，应立即支架。架多用竹竿，搭成"人"字形架，高 1.5～2m。支架后按山药茎左旋的特性，用手稍加扶引上架。用块茎繁殖的，每块茎应留强健幼苗 1～2 个，其余的及早摘除。出苗 1 个月后，要将主茎叶腋间所生的侧枝剪去；夏季叶腋间生出的气生块茎，除留种者外，应及时全部摘除。

温度管理：采用双膜栽培，栽植前，在栽培行上覆盖黑色地膜。播种后，覆棚膜，棚内保持昼温 25～28℃，夜温 12℃；15d 苗出齐后，棚内保持昼温 20～25℃，夜温 12℃以上。植株在拱棚内生长 30～40d，随着天气变暖，可适当通风，逐渐把棚膜去掉，在自然温、光条件下生长发育。

肥水管理：栽植时，浇足栽植水，苗期基本不浇水。在茎叶旺盛生长初期，土壤干旱可浇水，保持土壤见干见湿。到块根膨大期应适当浇水，保持土壤湿润，以促进块根发育。浇水时要根据土壤湿度和土壤质地适度浇水。雨季忌积水，应及时排涝。追肥一般 2～3 次。出苗后抽蔓期，追施腐熟畜禽粪污液肥 600～800kg/亩提苗；茎叶旺盛生长期，在离植株 30cm 处，挖 6～10cm 深的施肥沟，追施腐熟畜禽粪污液肥 500～600kg/亩和 15 - 15 - 15 三元复合肥 5～10kg/亩，或 15 - 15 - 15 三元复合肥 15～20kg/亩；块茎膨大期，追施腐熟畜禽粪污液肥 500～600kg/亩和 15 - 15 - 15 三元复合肥 10kg/亩，或 15 - 15 - 15 三元复合肥 20kg/亩。

中耕除草：山药定植后可浅中耕 1～2 次。中期中耕宜浅，以免伤根。后期应人工拔草，以防损伤水平根。

⑥ 病虫害防治

及时防治炭疽病、斑枯病、根腐线虫病、蛴螬、金针虫、蝼蛄等病虫害。

⑦ 采收

霜降后地上茎叶枯黄时即应开始采收。气生块茎可在地下块茎收获前 1 个月采收，也可在霜前自行脱落前采收。收获山药应从沟的一端开始，按山药的长度挖深沟，待全部块茎暴露出来后，手握中上部，用铲铲断其余的细根，小心提出避免产生伤口或折断。

5. 生姜

生姜为姜科姜属多年生宿根草本植物。喜温不耐寒、不耐霜。种姜在 16℃ 以上开始发芽，在 22～25℃ 幼芽生长速度适宜，易培育壮芽，28℃ 以上发芽虽快，但幼芽往往细弱，不够肥壮；茎叶生长期以 20～28℃ 较为适宜；根尖旺盛生长期，白天保持 25℃ 左右，夜间以 17～18℃ 为宜。15℃ 以下停止生长，茎叶遇霜即枯死。生姜喜光耐阴，不同时期对光照要求不同，在长、短日照下均可形成根茎，但以自然光照条件下根茎产量高，日照过长或过短对产量均有影响。生姜既怕旱又怕涝，各时期需水量不同，一般幼苗期需水少，生长盛期需水量大，土壤水分以维持在田间最大持水量的 70%～80% 为宜。生姜为浅根性作物，根系不发达，适宜在土层深厚、土质肥沃、有机质丰富、pH 6.5～7.5 的壤土或沙壤土上种植。不宜连作，施肥以有机肥和氮肥为主，并注意氮、磷、钾、钙、锌、硼的配比。

生姜栽培

选择小黄姜品种，该品种的生长期较长，一般一年种植一茬，多为露地或地膜栽培。一般在 3 月上旬催芽，4 月上旬播种，于 8 月采收仔姜，10 月中下旬至 11 月采收老姜，产量 2 000～3 000kg/亩。如果采用棚室栽培，播期可提早 1 个月，采收期可延至 12 月，产量会有所提高，供应期延长。

① 选留姜种

以小黄姜为主，种用生姜应在上年的留种地，选择健壮、芽头饱满、个头大小均匀、颜色鲜亮、无病虫害的植株的姜块采收储藏。姜种要选霜降前后收获的老熟姜。

② 培育壮芽

晒姜：于 3 月上中旬从储藏窖内取出种姜，选择晴天将种块翻晒 2～3d，至种姜皮变干发白。

催芽：采用大棚基质催芽，在大棚内基质垫底，随后铺一层姜，铺一层基质，基质盖过姜面约 1cm，洒水至湿润，垒好姜堆后用薄膜封盖，温度维持在 20～25℃ 催芽，培育短壮芽。短壮芽的标准：芽长 0.5～2cm，芽粗 0.6～1cm，幼芽肥壮、顶部钝圆、色泽光亮。经过 25～30d 姜芽长至 1cm 即可播种。

掰姜选芽：催芽后根据出芽情况及姜块大小，把大块种姜掰成小块，每块重量 50～100g，每小块种姜只留 1 个壮芽，其余去掉。没有壮芽的姜块留 2 个较好的芽。剔除芽基部发黑或姜断面变褐的姜块。

浸种消毒：用碧护 3g 和 50% 多菌灵可湿性粉剂 100g，兑水 15～20kg，浸姜种 500kg。浸种 30min 晾干播种。

③ 整地定植

整地施肥：1 月或 2 月深翻土地冻垡；土壤偏酸的在播种前 15d，撒施生石灰调整土壤 pH 至 6.5～7.5，深翻，生石灰的施用量根据土壤 pH 来定。播种时，撒施腐熟有机肥 2 000～3 000kg/亩，或商品有机肥 500～800kg/亩，或 15 - 15 - 15 三元复合肥 50～60 kg/亩，锌肥 1.0kg/亩，硼肥 0.5kg/亩，深翻耙细，做高 30cm，畦宽 120cm，沟宽 30～40cm 的高畦，垄面上铺设滴灌带。大棚栽培于 3 月上旬定植，地膜栽培或露地定植于 4

月上中旬定植，定植时每畦均匀纵开 20cm 深的种植沟 3 条，每条沟种 1 行，平均行距约 50cm，株距 20cm。播前浇透底水，播种时姜块平放于沟底，芽尖朝上，并保持姜芽方向一致，东西向沟姜芽一律向南，南北向沟姜芽一律向西。用手轻轻把姜块按入泥中，使姜芽与土面持平，及时将垄上的湿土扒入沟内盖住种姜，覆盖厚度以 4～5cm 为宜。覆盖透明地膜。种植密度一般 4 000～5 000 株/亩，用种量 300～400kg/亩。

④ 田间管理

遮阳：在盛夏高温强光季节，大棚栽培的将侧膜抬至最高，顶上覆盖黑色遮阳网。露地或地膜栽培的搭高约 160cm 的平架，覆盖黑色遮阳网，以阻挡强光直射，使生姜正常生长。当初秋天气转凉，光照强度减弱时，撤去遮阳网，增加光照，提高产量。

破膜与撤膜：地膜覆盖栽培的，播种后 20～30d，姜苗开始陆续出土。待苗与地膜接触时，打孔引出幼苗，以后随着生姜侧枝的发生，增大放苗孔，及时封孔，以防高温灼伤姜叶。7 月下旬至 8 月上旬，姜株已经枝繁叶茂，能够遮盖地表，可撤除地膜。

水分管理：种植时须浇透水，保证生姜顺利出苗，幼苗生长前期，浇水不用太多，保持土壤含水量在 65% 左右即可。生长旺盛时期，需水量增加，土壤相对含水量应控制在 75% 左右，雨水较多时须及时清沟排水，降低地下水位。撤去地膜后要勤浇水，促进分枝和膨大。采收前减少浇水，促使姜块老熟。

中耕除草：生姜为浅根性作物，不宜深耕。地膜栽培的生姜在撤膜前不需要中耕。露地栽培的生姜一般在出苗后结合浇水浅中耕 1～2 次，起松土保墒、提高地温和清除杂草的作用。

肥料管理：生姜属耐肥作物，需肥量大。整个生育期追肥 3 次。苗高 30cm 左右，具 1～2 个小分枝时第一次追肥，追施腐熟畜禽粪污液肥 1 200～1 500kg/亩，或尿素 8～10kg/亩；粪污液肥稀释 3～5 倍、尿素稀释成 1% 后肥水一体施入。在 8 月上旬第二次追肥，追施腐熟畜禽粪污液肥 500～600kg/亩和 15 - 15 - 15 三元复合肥 5～10kg/亩，或 15 - 15 - 15 三元复合肥 15～20kg/亩，粪污液肥稀释 3～5 倍后肥水一体施入；在秋分前后第三次追肥，追施 15 - 15 - 15 三元复合肥 20kg/亩，并结合病虫害防治叶面喷施 1～2 次 0.3% 磷酸二氢钾＋0.1% 硼肥＋0.1% 锌肥。

⑤ 病虫害防治

及时防治姜瘟、茎基腐病、炭疽病、叶枯病、斑点病、病毒病、姜螟、斜纹夜蛾、甜菜夜蛾、蓟马等病虫害。

⑥ 采收

嫩姜、仔姜采收一般在 8 月初即开始采收。鲜姜、老姜采收一般在 10 月中下旬至 11 月采收，当植株开始枯黄时，选晴天采收，尽量减少损伤。棚室栽培采收期可延迟至 12 月。

种姜采收：一般种姜与鲜姜一并采收，这样可避免损伤，降低病害发生率。采收时选择生长健壮、无病虫害的植株，晾晒后储藏作种。

（九）水生蔬菜

1. 茭白

茭白为禾本科菰属多年生水生宿根植物。属喜温性蔬菜，5℃ 以上开始萌芽，生长适宜温度为 15～30℃；孕茭适宜温度为 15～25℃，低于 10℃ 或高于 30℃ 都不会孕茭；低于 15℃ 以下分蘖和地上生长都停止，5℃ 以下地上部枯死，地下部分在土中越冬。茭白属短日照植物，要求阳光充足但不耐强光，一熟茭白品种对日照比较敏感，只有在短日照条件下才能孕茭，二熟茭对日照长短的反应不太敏感，在长、短日照下都能孕茭。茭白是浅水性植物，整个生育期不能缺水，休眠期内也要保持土壤湿度。不宜连作，适宜在土层深厚、富含有机质、pH 6～7 的黏壤土或壤土上种植。施肥应以有机肥为主，并注意氮、磷、钾配比合理。

(1) 夏秋双季茭栽培

双季茭又称二熟茭，夏秋双季茭是指在夏、秋季即 7 月下旬至 8 月上旬栽植，种植后可采收两次，第一熟在当年的 9 月中下旬至 10 月上旬收获，称为秋茭，产量较低，一般为 800～1 000kg/亩；第二熟在翌年 5—6 月收获，称为夏茭，这一熟产量较高，一般为 1 500～2 000kg/亩。这种栽培方式较单季栽培肥水要求更高。

① 品种选择

选择长势较强，抗逆性强、适应性广且对光周期不敏感的双季茭品种，如杼子茭、苏州小蜡台、无锡晏茭等早中熟品种。

② 培育种苗

选择当年符合品种特征，株形整齐、孕茭率高、茭肉肥大、结茭部位低、没有雄茭和灰茭，分蘖节位低的植株，秋冬季植株叶片枯黄时，保留地上部 1～2 节薹管，割除上部。母株丛挖起后，地下茎段亦留 1～2 节切除。母株丛寄栽行距 50cm，丛距 15cm，并保持 1～2cm 浅水。

③ 整地定植

整地施肥：定植前 15～20d，用耕作层下面的生土在田块四周筑成离田面高 50cm，底宽 30～40cm，顶宽 20cm 的田埂，要求平滑结实，上水后不倒、不塌、不漏水。田埂筑好后撒施腐熟有机肥 2 000～3 000kg/亩，或商品有机肥 500～800kg/亩，或 15 - 15 - 15 三元复合肥 15～20kg/亩，耕耙整平，灌水深 5cm 左右。

定植：于 7 月下旬至 8 月上旬定植。定植前，将茭秧挖起，去基部老叶，分苗，每小墩带 1～2 分蘖苗，剪去叶梢。选晴天下午或阴天定植，窄行行距 50～60cm，宽行行距 100cm，株距 30～40cm。需苗 200～400 墩/亩。

④ 田间管理

水浆管理：根据生长期，掌握浅水栽插、深水活棵，浅水分蘖、中后期逐步加深，采茭期深浅结合，高温阶段深水降温度，湿润越冬的原则，定植后水位保持 5cm 左右，分蘖后水位逐渐加高至 10～15cm，收获期水位降低至 3～5cm。

老叶清除：定植后 15d 开始，每隔 10d 从叶鞘基部清除老黄叶 1 次，连续 2～3 次，促进分蘖和茭肉肥大。

肥料管理：定植后 15～20d，追施腐熟畜禽粪污液肥 800～1 000kg/亩和 15 - 15 - 15 三元复合 15～20kg/亩，或 15 - 15 - 15 三元复合 30～35kg/亩。

⑤ 病虫害防治

及时防治胡麻叶斑病、锈病、纹枯病、蓟马、螟虫、叶蝉、飞虱等病虫害。

⑥ 采收

"茭白眼"明显重叠并束腰、假茎显著膨大时为适宜采收期。采收方法是齐茎基部将薹管掰断,齐茭白眼铡去叶片,切去残须,保留肉长 30～40cm。

⑦ 夏茭管理

割叶补苗:2月底前,齐泥割平茭墩,去除枯叶。萌芽初期,过密株丛需疏苗,缺穴宜从出苗多的大株丛上取苗补栽,一般要求每穴有苗 6～8 株。

肥水管理:早春灌浅水,随温度升高,逐步加大水层至 10cm。3 月中旬、4 月中旬各追肥 1 次,每次施腐熟畜禽粪污液肥 800～1 000kg/亩和 15-15-15 三元复合 15～20kg/亩,或 15-15-15 三元复合肥 30～35kg/亩;采收盛期,施腐熟畜禽粪污液肥 1 200～1 500kg/亩,或尿素 8～10kg/亩。

病虫害防治:及时防治胡麻叶斑病、锈病、纹枯病、蓟马、螟虫、叶蝉、飞虱等病虫害。

采收:一般隔 3d 采收 1 次,采收 5～6 次。

(2) 春双季茭栽培

春双季茭是指在春季即 4 月中下旬栽植,秋茭于 9—10 月收获,产量 1 000～1 200kg/亩,夏茭于 5—6 月收获,产量 1 200～1 500kg/亩。

① 品种选择

选择长势较强,抗逆性强适应性广且对光周期不敏感的双季茭品种,如浙茭 2 号、小蜡台、鄂茭 4 号等中晚熟品种。

② 培育种苗

同夏秋双季茭栽培。

③ 整地定植

整地施肥:2—3 月,用耕作层下面的生土在田块四周筑成离田面高 50cm,底宽 30～40cm,顶宽 20cm 的田埂,要求平滑结实,上水后不倒、不塌、不漏水。田埂筑好后撒施腐熟有机肥 2 000～3 000kg/亩,或商品有机肥 500～800kg/亩,或 15-15-15 三元复合肥 15～20kg/亩,耕耙整平,灌水深 5cm 左右。

定植:于 4 中下旬定植。定植前,将茭秧挖起,去基部老叶,分苗,每小墩带 3～4 分蘖苗,剪去叶梢。选晴天下午或阴天定植,行距 100cm,株距 50cm。需苗 200～300 墩/亩。

④ 田间管理

水浆管理:同夏秋双季茭栽培。

老叶清除:同夏秋双季茭栽培。

肥料管理:定植后 15～20d,追施腐熟畜禽粪污液肥 500～600kg/亩,或 15-15-15 三元复合肥 8～10kg/亩;60d 后追施 15-15-15 三元复合肥 30～35kg/亩。

⑤ 病虫害防治

及时防治胡麻叶斑病、锈病、纹枯病、蓟马、螟虫、叶蝉、飞虱等病虫害。

⑥ 采收

于 9 月中旬至 10 月中旬采收,采收方法同夏秋双季茭。

⑦ 夏茭管理

割叶：秋茭采收完毕后，齐泥割平茭墩，挖除雄茭和灰茭。

补苗与疏苗：每墩控苗在 18～20 株。

水位管理：秋茭采收结束后，水位保持 1～2cm；翌年气温回升后，水层增至 2～3cm；随着植株长高水位逐步加深到 10cm 左右。

追肥：2 月中旬、4 月中旬各追施肥 1 次，每次施腐熟畜禽粪污液肥 800～1 000kg/亩和 15 - 15 - 15 三元复合 15～20kg/亩，或 15 - 15 - 15 三元复合 30～35kg/亩；采收盛期，施腐熟畜禽粪污液肥 1 200～1 500kg/亩，或尿素 8～10kg/亩。

病虫害防治：及时防治胡麻叶斑病、锈病、纹枯病、蓟马、螟虫、叶蝉、飞虱等病虫害。

采收：夏茭于 5—6 月采收。

(3) 单季茭栽培

要求选择对光敏感的单季茭品种，如鄂茭 1 号、寒头茭、娄葑早等。一般 4 月下旬栽植，9 月采收，产量 1 200～1 500kg/亩。

栽培技术与春双季茭的第一季栽培方法基本相同。定植方式采用宽窄行，宽行距 80cm，窄行距 50cm，株距 50cm。

秋季采收后，以土壤中的根、茎越冬，越冬期间田间保持 1～2cm 浅水，第二年开春割去枯叶，促其萌发新株，于 4 月再次移栽。

2. 藕

藕又称莲藕，为莲的根茎，是重要的水生蔬菜之一。莲属莲科莲属，能形成肥嫩根状茎的多年生宿根水生草本植物。藕属喜温蔬菜，在 15℃ 左右时开始萌芽生长，生长适宜温度为 25～30℃，超过 35℃ 时，营养生长受到影响，低于 15℃ 时，植株停止生长，5℃以下受到冻害。藕生长发育要求光照充足，对日照长短要求不是太严，但长日照利于营养生长，短日照比较有利于结藕。藕在整个生长期离不开水，且不同生长期水深要求不一，前期浅水，中期深水，后期又浅水。藕对土壤要求不严，但以富含有机质、pH 6.0～7.5 的壤土或是黏壤土为宜。藕一般 2～3 年换 1 个茬口，不宜连作。施肥应以有机肥为主，并注意氮、磷、钾配比合理。

浅水藕栽培

一般于 4 月上中旬栽植，7 月下旬至 9 月中旬采收，产量 2 500～4 000kg/亩。

① 品种选择

选择早熟、高产、浅水藕品种，如武汉的鄂莲七号、合肥的飘花藕、苏州的花藕、珍珠藕等。

② 藕田准备

土壤消毒：每换 1 次茬口（2～3 年），均要进行土壤消毒处理，在栽植前 20d，一般用石灰氮或生石灰 50～80kg/亩，撒施后淹水。抑制或杀灭土壤中病菌、线虫、虫卵和杂草种子，调整土壤 pH 至 6.0～7.5。

整地施肥：在栽前 10d，撒施腐熟有机肥 2 000～3 000kg/亩，或商品有机肥 500～

600kg/亩，过磷酸钙 50kg/亩，深翻耙平。

③ 定植

种藕的选择：种藕一般于临栽前挖出，要求完整、无破损，具 2 节以上，子藕着生于同一侧，芽壮、无病虫害，用粗短的藕作种。

种藕的消毒：用 50％多菌灵可湿性粉剂或 70％甲基硫菌灵可湿性粉剂 600 倍液对藕种喷雾，并用塑料布覆盖闷种 24h 后栽种，或浸泡 10min 后直接栽种。

种藕的排放：日平均气温在 15℃以上，10cm 深处地温在 12℃以上时栽种。以整藕作种藕并随挖随栽。株行距 150cm×200cm，定植密度为 250 株/亩左右，用种量 350～400kg/亩。排放方法：先将种藕按株行距 150cm×200cm 摆放在田间，行与行之间各株芽头交错摆放，四周芽头向内，其余各行顺向一边。藕埋入土层内，不外露即可，一般藕头一端埋入略深一些，后巴节一端埋入略浅一些，前后与地面形成 20°～25°的倾斜角，尾梢露出水面 1～2cm，栽后水层深 5cm 左右。

④ 田间管理

水深管理：在土地翻耕前将水位控制在 2～3cm，耙平后将水位控制在 5cm 左右，定植期至萌芽期的水深控制在 5～8cm，立叶抽生至开始收获的水深控制在 10～15cm。结藕初期，后把叶出现时水层可降浅至 4～8cm。干旱时及时灌溉，水量较多时及时排水，严格控制水位。

追肥：藕栽后 50d 内追肥 2 次，分别在栽后 25d（第一立叶展开时）和栽后 40～45d（第三立叶期），追施腐熟畜禽粪污液肥 1 000～1 200kg/亩；在结藕初期重施 1 次结藕肥，即田间已长满立叶，部分植株已出现高大的后把叶时，追施腐熟畜禽粪污液肥 1 000～1 200kg/亩和 15-15-15 三元复合肥 15～20kg/亩，每次追肥前应放浅田水，施肥应在水干后进行，或施后浇水冲洗叶片，以防灼伤，施后一天将水调至要求水深。

除草：定植前，应结合耕翻整地清除杂草。栽培过程中分 3 次人工除草，分别在定植时、立叶抽生时、封行时。人工除草方法是将杂草拔起，缠绕成团，将草头部朝下全部踩入泥中。

调整藕鞭、曲折花梗：植株旺盛生长期，当新抽生的卷叶在距田埂 1m 左右处出现时，应及时将梢头拨转方向，回向田内，并分布均匀；当有花蕾出现时，为避免开花结实消耗养分，应将花梗曲折，曲折花梗时尽量不要折断花梗，以防雨水由气孔浸入引起藕体腐烂。

⑤ 病虫害防治

及时防治腐败病、褐斑病、僵藕、蚜虫、斜纹夜蛾、食根金花等病虫害。

⑥ 采收及留池越冬

采收：7月下旬，当田间初生的立叶发黄，且已出现很多终止叶时，表明新藕已形成，可采收嫩藕；9月中旬，藕完全成熟，在采收前 10d 左右先割去荷梗，以减少藕锈。将水深调至 3～5cm，以便于采收。

留池越冬：地温降至 5℃以下时，藕易受到冻害，适当灌深水，预防藕体冻伤。

3. 慈姑

慈姑又名燕尾草，属泽泻科慈姑属多年生草本，是重要的水生蔬菜之一。慈姑属喜温蔬菜，气温在14℃以上时，球茎的顶芽开始萌发抽叶；当气温下降至20℃以下时，匍匐茎不再向地面生长，前端积累养分，膨大成球茎；14℃以下时，新叶停止抽生；8℃以下或遇霜时，植株地上部枯死。慈姑对日照的要求不严格，但日照较短、光照较充足的条件有利于球茎形成，能获得较高的产量。慈姑在整个生长期，都要求有较多的水分，但不同的生长期，对水分的要求不同。萌芽生长期水层宜浅，旺盛生长期水层应适当加深，结球期水层应由深到浅。适宜在富含有机质、pH 6.0～7.5的黏壤土或壤土上生长。前茬可是冬闲田、早稻、早藕、茭白等。施肥应以有机肥为主，并注意氮、磷、钾配比合理。

慈姑栽培

通常根据定植时间分为早慈姑和晚慈姑。早慈姑一般是采用冬闲田4月上旬栽植，前茬为茭白的于5月下旬套种于茭白间，共生7～15d，11—12月采收，产量1 000～1 300 kg/亩；晚慈姑一般于7月中下旬栽植，早稻、早藕后茬的于早稻、早藕收获后（8月初）栽植，晚慈姑于11月底至翌年2月中下旬采收，产量700～1 000kg/亩。

① 品种选择

应选择当地主栽慈姑品种，如宝应刮老乌、苏州大黄、紫圆、沈荡慈姑等。

② 播种育苗

种芽处理：筛选符合本品种典型特征、大小适中、充分成熟、无病虫害的慈姑顶芽作为种芽。将种芽从种球上掰下后，在50%多菌灵可湿性粉剂500倍液中浸泡15min，备用。

播种：采用50孔穴盘，插播前穴盘浇透水，每穴1芽，以自下而上第三节入基质1.5～2.0cm为宜，大约2/3部分插入穴盘中。用种量12～15kg/亩（需80～100kg慈姑球茎），苗龄30～35d。

苗床管理：苗床表面要保持充分湿润，穴盘底部可以事先铺好薄膜，以减慢水分流失。顶芽插播后10d左右开始生根。幼苗高25～30cm，长出3～4片叶片时即可定植。

③ 整地定植

整地施肥：前茬清理后，深耕30cm，四周起高垄围田。撒施腐熟有机肥2 500～3 000 kg/亩，或商品有机肥600～800kg/亩，或15-15-15三元复合肥20～25kg/亩，打碎耙平。

定植：定植前一天，穴盘浇透水，整盘运输。慈姑的种植密度，早慈姑生长期长，密度要低一些，一般3 300～4 000株/亩，行株距60cm×（30～35）cm；晚慈姑密度可高一些，4 000～4 300株/亩。不同品种间没有差异。栽植深度以基质坨面低于土面1cm为宜。定植结束后，立即向田间灌水，使水面刚漫过垄面，保持浅水即可，防止慈姑苗倒伏。

④ 田间管理

水分管理：浅水勤灌，严防干旱，高温多雨季节适当搁田。一般植株生育前期保持水层3～6cm，雨季搁田1次，7—8月高温天气保持水层12～20cm，8月以后保持水层8～

10cm，9—10 月保持水层 3～5cm。

肥料管理：栽植 14d 后，追施腐熟畜禽粪污液肥 1 200～1 500kg/亩，或尿素 8～10kg/亩；抽生根状茎时，追施腐熟畜禽粪污液肥 800～1 000kg/亩，或 15-15-15 三元复合肥 15～20kg/亩，后期根据长势情况适当追肥。

耘耥除草：定植缓苗后第一次耘耥、除草，以后每 15～30d 1 次，共 2～4 次；8 月后，结合耘耥去除老黄叶，保留中央新叶 4～5 片，直到气温下降到 25℃以下为止。

⑤ 病虫害防治

及时防治黑粉病、斑纹病、褐斑病、蚜虫、食心虫（螟虫）等病虫害。

⑥ 采收

慈姑最早的采收期在 10 月中下旬，最佳采期为 11 月底，直至翌年 2—3 月，可根据市场需要，随时采收。储存方法有两种，留田储存和窖藏。

4. 荸荠

荸荠又名马蹄、乌芋，为莎草科荸荠属多年生宿根性浅水植物。荸荠喜温暖湿润，不耐霜冻，在 5℃以上时，球茎的顶芽开始萌芽，气温升至 20～30℃时，分蘖和分株最快。高温长日照不利于球茎生长，秋季低温和光照较强利于养分积累和球茎膨大。荸荠在整个生长期都要求有较多的水分，但不同的生长期，对水分的要求不同。萌芽生长期水层宜浅，旺盛生长期水层应适当加深，结球期水层应由深到浅。适宜在表土有 20～30cm 疏松层而底土坚实的田块种植。施肥应以有机肥为主，并注意氮、磷、钾配比合理。

荸荠栽培

通常根据定植时间分为早水荸荠、伏水荸荠和晚水荸荠。早水荸荠于 5 月中旬定植，10 下旬至 11 月采收；伏水荸荠一般于 7 月上中旬定植，12 月中旬采收，可延至翌年清明前后采收结束；晚水荸荠一般于 8 月中旬定植，12 月底采收，可延至翌年清明前后采收结束。产量 1 000～2 000kg/亩。对调节蔬菜淡季供应有一定作用。

① 品种选择

选择优质、高产、抗逆的品种，如江苏的商邮荠、苏荠，浙江的大红袍、虹桥红等。

② 播种育苗

秧田准备：早水荸荠利用大棚、小棚等保温设施，晚水荸荠利用遮阳设施育苗，育苗田块选择表层疏松而底土坚实的田块，撒施腐熟有机肥 1 500～2 000kg/亩，耕耙糖平，保持 2～3cm 水层。

种芽处理：选择个体较大，顶芽饱满、侧芽完整、无伤口，表面光滑，色泽一致的种球，用 50%多菌灵可湿性粉剂 600 倍液浸泡 18～24h 消毒，早水荸荠播种较早，应催芽，在室内地面铺上厚 10cm 的稻草，种球芽朝上排列在稻草上，叠放 3～4 层，上面覆盖稻草，每天早晚浇 1 次水，10～15d 后，芽长 3～4cm 即可排种，或直接置于恒温恒湿的催芽室内催芽。用种量 100～150kg/亩。

排种：行距 20cm，株距 15cm，球茎及其顶芽栽入土中 3～5cm。

苗期管理：前期水深 1～2cm，后期可加深至 2～3cm，苗高 35～40cm 时即可定植。早水荸荠苗龄为 50～70d，伏水荸荠苗龄 30～40d，晚水荸荠苗龄 25～30d。

③ 整地定植

整地施肥：定植前耕耙田块，深 10~15cm，使田土成泥糊状，之后撒施腐熟有机肥 2 000~2 500kg/亩，或商品有机肥 500~600kg/亩，伏水荸荠和晚水荸荠增加施肥量，增施 15 - 15 - 15 三元复硫基复合肥 20~25kg/亩，打碎耙平。

定植：早水荸荠于 5 月中旬定植，分株 5~7 次，行株距 66cm×50cm，栽种密度为 2 000 穴/亩；伏水荸荠于 7 月上中旬定植，分株 2~3 次，行株距 50cm×33cm，密度为 3 000 穴/亩；晚水荸荠于 8 月中旬定植，分株 2~3 次，行株距 50cm×33cm，密度为 4 000 穴/亩。每穴定植 4~6 根叶状茎的分株 1 丛，定植深度一般与管状茎基部等齐，深 8~12cm，定植后将根蒂泥土抹干净，使根和土吻合，易成活。

④ 田间管理

水分管理：早水荸荠一般在植株生育前期保持水层 2~3cm，之后逐渐加深至 7~10cm；伏水荸荠栽后水层 4~6cm，逐渐加深到 8~10cm；晚水荸荠栽后水层 6~8cm，逐渐加深到 10~12cm；结球后期，水位降至 3~5cm，保持 1~2cm 水层过冬。

肥料管理：定植活棵后和开始分株时，追施腐熟畜禽粪污液肥 800~1 000kg/亩，或 15 - 15 - 15 三元硫基复合肥 15~20kg/亩；开始结球时，追施腐熟畜禽粪污液肥 500~600kg/亩和三元硫基复合肥 10~15kg/亩，或 15 - 15 - 15 三元硫基复合肥 20~25kg/亩；结合叶面喷施 1~2 次 0.3%尿素＋0.3% 磷酸二氢钾。施肥方法：放干田水，均匀泼浇或撒施于行间，施后 1~2d 恢复原水位。

耘田除草补苗：栽后 15d，当荠秧透出芽嘴，老叶枯死时，结合拔草第一次耘田，去除杂草和老叶，并及时补苗；新芽长到 15~20cm 时第二次耘田，到封行前，每隔 10~15d 耘田 1 次，封行后不再下田。

⑤ 病虫害防治

及时防治蔓枯病、黄色白禾暝等病虫害。

⑥ 采收

当地上部分枯死，球茎充分膨大并转成红褐色时采收，采收后须根、泥土暂时不必除掉，随即储藏，随洗随卖。也可留田储存，随卖随挖。

5. 芡实

芡实为睡莲科芡属一年生水生草本植物。芡实喜温暖潮湿，不耐干旱、霜冻。温度 15℃以上时，种子开始在水中萌动，经过 15~20d，种子发芽；植株生长适宜温度为 20~30℃，前期稍低，以 20~25℃为宜，植株生长旺盛时期，以 25~30℃最佳；开花结果期要求气温 20~30℃，低于 15℃果实不能成熟。芡实整个生育期间都需要水层，发芽期宜保持 1.5~1.8cm 的浅水层；随着生长发育，应逐渐加深水位，植株生长盛期保持水位 30~60cm，但最大水位不能超过 120cm。开花结果期可适当降低水位。芡实对肥料需求量较大，宜选在土层深厚松软，富含有机质的土壤栽培。施肥应以有机肥为主，并注意氮、磷、钾配比合理。

芡实栽培

采用无刺类型的紫花苏芡（早熟）、白花苏芡（晚熟）品种搭配，早熟品种于 4 月中旬播种育苗，8月下旬至10月上旬采收，产量（干芡米）24～30kg/亩；晚熟品种于4月中下旬播种育苗，9月上旬至10月下旬采收，产量（干芡米）25～34kg/亩。

① 品种选择

选择目前人工栽培的无刺型紫花苏芡（早熟）姑苏系列、白花苏芡（晚熟）等。

② 播种育苗

苗床准备：播种前5～7d，在田中开挖好2.0～2.5m见方，深15～20cm的育苗池。清整后灌水10cm左右，等泥澄清沉实后即可播种，每池约可下种5kg。准备苗床2～4 m²/亩。

选种催芽：4月上中旬，取出储藏越冬的种子，漂洗干净，选色深无损伤的种子置浅盆中，清水浸泡。水深以浸没种子为度，经常换水。保持昼温20～25℃，夜温15℃以上。8～10d大部分种子发芽（露白）后便可播种。

播种：播种苗床要求地面平整，无杂草，且避风向阳。将已发芽的种子一粒粒地轻轻放入水中沉入床面，种子的芽眼向上，防止种子陷入烂泥中，播种1.0kg/m²左右。灌水深10cm，随芡苗生长逐渐加深至15cm。

分苗假植：播后约40d，幼苗有2～3片箭叶时，移苗假植。假植苗床要求平整、肥沃、无杂草，瘦田可施适量基肥。从播种苗床将幼苗带籽掘出，轻轻洗去附着的泥土，小心分理，顺齐根系。假植行、株距均为50cm，深度以种子、根系及发芽根入泥为度，切勿埋没心叶。初期保水15cm，后逐渐加深至30cm以上。

③ 定植

当幼苗生有4～5片圆叶，大叶直径25cm左右时即可定植。定植株距2.0m，行距2.5m。定植当天，带土将苗挖出，逐株顺序盘放在大篮子中，尽量保护好根、茎、叶不受损伤。定植时先在水下扒穴30cm×30cm，穴深15cm，每穴1棵，壅土将根稳住，以不埋心叶为度。当天起苗当天定植。

④ 田间管理技术

壅根：定植后10～15d，将定植时扒开的泥土慢慢壅回穴内，以不埋心叶为度，以保证芡苗心叶逐步上升时有泥土和充足的肥料。壅土的同时清除杂草，并对缺苗处进行补栽。

清除杂草：芡实生长前期杂草滋生速度快，必须及时清除，直到叶片盖满水面。在叶片封行以前，根据杂草生长情况，除草2～4次，并将清除的杂草踩入泥中作绿肥。

水层管理：芡实是大型水生植物，生长期间不能断水，浅水田块定植后应保持浅水，一般8～10cm即可，随着植株的生长，可逐渐加深到40～60cm，开花结果期可适当降低水层。深水鱼塘、湖荡水深最好不超过1.2～1.5m，否则将影响芡实的生长和产量的形成。在芡实生长过程中，还应注意保持栽培田块水层变化平稳，防止水位猛涨暴落。

防风浪：芡实叶片漂浮于水面生长，故在湖荡等容易引起风浪的大面积深水栽培田的四周，应种植莲藕、茭白等挺水作物减小风浪，如因风浪造成叶片翻转和叶片重叠，应及时将叶片复原，防止叶片堆积腐烂。

追肥：在芡实叶片封行前，施用肥泥团，肥泥配方一般为河泥或细土100kg/亩、商品有机肥50～100kg/亩、尿素10kg/亩、过磷酸钙10kg/亩和硫酸钾10kg/亩，充分混匀，然后制成鸡蛋大小的肥泥团，稍微晾干后，塞入根系四周的泥土中。一般营养生长期追肥2次，第一次在定植后10～15d进行，第二次在叶片即将封行前进行。开花结果期间，叶面喷施0.2%尿素＋0.3%磷酸二氢钾混合液2～3次。

⑤ 病虫害防治

及时防治叶斑病、叶瘤病、食根金花虫、蚜虫、福寿螺、椎实螺等病虫害以及鼠害。

⑥ 采收和脱壳

采收：植株心叶收缩，新叶生长缓慢，表面光滑，并在水面出现双花，果皮带红色是果实已成熟的标志可开始采收。开始采收时，7d采收1次，采收2次后，隔3～5d采收1次，一般分8～10次采完。

脱壳：果实采收后，当天去皮取种仁。一般上午采收果实，下午将果皮掰开，脱出种子，放在桶里踩踏，使假果皮和种子分离，然后下水淘洗，洗去假果皮，趁鲜将种子脱壳。目前常用的脱壳法有两种，一种是手工剥，剥时指甲对准种子的芽眼撕开种皮比较省力，另一种方法是机械剥壳。将脱壳的种仁用清水洗净，冷冻保存或上市鲜销，也可晒干或烘干后上市。脱壳必须当日结束，越新鲜脱壳越容易。

6. 菱角

菱角属菱科菱属一年生水生草本。菱角喜温暖湿润，不耐霜冻，种子在14℃以上时开始萌芽；植株生长、分枝和形成菱盘时，温度以20～30℃比较适宜；开花和结果时，温度以25～30℃为宜，如水温超过35℃，则会影响受精和种子发育，造成花而不实和果实畸形；如温度低于15℃，则生长基本停止，如温度低于10℃，则茎叶枯黄。菱角要求光照充足，不耐遮阴，长日照有利于营养生长，短日照有利于开花结实。菱角水位，苗期要求水位较浅，以水深30～60cm较好，随着植株的成长和茎蔓的伸长，水位可逐渐加深至1～1.2m；水位深度还因品种而异，其中，浅水型品种，水深不宜超过1.5m，而深水型品种，可适应2～4m的水深。要求水下土壤肥沃、松软，淤泥层在20cm以上，施肥应以有机肥为主，并注意氮、磷、钾配比合理。

菱角大棚浅水栽培

大棚浅水栽培与河塘、水田自然栽培比，具有生长环境可控、提早上市，延长采收期，产量提高等优点，还可减轻其他蔬菜下茬的土传病害，目前在生产上应用广泛。一般选用浅水品种，于2月上中旬播种育苗，4月上旬移栽，大行距定植，5月下旬揭除大棚薄膜，9月下旬再覆盖薄膜；依气温变化合理调控大田水层，适时整理菱盘、追肥，交替用药防治病虫害，菱角可从5月采收至11月，产量2 000～2 500kg/亩。

① 品种选择

选择优质、高产、抗病、适应市场的浅水品种，如泰州地方特色品种溱潼二角菱、四角大青菱、五月水红菱等。

② 播种育苗

苗床准备：一般苗床要选择背风向阳、排灌方便、土壤肥沃、地面平坦且近3年未种植过水生植物的田块，按大田面积的1/10准备苗床。播种前15d，撒施腐熟有机肥1 000～1 500kg/亩，钙、镁、磷肥25kg/亩，耕翻整平，搭好双层大棚，并覆盖薄膜提前升温。然后在棚内建苗池，池四周土埂高 0.3m。放水泡田，并根据水面高度调整床面，尽量减少水位落差，播种前 7d，撒施生石灰 50～80kg 消毒。

播种：播前处理种子，将菱种取出洗净，先晾晒 1～2d，再用 50％多菌灵可湿性粉剂 500 倍液浸种 40min，捞出均匀撒播在苗床内。苗床用种量 250kg/亩，相当于大田用种量 25kg/亩。

苗期管理：播后至出苗前，大棚以闭棚升温为主，温度需保持在 12℃ 以上，苗床内控制浅水层深 3～5cm，促使早出苗；菱苗出水后中午通风 1～2h，温度控制在白天 26～28℃、夜间 15～18℃，并逐渐加深水层至 10～15cm 深，保持水层稳定，待齐苗并有三叶一心时，追施腐熟畜禽粪污液肥 500～600kg/亩，或 15‐15‐15 三元复合肥 10kg/亩，一般育苗田块不施氮素化肥，以防菱苗过嫩。移栽前 7d 揭除内棚，逐渐加强通风，白天温度控制在 22～25℃，炼苗。

③ 整地移栽

选择土质肥沃、平整、保水保肥、排灌方便的地方建棚，在棚区大田四周垒高 0.5m 的田埂，于移栽前 15d，撒施腐熟有机肥 2 000～2 500kg/亩，或商品有机肥 500～600kg/亩，或 15‐15‐15 三元复合肥 50～60kg/亩，翻耕耙细。栽前 10d 开始蓄水，保持浅水层 15～20cm，并闭棚升温。4 月上旬，菱苗具 10 片叶，菱盘直径 15cm，有 2～3 个分枝时，即可移栽。从苗床起苗时要尽量少伤根系，并要确保根上带有菱，边起苗边移栽，做到当天起苗当天移栽完，以提高成活率，缩短缓苗时间。为方便管理，采用大行距定植，行距 150～200cm，株距 20～25cm，密度 1500 株/亩左右。移栽时将菱苗根系轻轻按入水下泥土中，深 5cm，并理顺摆正菱盘。

④ 田间管理

大棚温度管理：移栽 7d 内大棚以闭棚升温促缓苗为主，一般中午棚温不超过 36℃ 不通风。缓苗后逐渐加大通风，延长通风时间，白天最高棚温控制在 28～32℃，夜间保持 18～20℃，夜温不能低于 15℃。5 月下旬气温稳定后，即可揭除全部大棚薄膜。9 月中下旬气温下降较快，要及时盖上大棚薄膜，进行秋延后大棚栽培管理。盖棚初期白天通风、夜间闭棚保温，随着外面气温下降，逐渐减少通风时间，后期尽量维持和延长 20℃ 以上的棚温时间，直到 11 月中下旬棚温低至菱角不再生长时放水清茬。

大棚水层管理：菱角田的水层管理，要根据气温变化合理调整。一般移栽早期，2—4 月温度仍偏低，以 15cm 浅水层为宜，以利于水温、土温的升高；5—6 月，随气温升高，水层要逐渐加深，一般保持水层在 20～30cm；7—8 月夏天高温期间，要保持 30～40cm 水层，并尽量降低水温；9—10 月气温下降后，再把水层调回到 20～30cm。在菱角生长期间还要注意勤换水，一般要求每周换 1 次并更换掉一半的老水，有条件的，最好保持水缓慢流动，以促进池水溶氧和菱角根系吸收养分。

菱盘整理：对菱盘生长过密的田块要疏理，及时除去后期长出的小菱盘，并在采菱时注意清除变种和不结菱角的菱盘，以改善通风透光条件，并防止高温闷热造成水下缺氧，引起落花落果。

施肥管理：缓苗 10d 后，追施腐熟畜禽粪污液肥 600～800kg/亩，或尿素 4～5kg/亩；始花后，每 10d 向叶面喷施 0.2％尿素＋0.2％磷酸二氢钾混合液；大部分菱盘结有 3～4 个菱角时，追施腐熟畜禽粪污液肥800～1 000kg/亩，或15－15－15三元复合肥15kg/亩；以后每采摘1～2次，追施腐熟畜禽粪污液肥400～500kg/亩，或15－15－15三元复合肥5～10kg/亩；以补充养分，防止早衰。

⑤ 病虫害防治

及时防治菱瘟、白绢病、褐斑病、菱萤叶甲、斜纹夜蛾、菱紫叶蝉、菱蚜虫等病虫害。

⑥ 采收

鲜食或菜用菱角，可在菱角充分长大但皮壳还未硬化时采摘，熟食的菱角一般在老熟后及时采收。老熟菱角果皮硬化，且果实与果柄连接处出现分离层，易摘下，此时菱角尖硬、沉水。前期隔8～10d采收1次，中期隔3～4d采收1次，后期隔6～8d采收1次。采收时一手提菱盘，一手摘菱，采摘动作不可过猛，以防老菱掉落和菱盘损伤。

7. 水芹

水芹属伞形科水芹属多年生水生宿根草本植物，种子千粒重1.2～1.5g。水芹喜冷凉，较耐寒，不耐炎热，种子发芽温度范围为10～30℃，恒温处理以20℃时发芽率最高，达60%；变温处理以10～25℃变温（8h25℃＋16h10℃）发芽率最高，达72%。母芽休眠芽在25℃以下才萌发，生长适宜温度为20℃左右，10℃以下茎叶停止生长；夏季高温下生长缓慢，植株变衰老。水芹喜光，冬季短日照有利于水芹的旺盛生长，春、夏季长日照水芹即拔节伸长，开花结实。水芹喜水不耐干旱。其水深要求5～20cm，前期要求的水层较浅，在3～6cm，之后随着水芹逐渐的生长，需要加大其灌水量，此后以大部分叶片露出水面10cm为佳。水芹种植对于风力也有一定的要求，易在风力较弱的地方种植，否则会影响其生长品质。水芹喜肥，适于在土层深厚、富含有机质、微酸性至中性的黏质壤土中生长，施肥应以有机肥为主，并注意氮、磷、钾、钙、镁、锌、硼配比合理。

(1) 水芹栽培

水芹的栽培方法有浅水栽培、深水栽培和旱田润湿栽培等，产品可软化也可不软化，不软化即直接收获青芹；如果软化，则对应的软化方法分别为深栽软化、深水软化、培土软化。中晚熟品种一般在8月下旬育苗，9月上旬定植，11月中旬至12月初采收，陆续采收至3月。早熟品种于8月下旬育苗，9月上旬定植，11月中旬至12月采收，产量5 000～7 000kg/亩。

① 品种选择

水芹的品种较多，常见的有早熟品种常熟白种水芹、泰州青芹；中熟品种扬州长白水芹、晚熟品种无锡玉祁水芹。

② 种苗繁育

一般用老熟母茎无性繁殖。在栽植10～12d采集老熟种茎，先将母株从基部割下，理齐捆扎，切割成直径15～20cm、长20～30cm的小捆，然后交叉堆放于阴凉处。堆码前垫10cm厚秸秆或用竹竿、树枝等架空垫底，堆垛高100～120cm，堆垛宽80～100cm，堆码后覆盖10cm厚秸秆，浇透水后覆盖遮阳网。之后每天早、晚各浇水1次，保持堆垛内温度20～25℃。每隔2～3d翻垛1次，洗去烂叶残屑，调动位置，重新堆码。10～12d

后，种茎 50% 以上腋芽萌发，且芽长 2～3cm 时即可定植。一般生产大田种茎用量 200～500kg/亩。

③ 整地定植

浅水栽培选择土质疏松、土壤肥沃、浇灌与排水方便的地块，施入腐熟农家有机肥 2 000～2 500kg/亩，或商品有机肥 500～600kg/亩，或 15 - 15 - 15 三元复合肥 50～60kg/亩，垄高 20～25cm，使用水耙打平；深水栽培一般选用扬州长白芹，在地块周围建立高 100cm 的田埂，留有可灌溉和能排水的平坦水田。施入基肥数量要比浅水栽培增加 1/3 左右，主要是用以弥补后期灌溉深水时减少一次追肥的缺陷。定植时先排栽四周，后栽中间，排种行距 6cm，种茎单条接连摆放。亦可撒播，先在四周排栽 2 周，行距 6cm，至中间再行均匀撒播。

④ 田间管理

水深调节：栽植后 15d 内田沟中保水，使畦面湿润而无水层，遇雨应及时排水；栽植后 15～20d 排水搁田 1～2d，使土壤稍干或表面出现细裂纹。搁田后灌水，深 3～5cm。浅水栽培的在旺盛生长阶段，需持续保持浅水。深水栽培的在苗高 10cm 左右时浸水 4.5cm，以后逐渐加深，最深可达 80cm。

肥料管理：整个生育期追肥 2～3 次。第一次在栽植后 15d，追施腐熟畜禽粪污液肥 600～800kg/亩，或尿素 4～5kg/亩；第二次追肥为第一次追肥 15d 后，追施腐熟畜禽粪污液肥 600～800kg/亩，或 15 - 15 - 15 三元复合肥 10～15kg/亩；第三次追肥随长势而定，长势弱的田块可适当追肥。追肥时应先排干水。

匀苗：苗高 15cm 时匀苗，将秧苗从过密处移栽至过稀或缺苗处。

⑤ 病虫害防治

及时防治斑枯病、锈病、蚜虫。

⑥ 采收

10 月中下旬，当苗长至 40cm 时即可陆续采收青芹上市。若采青芹，在第一次收割后，新长出的苗须在入冬后灌 20cm 左右的深水保温，以防冬季受冻。第二年 3—4 月，可再收青芹 1 次。

（2）水芹软化栽培

①深栽软化

11 月上中旬，将水芹苗连根拔起后，以 20～30 棵为 1 把，深栽软化，只露植株顶端在泥外。1 个月以后即可收获，清理洗净后，即可上市，也可延迟至第二年 2—3 月采收。

②深水软化

这种技术适用于水层较深的水田或塘，品种如扬州长白芹等。10 月下旬至 11 月，待株高达 30cm 时，以 20～30 棵为 1 把，栽于泥中，保持浅水，后逐渐加深水位，上部叶露出水面。11 月下旬至第二年 2—3 月陆续采收。

③培土软化

选择保水力强的土壤，施足基肥，开沟整畦，畦面宽 130cm，沟宽 30～40cm。8 月下旬至 9 月中旬，在畦面上横向开 8～10cm 的浅横沟，将事先催好芽的种芹排播沟内，行距 20cm，播种后盖浅土压住种芹，然后渗灌 1 次透水。苗期应保持田间湿润，及时间苗补缺，若生长不良，及时追肥。播种 45d 后，当苗高 30cm 左右时培土软化。软化方法：用两块木板挡住两边水芹，然后从沟中取土培在畦面行内。培土高度以露出叶片 5cm 左右为宜。培土后一直保持平畦水位。1～2 个月后，叶柄转白时即可取芹上市。

（十）多年生蔬菜

1. 芦笋

芦笋又称石刁柏，天门冬科天门冬属多年生宿根草本，种子千粒重 18～22g。芦笋对温度的适应性较强，适宜生长温度 25～30℃，种子发芽最低温度为 5℃，10℃ 以上才能出土，15～17℃ 时嫩茎数量多，质量也较好，为采收期最适温度，超过 30℃ 时几乎停止生长。地温过低会使抽生缓慢，有苦味。芦笋生长期间要求日照充足，光足生长速度快。芦笋耐干旱，怕涝，水过多，易发生病害，但在嫩茎采收期，干旱会使嫩茎发生少而细，粗纤维增多，品质变劣。应选耕层深厚，富含有机质、排水良好、保水保肥力强、pH 6.0～6.7 的沙壤土或壤土。施肥应以有机肥为主，并注意氮、磷、钾配比合理。

芦笋栽培

一般于 3 月上旬至 4 月上旬催芽后大棚育苗，5—6 月露地栽培，第一次采收在翌年 3 月中下旬至 5 月，产量 500～1 000kg/亩，之后每年 3 月中下旬至 8 月采收，产量 1 200～1 500kg/亩，寿命可达 15 年。

① 品种选择

选择生长旺盛、产量高、嫩茎发生率高、质地细嫩、纤维含量低、笋尖鳞片包合紧密、抗病性强、适应性广的杂交一代品种，如 2000 - 3F1、盛丰 F1、TC30F1 等。

② 播种育苗

3 月上旬至 4 月上旬，采用棚膜设施，轻基质 50 孔穴盘育苗。

种子处理与播种：播前种子在 50～55℃ 温水中浸种 15～30min，在 25～28℃ 清水中浸种 36～48h，每天换清水 1～2 次，换水时将种子反复搓洗，去掉种子上的黏液、秕籽和杂质，之后用湿纱布包裹，在 25～28℃ 条件下保湿催芽 2～3d，每天取出漂洗翻动 1 次，当 20%～30% 种子露白，即可直播于穴盘，每穴播 2～3 粒，深 1～1.5cm，播后覆盖地膜。用种量 100～120g/亩，苗龄 55～60d。

苗床管理：播后 15～20d 出苗，出苗后及时揭去覆盖物，并及时间苗、补苗，保证每穴 1 株。加强光照，保持基质湿润，棚温控制在 20～30℃。苗期根据叶色，浇施 0.1% 磷酸二氢钾＋0.1% 尿素 2～3 次，苗高 20～25cm 时即可定植。

③ 整地定植

定植前，撒施腐熟有机肥 3 000～5 000kg/亩，或商品有机肥 700～1 200kg/亩，或 15 - 15 - 15 三元复合肥 40～50kg/亩。翻耕耙细整平，开挖定植沟，行距 1.3～1.4 m，沟宽 40～50cm，深 30～40cm。开好田间一套沟，做到三沟配套。定植株距 25～30cm，采收白芦笋的，定植株距 30～35cm。苗抽生新茎后，分期逐渐填平定植沟，直至形成鱼脊状。

④ 田间管理

肥水管理：定植 20d 后，结合浇水追施提苗肥，施腐熟畜禽粪污液肥 1 200～1 500

kg/亩，或尿素 8～10kg/亩；定植 50d 后，追施腐熟畜禽粪污液肥 1 200～1 500kg/亩和 15 - 15 - 15 三元复合肥 15～20kg/亩，或 15 - 15 - 15 三元复合肥 40～50kg/亩。腐熟畜禽粪污液肥稀释 3～5 倍后，肥水一体施入。以后每年初春培土前及采收结束后，追施商品有机肥 500～800kg/亩。采收期间，根据采收期的长短，适当增施三元复合肥。

中耕除草：植株生长期间，开春雨后及时浅中耕，保墒除草。

排灌：采收期适当浇水，休眠期前浇一次透水，雨季注意排水。

清园：冬季拔除枯萎的地上茎，在生长期随时割除枯老、病弱株，并带离田间销毁。

培土：采收白芦笋的，应在初春嫩茎出土前培土成垄，保持地下茎上方土层厚 25～30cm；采收绿芦笋的，也应适当培土，保持约 15cm 厚的土层。嫩茎采收结束时，应立即扒开土垄，晒根茎 2～3d，再整理畦面，恢复原状。

⑤ 病虫害防治

及时防治褐斑、茎枯、根腐、立枯、锈病等病害，以及斜纹夜蛾、蚜虫、蛴螬、地老虎、蝼蛄等虫害。

⑥ 采收

一般于每年初春开始采收，第一年可连续采收 20～30d，以后逐年延长采收期，成年期可持续采收 60～80d。

采收白芦笋的，当垄土表面出现裂缝时，于清晨扒开表土，将笋刀插入笋头下 17～25cm 处采割，并填平洞口。出笋盛期应早晚各采割 1 次。采收绿芦笋的，当嫩茎高 20～27cm，顶部鳞片未散开时，于清晨平齐土面采割。

2. 香椿

香椿属楝科香椿属多年生落叶乔木，具有喜阳、不耐阴、喜温、不抗涝且抗寒力较弱等特点，适宜在平均气温 10～15℃的地区栽培。种子千粒重 50g 左右，发芽温度以 20～25℃为宜，适宜在疏松深厚、pH 5.5～8.0、含钙量丰富的壤土或沙壤土上种植。施肥应以有机肥为主，并注意氮、磷、钾、钙配比合理。

（1）露地矮化栽培

一般春季播种，冬春萌动前定植，第三年春季开始采收。产量 400～500kg/亩。

① 品种选择

选择香椿芽颜色鲜艳，有光泽，香味浓郁，生长旺盛，抗病性、抗寒性好的品种，如红油香椿等。

② 苗床准备

选择土质疏松肥沃、背风向阳、排灌良好的田块。施腐熟有机肥 2 000～2 500kg/亩，或商品有机肥 500～600kg/亩，或 15 - 15 - 15 三元复合肥 10～15kg/亩，整地做畦，畦宽 1.2～1.5m。

③ 催芽与播种

于 4 月上中旬播种，播种前处理种子，先将种子翅膜搓去，后置于 30～40℃温水中浸泡 10～12h，清洗干净，用湿纱布包裹，置于 25～30℃的环境下保湿催芽。催芽过程中每天用 25～30℃的温水冲洗种子 1～2 次，当 30％～40％的种子露白后即可播种，播种后用薄膜或遮阳网覆盖保温保湿，约7d可出苗。用种量1 000～1 500g/亩。

苗期管理：待有50%种子拱土时，及时揭去覆盖物并盖2cm厚的细土，以利种子脱壳；当幼苗具2～3片真叶时，及时间苗除草，苗距6～8cm，间苗后及时浇水。3～7叶期，可喷0.2%尿素2～3次，促进幼苗生长。7月幼苗长1.2m左右时，喷矮壮素控制苗的高度，8月以后控制肥水蹲苗。

④ 整地定植

一般冬季落叶后至翌年早春萌芽前定植。施腐熟有机肥3 000～4 000kg/亩，或商品有机肥700～1 000kg/亩，或15-15-15三元复合肥30～40kg/亩。耕翻后，做成1.2m宽的高畦，种植2行，株距40cm，密度3 000株/亩左右。定植后浇足定根水，以利成活。

⑤ 田间管理

香椿追肥一般在萌芽后新梢生长期进行，每采收1次结合浇水追肥1次，每次施腐熟禽粪污液肥500～600kg/亩和15-15-15三元复合肥10～15kg/亩，或15-15-15三元复合肥20～25kg/亩。腐熟畜禽粪污液肥稀释3～5倍后肥水一体施入。雨季及时排水防涝，防止徒长。椿芽采收3～5次后，7月中旬用矮壮素进行矮化处理，每10～15d喷1次，连喷2～3次，即可控制徒长，促进顶芽肥大。

⑥ 病虫害防治

病害较少，主要虫害有红蜘蛛、绿刺蛾、造桥虫、毒蛾等。

⑦ 采收

当香椿芽长到15～20cm时即可采摘，采摘后将香椿芽放在食品袋内保鲜。

(2) 棚室密植栽培

采用棚室调节香椿生长所需的条件，11月中下旬密植于棚内，上市期调至春节期间至4月初，供应冬春蔬菜淡季，并通过密植，实现高产高效。产量1 000～1 200kg/亩。

① 播种育苗

参照露地栽培。

② 移植

在苗圃培育1～2年的香椿苗，以株高1～1.5m，茎粗1～1.5cm为佳，秋季11月中下旬落叶后及时移植于大棚内，棚室基肥参照露地栽培。初期需保持较高的土壤湿度和空气湿度，栽培密度100～150株/m²。

③ 肥水管理

保持田间土壤湿润，香椿芽萌芽后，相对湿度以70%左右为好。第一次采收后，每隔20d追肥1次，每次施添加了尿素5kg和磷酸二氢钾3kg的腐熟畜禽粪污液肥800～1 000kg/亩，或施0.5%尿素和0.3%磷化酸二氢钾混合液2 000kg/亩。腐熟畜禽粪污液肥稀释3～5倍后肥水一体施入。

④ 覆盖保温

假植后扣棚膜，一般40～50d即可打破休眠，顶芽开始萌动，棚内控制昼温15～30℃，夜温10～18℃。

⑤ 病虫害防治

病害较少，主要虫害有红蜘蛛、绿刺蛾、造桥虫、毒蛾等。

⑥ 采收

棚室栽培春节前可第一次采芽，将顶芽和符合标准的萌芽全部采掉。第二次采收，在侧芽基部留 2～3 叶，以保持良好的树势。天气回暖，露地香椿开始大量采收时停止采芽，培养树形。

⑦ 移出复壮

5 月采收结束后，将香椿苗移栽到露地，株行距 40cm×60cm，留基部 2～3 个侧芽整枝，及时追肥浇水，中耕除草，培育新壮苗，冬季再入棚，如此可栽培 3～4 年。

3. 百合

百合属于百合科百合属多年生草本球根植物。百合喜凉爽，较耐寒，生长适宜温度为 15～25℃，温度低于 10℃，生长缓慢，温度超过 30℃ 则生长不良。生长过程中，以白天温度 21～23℃，晚间温度 15～17℃ 为宜。促成栽培的鳞茎必须通过 7～10℃ 低温储藏 4～6 周。百合对水分的要求是湿润，这样有利于茎叶生长，如果土壤过于潮湿、积水或排水不畅，都会使百合鳞茎腐烂死亡。百合喜柔和光照，也耐强光照和半阴，光照不足会引起花蕾脱落，开花数减少；光照充足，植株健壮矮小，花朵鲜艳。百合属长日照植物，每天增加光照时间 6h，能提早开花。如果光照时间减少，则开花推迟。百合对土壤要求不严，但适宜在土层深厚、肥沃疏松、pH 5.5～6.5 的沙质壤土中生长。忌连作，3～4 年轮作 1 次。施肥以有机肥为主，并注意氮、磷、钾配合。

百合栽培

百合一般于 9 月中下旬播种，翌年 1 月中下旬采用地膜覆盖促早熟措施，提早 10～15d 出苗，于 8 月上中旬采收，产量 1 200kg/亩左右。

① 品种选择

适宜的品种有宜兴百合、龙牙百合等。

② 选种及处理

在栽植前选根系发达、有 3～5 个仔鳞茎、大小均匀的母鳞茎做种，然后把百合母鳞茎分瓣，要做到用力均匀，使每个仔鳞茎带上茎底盘，仔鳞茎大小以 30～50g（中鳞茎）为宜。选种时，若鳞片及鳞茎底盘有灰黑或褐色坏死病斑，应全部剔除。分瓣后的仔鳞茎必须灭菌处理，一般用 50% 多菌灵可湿性粉剂 500 倍液浸种 15min，防止茎底盘伤口被病菌侵染，可以提高出苗率和减轻病害的发生。

③ 整地播种

整地前，撒施腐熟有机肥 2 000～3 000kg/亩，或商品有机肥 500～800kg/亩、过磷酸钙 30kg/亩、硫酸钾 10kg/亩，或 15 - 15 - 15 三元硫基复合肥 30～40kg/亩，耕翻耙细，做宽 2m，沟深 20～25cm，沟宽 25cm 左右的高畦。于 9 月中下旬播种，行株距 25cm×18cm，种植深度要求鳞茎顶部距地表 6～8cm。用种量 350～450kg/亩。

④ 田间管理

地膜覆盖：一般在 1 月中下旬，天气晴好，土壤墒情适中时，整畦平覆地膜，且要压好压实。2 月下旬百合苗出土时，要把每株顶部地膜划破，放苗生长。3 月底土温升高且稳定时，必须及时揭膜，防止土壤温度过高灼根造成减产，揭膜后要除草，然后覆盖 1 层稻草保持土壤墒情。

摘顶遮阳：5月中旬，当苗高40cm时，及时摘心打顶，减少地上部对营养物质的消耗。有条件的地方可利用遮阳网覆盖，降低地温和气温，以免烧苗。也可套种一些矮秆夏熟作物降低地温，促进百合根系生长。

肥水管理：百合生长前期一般不需追肥，百合打顶后也不宜盲目施用氮肥，否则会导致中后期茎疯长而减产。一般打顶后追施15-15-15三元硫基复合肥30～40kg/亩，在6月中下旬鳞茎膨大转缓时，向叶面喷施0.3％磷酸二氢钾＋0.3％尿素混合液。遇干旱天气，要适当浇水，梅雨和暴雨季节，注意排水。

⑤ 病虫害防治

及时防治软腐病、立枯病、曲叶病、灰霉病、鳞茎软腐病、青霉腐烂病、茎腐烂病、褐色病、茎溃疡病、锈病、病毒病、蚜虫、根结线虫等病虫害。

⑥ 采收

8月上中旬地上部全枯，表示已进入采收期，选择晴好天气，剔除病态鳞茎，采收上市。

4. 黄花菜

黄花菜又名金针菜、萱草菜，属阿福花科萱草属多年生草本植物。金针菜每年春天平均温度在5℃以上时，幼叶开始生长，发出"春苗"，15～20℃是叶片生长的最适温度，花蕾分化和生长适宜温度为28～33℃，昼夜温差较大时，植株生长旺盛，抽薹粗壮，花蕾分化多。最高临界温度40℃。冬季进入休眠期，地上部的叶片枯萎死亡，但地下部的根、茎可抵御−38℃的低温。金针菜对光照适应性宽泛，比较喜阳，但是对光照适应性极强，在荫蔽一些的环境下也可以生长。金针菜具有含水量较多的肉质根，耐旱力颇强，在苗期需水量较少，抽薹后需土壤湿润，盛花期需水量最大，但土壤中不可出现积水。金针菜对土壤的要求不严格，但以土壤疏松、土层深厚、肥力较高、pH 5.5～7.5的壤土或沙壤土为宜。施肥以有机肥为主，并注意氮、磷、钾配比合理。

金针菜栽培

秋、春季均可栽植，但以秋季栽植为好。春栽一般在2月中下旬，秋栽一般在9月上中旬。盛收期鲜花产量2 000～2 500kg/亩。

① 品种选择

选择虫害少、分蘖快、叶片直立、花蕾黄色、鲜花蕾产量高、干制率高、品质好的黄花菜品种，如江苏小黄壳、江苏的大乌嘴等。

② 培育壮苗

金针菜繁殖一般采用分株繁殖和种子繁殖。

分株繁殖：用多年生健壮黄花菜种根分株繁殖。分株时挖起母株除去老朽的根叶，将株丛逐个分开。挖苗和分苗时尽量少伤根。分苗时，用手将母株丛中的每个分蘖单株掰开，要注意辨认有病虫害的母株并剔除。定植前，将备好的秧苗用50％甲基硫菌灵可湿性粉剂或50％多菌灵可湿性粉剂500倍液浸泡10min，然后取出栽植。秋栽是在花蕾采收完、秋苗抽生前栽植，秋栽后当年可生根发棵，翌年就可采收。春栽是在春季萌芽前栽植，当年无法采收；根据本地实际情况自行安排栽植。

种子繁殖：在开花盛期选用优质植株，每个花薹留5～6个粗壮的花蕾开花结实，其他花蕾按一般要求采摘。在蓇葖果成熟顶端稍裂时，摘下脱粒晒干备用。在秋季或翌年春季播种。播前准备好田地，整平畦面，做宽120～150cm，沟深22cm的苗床。并在畦面上按行距15～20cm开播种沟。播种前，种子用25℃温水浸泡24h后，于20～25℃催芽，70%露白后播种。种子均匀播入沟中，播后及时覆细土2～3cm，再薄铺1层疏松的草（厚0.4～0.6cm），保持床土湿润。用种量2 500g/亩。出苗后，苗长至7～10cm，及时拔除过密、弱小苗；中后期，可视苗情追施0.2%尿素和0.2%磷酸二氢钾混合液。

③ 整地定植

定植前，撒施腐熟有机肥1 500～2 000kg/亩、钙镁磷肥50kg/亩，耕翻耙细，做畦面宽70cm，畦埂宽40cm，高30cm的高垄。按大小行定植，畦面内分小行，行距40cm，畦埂处为大行，行距70cm。按株距35cm开穴，每穴栽5～6株，最少3～4株，定植深度13～17cm。

④ 田间管理

定植成活后，及时拔出行间杂草，促进植株健壮生长。每年早春发芽前，结合浇水追施尿素8～10kg/亩，或15 - 15 - 15三元复合肥10～15kg/亩；于4月中旬施抽薹肥，追施尿素8～10kg/亩；5月中下旬，结合中耕施催蕾肥，追施15 - 15 - 15三元复合肥尿素15～20kg/亩，叶面喷施0.3%磷酸二氢钾＋0.3%尿素＋0.1%硼肥1～2次。采摘完后及时割叶施冬苗肥，施腐熟有机肥1 500～2 000kg/亩，或商品有机肥400～500kg/亩。

⑤ 病虫害防治

及时防治锈病、叶斑病、叶枯病、茎腐病、蚜虫及红蜘蛛等病虫害。

⑥ 采收

一般从7月中旬开始采收，在开花前2h花蕾充分肥大，呈黄绿色，花蕾上纵沟明显时及时采收。一般在上午7：00—11：00进行，此时采收的花蕾条长、产量高、商品价值好。

四、蔬菜主要病虫害防治技术

蔬菜主要病害防治技术见表 13，蔬菜主要虫害防治技术见表 14。

表 13　蔬菜主要病害简明防治技术

病害名称	为害蔬菜种类	主要症状	防治方法
1. 猝倒病	茄果类、瓜类、豆类、白菜类、甘蓝类、根菜类、绿叶菜等蔬菜苗期病害	幼苗出土后，真叶尚未展开前，遭受病菌侵染、致幼茎基部发生水浸状暗斑，继而绕茎绕缩呈细线状，地上部失去支持能力，迅速倒伏于地面，病苗叶片仍为绿色。湿度大时病斑产生白色絮状菌丝	一、农业防治 1. 苗床地选择地势高燥、向阳地，8 月及早耕翻晒；2. 播种前温水浸种以消毒杀菌，加强苗期管理，保温控湿，多见光，提高秧苗抗病能力；3. 苗床湿度大时，可撒施草木灰或干细土降湿，采用轻基质穴盘育苗，加强苗床管理 二、药剂防治 1. 用 10%多抗霉素可湿性粉剂 1 000 倍液，70%甲基硫菌灵可湿性粉剂 600 倍液对营养土或基质原进行消毒；2. 采用 0.5%氢基寡糖素水剂 400～600 倍液浸种 6h，或 2.5%咯菌腈悬浮种衣剂及 35%精甲霜灵拌种剂拌种处理
2. 立枯病	茄果类、瓜类、豆类、绿叶菜类等蔬菜苗期病害	主要发生于幼苗中后期，发病初期，幼茎基部出现褐斑，逐渐向内凹陷，缢缩变细，病苗白天萎蔫，夜晚恢复，但不倒状，最后整株枯死，被害部位也不产生白色絮状菌丝	猝倒病发病初期，可选用 30%霜霉灵水剂 600～800 倍液，25%甲基立枯磷乳剂 800～1 000 倍，72.2%霜霉威水剂 800 倍液，28%克菌丹粉剂 1000 倍液，25%烯酰吗啉可湿性粉剂 600 倍液喷淋防治。立枯病发病初期，可选用 0.5%氢基寡糖素水剂 400～600 倍液，70%甲基立枯磷可湿性粉剂 800～1 000 倍1 000～1 200 倍液，30%噁霉灵水剂 600～800 倍液喷淋防治。各药交替使用，每隔 7～10d 施 1 次，连用 2～3 次

（续）

病害名称	为害蔬菜种类	主要症状	防治方法
3.沤根病	茄果类、瓜类、豆类、白菜类、甘蓝类等蔬菜苗期病害	为生理性病害。幼苗根部不发新根，幼根为铁锈色，然后腐烂，地上部叶片变黄，萎蔫或枯死，幼苗易拔起	一、农业防治 1.选用耐低温、耐弱光的早熟品种；2.应选择地势高燥地高畦育苗；3.适期播种、培育壮苗，夜温在15℃以上，地温在16℃以上；4.施用充分腐熟的有机肥；5.采用地膜覆盖；6.定植后加强水分管理，雨后及时排水；7.适时松土提高土温，促进幼苗生新根 二、药剂防治 采用1%申嗪霉素悬浮剂100倍液、80%克菌丹粉剂1000倍液、30%噁霉灵水剂600～800倍液喷淋防治。各药交替使用，每隔7～10d施1次，连用2～3次
4.灰霉病	茄果类、瓜类、甘蓝类、绿叶菜、葱蒜类等蔬菜	为害蔬菜普遍，是苗期和成株期的主要病害，设施栽培发生尤为严重。叶片受害，一般从叶尖开始，病斑渐扩大，并引起叶片枯死，表面生灰霉层。茎染病，湿度大时病斑上长出灰条状上枯死，腐烂时引起病部以上茎腐，后期产生大量灰霉层。番茄果实受害，初期果皮变白、软腐，后扩展为长褐色霉层。番茄果实大量灰霉，失水后果实僵化	一、农业防治 1.选用抗病品种；2.前茬出苗及时耕翻晒垡或冻垡；3.大棚晴天上午晚通风，当棚温升至33℃时再通风，减缓该病病孢子萌发速度，下午当棚温降至20℃时关闭大棚通风口，以减缓夜间棚温下降。阴天中午也要通风换气，4.2,4-D蘸花时，溶液中加入少量50%腐霉利可湿性粉剂（1：1000倍），坐果后摘除花瓣，以免病菌浸染果实 二、药剂防治 发病初期，可选用10%多抗霉素可湿性粉剂1000倍液、2亿孢子/g木霉菌可湿性粉剂200～400倍液、50%腐霉胺悬浮剂1200倍液、40%嘧霉胺悬浮剂375g/L嘧霉胺）500g/L氟吡菌酰胺（125g/L嘧霉胺）悬浮剂1000～1200倍液、50%异菌脲可湿性粉剂1000倍液喷雾防治。也可腐霉利烟剂250g/亩熏杀防治。各药交替使用，每隔7～10d1次，连用2～3次
5.叶霉病	茄果类等蔬菜	主要为害番茄。一般设施栽培的比露地栽培的发病重。主要侵害叶片，在叶背部生产淡绿色或椭圆形或多角形病斑，潮湿时病斑上出现绒状霉，严重时病叶卷曲、干枯，也可危害茎，花和果实	一、农业防治 1.选用抗病品种；2.与非茄科作物实行3年以上轮作；3.播种前进行种子处理和土壤消毒；4.大棚栽培，适当控水和加强通风降湿；5.发病初期摘除植株下部病叶、老叶，集中销毁

（续）

病害名称	为害蔬菜种类	主要症状	防治方法
5. 叶霉病	茄果类等蔬菜	番茄、豆豆主要病害之一。主要为害叶片。最初在叶片的两面或两面产生紫褐色斑点。病斑扩大为椭圆形病斑、边缘不明显。潮湿时，病斑表面密生绒毛状霉或煤烟状霉。叶背比叶面发病重。发病严重时，病叶枯萎、脱落。仅留顶端嫩叶	二、药剂防治 发病初期，可选用6%春雷霉素可湿性粉剂1 000～1 200倍液、43%氟菌·肟菌酯悬浮剂1 500～2 000倍液、4%嘧啶核苷类抗菌素400～600倍液、21.5%氟吡菌酰胺+21.5%防菌酯（21.5%氟吡菌酰胺+21.5%防菌酯）、10%氟硅唑乳油2 000～2 500倍液、50%醚菌酯悬浮剂2 000倍液交替喷雾防治。各药交替使用，每隔7～10d用1次，连用2～3次
6. 煤霉病	茄果类、豆类等蔬菜	苗期发病在幼茎基部呈水浸状病斑，以后病斑变浅褐色，环绕茎一周，湿度大时病部易腐烂，无臭味、干燥条件下病部呈灰白色，病部立枯而死。主要发生在主茎或茎侧枝的分枝处，向上叶片青萎，剥开分枝处，内部往往有鼠类状小菌核，果实染病后为水浸状软病，湿度大时，果长长出白色菌丝团	一、农业防治 1. 选用抗病品种；2. 深沟高垄。适当密植。3. 施足基肥；增施磷、钾肥 二、药剂防治 发病初期，可选用6%春雷霉素可湿性粉剂1 000～1 200倍液、2亿孢子/g木霉菌可湿性粉剂200～400倍液、25%嘧菌酯悬浮剂1 500倍液、10%氟硅唑乳油1 000～1 200倍液、50%醚菌酯悬浮剂2 000倍液喷雾防治。各药交替使用，每隔7～10d施1次，连用2～3次
7. 菌核病	甘蓝类、绿叶菜类等蔬菜	苗期、成株期均可染病，主要侵害叶、茎、花、果。叶片发病，初呈针尖大小的小黑点，后扩展为轮纹斑。中部现同心轮纹，且轮纹表面生毛刺状不平坦物；茎部染病，凹或不凹，初为椭	一、农业防治 1. 与其他科科蔬菜轮作；2. 深耕冻、晒；3. 合理施肥、增施磷钾肥、清洁田园 二、药剂防治 发病初期，可选用50%多菌灵可湿性粉剂400～800倍、50%腐霉利可湿性粉剂1 000～1 200倍液、2.5%咯菌腈800～1 000倍液喷雾防治。各药交替使用，每隔7～10d施1次，连用2～3次
8. 早疫病	茄果类、薯芋类等蔬菜	叶、茎、果。叶片发病，主要侵害叶、茎、花、果。成株期发病，多在分枝处产生褐色不规则圆形或椭圆形病斑，凹陷不平，初为椭圆形。青果染病，始于花萼附近，初为椭圆形、表面生灰黑色霉状物	一、农业防治 1. 设施栽培从苗期开始防止棚室内出现高温、高湿条件；4. 合理密植，加强田间管理 2. 选用抗病品种；3. 与茄科作物实行3年以上轮作

（续）

病害名称	为害蔬菜种类	主要症状	防治方法
8. 早疫病	茄果类、薯芋类等蔬菜	圆形、凹陷，后期果实开裂，病部较硬，密生黑色霉层	二、药剂防治　保护地提倡采用烟雾法。10%腐霉利烟剂，每100m³每次用药25～40g，隔9d1次，连用3～4次。发病初期，可选用4%嘧啶核苷类抗菌素400～600倍液，60%唑醚·代森联（5%吡唑醚菌酯＋55%代森联）水分散剂800～1200倍液，25%嘧菌酯悬浮剂1500～2000倍液，43%氟菌·肟菌酯（21.5%氟吡菌酰胺＋21.5%肟菌酯）悬浮剂2000～3000倍液，25%吡唑醚菌酯1200倍液喷雾防治。各药交替使用，每隔7～10d施1次，连用2～3次
9. 晚疫病	茄果类、薯芋类等蔬菜	幼苗及成株叶、茎、果实均可受害，以叶和青果受害重。成株叶片染病，多从下部叶尖或叶缘开始发病，初为暗绿色水浸状不整形病斑，扩大后转为褐色。叶背病健部交界处处长白霉。叶片边缘像火烧过样，病斑褐色至黑褐色菱蔫。青果染病，病斑初呈暗绿色，稍回陷，病部油浸状暗绿色，迅速腐烂。其上长少量白霉，湿度大时，迅速腐烂	一、农业防治　1.设施栽培从苗期开始防止棚室内高温、高湿条件出现；4.合理密植，加强田间管理、及时打杈。2.选用抗病品种。3.与非茄科作物实行3年以上轮作；二、药剂防治　发病初期，可选用0.5%氨基寡糖素水剂1000倍液，10%多抗霉素可湿性粉剂1000倍液，4%嘧啶核苷类抗菌素400～600倍液，52.5%噁酮·霜脲氰（30%霜脲氰＋22.5%噁唑菌酮）水分散剂1200～1500倍液，60%唑醚·代森联（5%吡唑醚菌酯＋55%代森联）水分散剂1200～1000倍液，10%霜霉·氰霜唑悬浮剂800～1000倍液喷雾防治。各药交替使用，每隔7～10d施1次，连用2～3次
10. 疫病	茄果类、瓜类、葱蒜类等蔬菜	苗期至结果期均受害，梅雨季节发生重。幼苗发病，茎基部水浸状软腐，病部呈暗绿色，其上部呈暗绿色而倒伏。叶片发病，叶片一部分或大部分变为淡褐色，迅速软腐，干燥后病斑变为淡褐色，易从叶片折断。茎部常在分杈处受伤害。果实受害后为暗绿色，病状与叶片相似，水浸状软腐，干燥后变为淡褐色缢缩	一、农业防治　1.前茬收获后及时清洁田园，耕翻晒垡；2.采用菜粮或菜豆轮作，提倡高垄栽培；4.培育短日龄壮苗定植；6.加强田间管理、多次追肥；3.选用早熟避病或抗病品种；5.配方施肥；8.播种前、7.雨后及时排除积水，严防田间或棚室湿度过高；温水浸种消毒。二、药剂防治　发病初期，可选用0.5%几丁聚糖水剂300～400倍液，52.5%噁酮·霜脲氰（30%霜脲氰＋22.5%噁唑菌酮）水分散剂1200～1500倍液，60%唑醚·代森联（5%吡唑醚菌酯＋55%代森联）水分散剂

（续）

病害名称	为害蔬菜种类	主要症状	防治方法
10. 疫病	茄果类、瓜类、葱蒜类等蔬菜		800~1 200倍液、72%霜脲·锰锌（64%代森锰锌+8%霜脲氰）可湿性粉剂600~800倍液、10%氰霜唑悬浮剂800~1 000倍液、25%嘧菌酯悬浮剂1 500~2 000倍液、72.2%霜霉威水剂600~800倍液、50%烯酰吗啉1 500倍液喷雾防治。各药交替使用，每隔7~10d施1次，连用2~3次
11. 病毒病	茄果类、瓜类、豆类、根、白菜类、甘蓝类、绿叶菜类等蔬菜	叶片皱缩、蕨叶、卷叶、植株矮化，或出现浓绿和浅绿相间的花叶，或叶片出现芝麻状的灰黑色斑点，茎秆上出现褐色条斑。果实感染后出现瘤状突起	一、农业防治 1. 选用抗病品种；2. 种子用0.5%氨基寡糖素水剂400~500倍液浸种6h或者在70℃高温下消毒，以钝化病毒；3. 适期播种、培育壮苗；4. 采用轻基质穴盘育苗，采用地膜栽培育苗；5. 定植时先盖棚顶薄膜，防高温暴雨、防雨、防蚜； 二、药剂防治 蚜虫、粉虱的防治尤为重要（参照虫害防治部分）。发病初期，可选用2%宁南霉素水剂200~300倍液+叶面肥，0.5%香菇多糖液+叶面肥，乙酸铜（10%盐酸吗啉胍+10%乙酸铜）可溶液200~300倍液可隔7~10d施1次，连用2~3次
12. 霜霉病	瓜类、白菜类、甘蓝类、根类、绿叶菜类、葱蒜类等蔬菜	主要为害叶片，植株中下部叶片先发病。最初出现淡绿色水浸状病斑，后沿叶脉之内整形病斑，黄褐色较大。严重时几天之内整叶枯黄，俗称"跑马干"。潮湿时叶背面可长出白色或灰紫色霉层，似霜霉。花硬感病后肥大弯曲，俗称"龙头病"	一、农业防治 1. 选用抗病品种；2. 与不同科蔬菜实行轮作；3. 高畦栽培；4. 肥料以腐熟有机肥为主，适时追肥；5. 田间水分见干见湿；6. 收获后及时清洁田园 二、药剂防治 发病初期，可选用10%多霉素可湿性粉剂1 000倍液，80%波尔多液可湿性粉剂400倍液，72.2%霜霉威水剂600~800倍液，10%氟噻唑吡乙酮800倍液，52%噁霜·锰锌可湿性粉剂800倍液，霜脲氰（30%霜脲氰+22%嘧菌酯）水分散粒剂1 200~1 500倍液喷雾防治。各药交替使用，每隔7~10d施1次，连用2~3次

（续）

病害名称	为害蔬菜种类	主要症状	防治方法
13. 枯萎病	茄果类、瓜类、豆类、葱蒜类等蔬菜	一般苗期不表现症状，花期出现明显萎蔫症状，结果期植株大量枯死。发病初期，下部叶片变黄，叶片不脱落，豆类叶片枯死脱落。茄类叶片呈水浸状萎缩，病茎维管束变褐色。根茎部皮层易出现开裂，根部呈褐色腐朽，容易拔起	一、农业防治 1. 选用抗病品种；2. 实行3年以上轮作；3. 施用充分腐熟的有机肥，增施磷、钾肥；4. 苗床消毒；5. 土壤消毒；6. 采用换根嫁接技术 二、药剂防治 种子用0.5%氨基寡糖素400~500倍液浸种6h；发病初期，可选用6%春雷霉素可湿性粉剂800~1000倍液，1%申嗪霉素悬浮剂200~400倍液，2亿孢子/g木霉菌200~400倍液，2.5%咯菌腈悬浮剂1000倍液，2.5%咯菌腈悬浮剂800~1000倍液，或50%多菌灵可湿性粉剂1000倍液，80%兑菌丹粉剂1000倍液，30%噁霉灵水剂600~800倍液，70%甲基硫菌灵800~1000倍液喷淋防治。各药剂交替使用。每隔7~10d施1次，连用2~3次
14. 蔓枯病	瓜类等蔬菜	叶片上病斑近圆形，有的自叶缘向内呈"V"字形，后期病斑易破碎，病斑轮纹不明显，上生许多黑色小点，最后叶片变黄枯死，连续降雨时病斑发展很快，可遍及全叶。茎部发病多在节部先出现病色变形斑，病斑上有褐色小点，有时溢出琥珀色的树脂胶状物，发黑、干缩，最后病茎变软、纵裂呈乱麻状	一、农业防治 1. 选用抗病品种，种子消毒；2. 实行2~3年轮作；3. 及时清除病株、深埋或烧毁；4. 高垄栽培；5. 土壤消毒，施足腐熟有机肥，增施磷、钾肥；6. 采用换根嫁接技术 二、药剂防治 发病初期，可选用4%嘧啶核苷类抗菌素400~600倍液，1%申嗪霉素悬浮剂100倍液，10%氟硅唑乳油1000~1200倍液，25%嘧菌酯悬浮剂1000倍液，2.5%咯菌腈800~1000倍悬浮剂，43%戊菌唑、肟菌酯（21.5%氟菌胺+21.5%肟菌酯）悬浮剂1500~2000倍液喷雾防治。各药交替使用，每隔7~10d施1次，连用2~3次

（续）

病害名称	为害蔬菜种类	主要症状	防治方法
15.青枯病	茄果类、薯芋类等蔬菜	顶叶初呈失水状，然后下部叶片萎蔫，再后中部叶片片凋萎，最后植株枯死，但仍为绿色，故称青枯病。天气潮湿时病茎上有长1~2mm的褐色青枯条斑，病茎维管束变为褐色，横切病茎，用手挤压时有白色菌液溢出，马铃薯病叶片自上而下逐渐枯萎，最后整株青枯	一、农业防治 1.选用抗病品种；2.实行3年以上轮作，有条件的实行水旱轮作；3.青枯病适宜酸性土壤，可施石灰氮、石灰等碱性材料改良pH，40~80kg/亩；5.土壤消毒；6.拔出病株，用石灰封穴消毒；7.采用高畦栽培；8.马铃薯切块前有白色脓液者应淘汰，切刀要消毒灭菌 二、药剂防治 发病初期，可选用3%中生菌素可湿性粉剂500~600倍液、0.5%氨基寡糖素400~600倍液、6%春雷霉素可湿性粉剂800~1000倍液喷淋或浇灌。各药交替使用，每隔7~10d施1次，连用3~4次
16.黄萎病	茄果类蔬菜	开花后开始发病，自下而上或从一边向全株发展。叶片边缘及叶脉间先变黄，逐渐发展至叶片半边或整个叶片发黄。初期，叶片中午前后萎蔫，早晚恢复。后期，叶片由黄变黑，萎蔫下垂或脱落，严重时病叶落光，剩茎秆，病株果实变小，质地变硬，内部变黑	一、农业防治 1.选用抗病品种；2.播种前处理种子；3.实行4年以上与葱蒜类轮作；4.土壤消毒；5.应用嫁接换根技术 二、药剂防治 定植时每穴浇灌50%多菌灵可湿性粉剂200倍液200~400mL；发病初期，可选用50%多菌灵可湿性粉剂500倍液、70%甲基硫菌灵可湿性粉剂400倍液、25%噁霉灵800倍液喷淋或浇灌。每5~7d施1次，连续防治3~4次
17.锈病	豆类、葱蒜类、叶白等蔬菜	在菜豆上发生最重，豇豆、蚕豆上发生也较为普遍。主要为害叶片，也为害叶柄和豆荚。叶片初生很小的黄白色斑点，稍突起，逐渐扩大，出现深黄色的黄色夏孢子堆，表皮破裂后，散出红褐色夏孢子	一、农业防治 1.选用抗病品种；2.及早耕翻冻垡消灭菌源；3.清洁田园，加强管理，多施磷、钾肥，适当密植 二、药剂防治 发病初期，可选用2亿孢子/g木霉素可湿性粉剂200~400倍液、25%丙环唑乳油2000倍液、10%苯醚甲环唑水分散剂1000~1500倍液、25%吡唑醚菌酯悬浮剂1200~1500倍液、15%三唑酮可湿性粉剂1000~1500倍液、50%萎锈灵可湿性粉剂1000倍液喷雾防治。各药交替使用，每隔7~10d施1次，连用2~3次

（续）

病害名称	为害蔬菜种类	主要症状	防治方法
18. 白粉病	瓜类、直根类等蔬菜	主要危害叶片。初期病斑为白色小点，后期扩大连成片，叶面正面有黄绿斑，背面有白色灰状物。最后叶片全部黄化，背面布满白粉，纷纷脱落	一、农业防治 1. 选用抗病品种；2. 加强田间管理，预防高湿干旱 二、药剂防治 发病初期，可选用0.5%几丁聚糖水剂300~400倍液、1 000亿孢子/g枯草芽孢杆菌可湿性粉剂600~800倍液、25%吡唑醚菌酯悬浮剂1 200~1 500倍液、10%苯醚甲环唑水分散剂1 000~1 500倍液、15%三唑酮可湿性粉剂1 000~1 200倍液、43%氟菌·肟菌酯（21.5%氟菌+21.5%肟菌酯）悬浮剂5 000~6 000倍液、42.4%唑醚·氟酰胺（21.2%吡唑醚菌酯+21.2%氟唑菌酰胺）悬浮剂2 500~3 000倍液喷雾防治。各药交替使用，每隔7~10d施1次，连用2~3次
19. 黑粉病	慈姑等水生蔬菜	主要危害叶片，病斑黄色，大小不一，形状也不规则。病叶表面有突起的痂疤，内含黑色粉状物。病斑可连成一片，引起叶片枯死	一、农业防治 1. 从无病田选择种用球茎；2. 选用抗病品种；3. 实行轮作，合理定植；4. 加强水分管理，做到干湿干湿，促进根系发育；5. 收获后清洁田园，集中烧毁 二、药剂防治 发病初期，选用2亿孢子/g木霉菌可湿性粉剂200~400倍液、50%萎锈灵可湿性粉剂1 000倍液、50%多菌灵可湿性粉剂1 000~1 500倍液、15%三唑酮可湿性粉剂1 000~1 500倍液，每隔7~10d施1次，连用2~3次
20. 叶瘤病	芡实等水生蔬菜	在芡实上多在夏、秋高温多雨季节发生。初期，在叶面出现黄斑，继而隆起呈大瘤状，上面有红红，影响光合作用和花朵受精结果，从而造成减产	一、农业防治 1. 结果期增施磷、钾肥；2. 用劈刀割除较大的病瘤，带出田块销毁或深埋 二、药剂防治 发病初期，用70%甲基硫菌灵可湿性粉剂800~1 000倍液+0.2%磷酸二氢钾，或用10%膦菌唑乳油1 000~1 500倍液、10%苯醚甲环唑水分散粒剂1 000~1 500倍液、15%三唑酮600~800倍液喷雾防治。各药交替使用，每隔5~7d施1次，连用2~3次

（续）

病害名称	为害蔬菜种类	主要症状	防治方法
21. 疮痂病	番茄、马铃薯等茄科蔬菜	番茄叶、茎、果均可染病。果实染病主要为害着色前的幼果和青果，初生圆形、四周隆起的白色小点，后中间凹陷呈褐色隆起的环斑，呈疮痂状。马铃薯块茎感病后，表面先产生褐色小点，扩大后形成褐色圆形或不规则形大斑块，因产生大量木栓化细胞致表面粗糙，后期，中央稍凹陷或凸起呈疮痂状硬褐斑块，病斑仅限于皮部，不深入薯肉，区别于粉痂病	一、农业防治 1. 番茄早整枝、打杈，避免阴雨阴天或露水未干之前整枝；2. 选用无病种薯，一定不要从病区调种；3. 多施有机肥或绿肥，可抑制发病；4. 与葫芦科、豆科、百合科蔬菜进行5年以上轮作；5. 选择保水性好的土壤栽培，结薯期遇干旱要及时浇水 二、药剂防治 发病初期，可选用4%嘧啶核苷类抗菌素水剂400～600倍液，10%苯醚甲环唑水分散颗粒剂1 000～1 500倍液，25%咯菌醚酯悬浮剂1 200～1 500倍液，2.5%咯菌腈悬浮剂800～1 000倍液，6%春雷霉素可湿性粉剂800～1 000倍液喷雾防治。各药交替使用，每隔7～10d施1次，连用2～3次
22. 环腐病	薯芋类等蔬菜	显薯出现症状，开花期最盛。初期顶端小叶萎蔫，叶缘稍向内卷，早晚前后可恢复，中午前后明显。随病情发展，萎蔫不能恢复；叶脉绿色，叶片明显斑驳状。薯块受害，外表症状不明显，切开薯块可见一圈黄色病斑，用手挤压，果皮、果肉易分离。青枯病则不易分离，且叶色不变	一、农业防治 1. 建立无病种田，尽可能采用整薯播种；2. 选用抗病品种；3. 播种前通过晒种剔除病薯，圈变褐者，应立即淘汰，切刀须消毒杀菌后再用；5. 结合中耕培土，拔除病株 二、药剂防治 播种前，可用50mg/kg硫黄浸种10min消毒种块，去除病原菌。发病初期，可选用6%春雷霉素可湿性粉剂800～1 000倍液，4%嘧啶核苷类抗菌素水剂400～600倍液，2亿孢子/g木霉素菌可湿性粉剂200倍液喷雾防治。各药交替使用，每隔7～10d施1次，连用3～4次

（续）

病害名称	为害蔬菜种类	主要症状	防治方法
23. 褐纹病	茄子等蔬菜	从苗期至成熟期普遍发生，为害茄子叶、茎、果实。幼苗染病，茎基部出现褐色凹陷斑，中央浅褐色或灰白色凹陷斑。上生大量黑点。叶片初生苍白色小点，扩大后呈近圆形至多角形斑，边缘深褐，中央浅褐色。果实染病，产生褐色圆形凹陷斑。上生许多黑色小点，后期轮纹状，病斑不断扩大，可达整个果实，排成轮纹脱落，软腐或留在枝上成干腐的僵果。病果后期脱落、软腐或留存在枝上成干腐的僵果	一、农业防治 1. 实行2～3年以上轮作；2. 选用抗病品种；3. 从无病茄上采种；4. 种子消毒并采用基质育苗。 二、药剂防治 播种前，种子用2.5%咯菌腈悬浮种衣剂10mL＋35%精甲霜灵种衣剂2mL，对水180mL，包衣4kg种子。或用80%乙蒜素乳油2 000倍液浸种30min。发病初期，可选用80%兑菌丹可湿性粉剂600倍液，10%氟硅唑乳油1 000～1 200倍液，64%噁霜·锰锌(8%噁霜灵＋56%代森锰锌)600倍液，50%甲基硫菌灵悬浮剂800～1 000倍液，70%代森锰锌可湿性粉剂500倍液喷雾防治。各药交替使用。每隔7～10d施1次。连用2～3次
24. 绵疫病	茄果类等蔬菜	绵疫病又称"水烂""掉蛋"。茄子、番茄均可发病。苗期受害，引起猝倒。主要为害果实，一般植株下部老熟果易受害，病部初期为水浸状小圆斑，后逐渐扩大呈黄褐色或暗褐色，稍凹陷，最后蔓延到整个果实，使之逐渐收缩、变软，在潮湿条件下产生浓密的白霉。番茄，茄子逐渐形成同心轮纹状，变深褐色腐烂	一、农业防治 1. 选用抗病品种；2. 实行轮作、高垄栽培；3. 及时整枝打杈，打老叶、通风、透光；4. 加强田间管理及时摘除病果，深埋 二、药剂防治 发病初期，可选用4%嘧啶核苷类抗菌素水剂400～600倍液，60%代森锌可湿性粉剂500～700倍液，25%嘧菌酯悬浮剂1 000倍液，72%霜脲·锰锌(64%代森锌＋8%霜灵)可湿性粉剂600～800倍液，64%噁霜·锰锌(8%噁霜灵＋56%代森锰锌)600～800倍液喷雾防治。各药交替使用。每隔7～10d施1次。连用2～3次

（续）

病害名称	为害蔬菜种类	主要症状	防治方法
25. 绵腐病	茄果、瓜类等蔬菜	主要侵害果实。苗期染病引起猝倒。生长期果实染病，产生水浸状黄褐色或褐色大斑，其上密生大量白色霉层。被害果外皮部不变色，致整个果实腐烂。区别于绵疫病	一、农业防治 1. 选用抗病品种；2. 实行轮作；3. 播种前处理种子；4. 棚室内加强通风换气，降温排湿。二、药剂防治 苗期发病初期，可选用2亿孢子/g木霉素可湿性粉剂200～400倍液，30%噁霉灵600～800倍液，80%克菌丹粉剂200～1 000倍液，25%烯酰吗啉可湿性粉剂600～800倍液·锰锌防治。生长期发病初期，可选用4%嘧啶核苷类抗菌素水剂400～600倍液，25%嘧菌酯悬浮剂1 000倍液，72%霜脲·锰锌（64%代森锰锌＋8%霜脲氰）可湿性粉剂600～800倍液，64%噁霜·锰锌（8%噁霜灵＋56%代森锰锌）600～800倍液喷雾防治。各药交替使用，每隔7～10d施1次，连用2～3次
26. 根肿病	白菜类、甘蓝类、直根类等蔬菜	主要为害植株根部。发病初期，植株生长缓慢，矮小，下部叶片常在中午萎蔫，早晚恢复。后期，基部叶片变黄，枯萎，症状愈重。病株根部出现肿瘤是明显病症。主根上肿瘤大而少，球形或近球形，侧根上肿瘤小而多，呈圆筒形，手指状。表面凹凸不平；病部易被软腐细菌侵染，导致腐烂，发臭。发病后期，病部易被软腐细菌侵染，发臭	一、农业防治 1. 与非十字花科蔬菜轮作；2. 酸性土壤用石灰来改良土壤用石灰氮40～80kg/亩改良；3. 采用高垄栽培；4. 土壤消毒。二、药剂防治 发病初期，可选用50%氟啶胺悬浮剂2 000倍液，30%噁霉灵水剂600～800倍液，70%甲基硫菌灵可湿性粉剂600～800倍液灌根。各药交替使用，每隔7d施1次，连用3～4次

病害名称	为害蔬菜种类	主要症状	防治方法
27. 根（茎）腐病	白菜类、甘蓝类、茄果类、瓜类、豆类、绿叶菜类等蔬菜	发病初期，病株白天枝叶萎蔫，傍晚至次日清晨恢复，反复多日后整株枯死。病株的根茎部及根部皮层呈浅褐色至深褐色腐烂，露出暗红色木质部。病部一般局限于根及根茎部	一、农业防治 1. 选用抗病品种；2. 前茬出苗后，早耕翻晒垄，适期播种，采用高垄栽培；3. 实行轮作；4. 发现病株及时拔出，封穴消毒；5. 增施磷、钾肥；6. 及时防治地下害虫；7. 加强田间管理，防止菜地积水减少伤口； 二、药剂防治 播种前种子用 2.5%咯菌腈悬浮种衣剂 10mL 加 35%精甲霜灵种衣剂 2mL，对水 180mL，包衣 4kg 种子，以种子重量 1%～1.5%的用量拌种。发病初期，可选用 1%申嗪霉素悬浮剂 1 200 倍液，0.5%氨基寡糖素水剂 400～600 倍液、80%克菌丹可湿性粉剂 600～800 倍液、30%噁霉灵水剂 600～800 倍液、70%甲基硫菌灵可湿性粉剂 600～800 倍液喷淋或浇灌。各药交替使用，每隔 7～10d 施 1 次，连用 3～4 次
28. 软腐病	白菜类、甘蓝类、植根类等蔬菜	苗期以后开始出现病株，包心期达到高峰。最初植株外围叶片在烈日下呈失水状，早晚恢复，随病情发展，心叶垂端或外叶片不再恢复。根茎部产生黏滑组织，紧贴在叶球上，最后根髓部腐烂，发出腥臭味	一、农业防治 1. 选用抗病品种；2. 前茬宜选用豆科作物；3. 前茬出苗后及时耕翻晒垄，适期晚播，避开高温；4. 采用高垄栽培；5. 增施磷、钾肥，培育壮苗；6. 减少伤口；7. 播种前及时防治地下害虫，土壤消毒；8. 不能过于潮湿；9. 拔出病株，用石灰封穴消毒 二、药剂防治 发病初期，可选用 2 亿孢子/g 木霉菌可湿性粉剂 200～400倍、3%中生菌素可湿性粉剂 500～600 倍液、6%春雷霉素可湿性粉剂 800～1 000倍液、4%嘧啶核苷类抗菌素水剂 400～600 倍液喷淋或浇灌。各药交替使用，每隔 7～10d 施 1 次，连用 3～4 次

（续）

病害名称	为害蔬菜种类	主要症状	防治方法
29. 黑腐病	白菜类、甘蓝类、植根类等蔬菜	包心期（结花球期），叶缘出现褪绿斑点，然后形成"V"字形黄褐色病斑，沿叶脉向中间扩大，病斑较大，病斑呈网状或黑脉。根受害，维管束变黑，干形成大块黄褐斑斑腐烂或变黑，干腐。该病腐烂时不臭，区别于软腐病	一、农业防治 1. 从无病株上采种、种子播种前消毒处理；2. 与非十字花科蔬菜轮作；3. 增施有机肥，磷、钾肥配合；4. 适时播种，适期蹲苗；5. 减少伤口 二、药剂防治 发病初期，可选用2亿孢子/g木霉菌可湿性粉剂200～400倍，3%中生菌素可湿性粉剂1000倍液、6%春雷霉素可湿性粉剂800倍液，3%中生菌素可湿性粉剂800～1000倍液、25%噻唑锌可湿性粉剂800倍液喷雾防治。各药交替使用，每隔7～10d施1次，连用2～3次
30. 炭疽病	瓜果类、瓜类、豆类、绿叶菜等蔬菜	苗期至结果期均受害，发生普遍。苗期叶片受害，病斑为水浸状斑点，逐渐变褐色，圆形或近圆形，中间灰白色、边缘褐色小点，干燥时病斑薄而破裂。果实受害，病斑圆形或长圆形，凹陷，可见轮纹状褐色小点，病斑较大，有时可达果实的1/3	一、农业防治 1. 选用抗病品种；2. 无病种株留种；3. 播种前温水浸种；4. 重病田块要与其他蔬菜轮作；5. 加强田间管理，增施磷、钾肥，注意排水 二、药剂防治 发病初期，可选用4%嘧啶核苷类抗菌素水剂400～600倍液，10%苯醚甲环唑水分散粒剂1000倍液、25%嘧菌酯悬浮剂1000～1500倍液、25%吡唑醚菌酯悬浮剂1200～1500倍液、25%丙环唑乳油2000倍液、43%氟菌·肟菌酯悬浮剂2000～3000倍液、21.5%氟吡菌酰胺＋21.5%肟菌酯悬浮剂2000～3000倍液（代森联）、60%唑醚·代森联（5%吡唑醚菌酯＋55%代森联）水分散剂500～800倍液喷雾防治。各药交替使用，每隔7～10d施1次，连用2～3次
31. 白斑病	白菜类、甘蓝类、直根类等蔬菜	叶片上病斑圆形或卵圆形，直径6～10mm，褐色，后变灰白色、半透明，破裂或穿孔	一、农业防治 1. 选用抗病品种；2. 实行3年以上轮作；3. 适期播种、增施腐熟有机肥；4. 清洁田园 二、药剂防治 发病初期，选用25%嘧菌酯悬浮剂1000倍液、50%多菌灵可湿性粉剂500倍液、25%丙环唑微乳油2000倍液喷雾防治。各药交替使用，同隔10～15d施1次，连用2～3次

（续）

病害名称	为害蔬菜种类	主要症状	防治方法
32. 黑斑病	白菜类、甘蓝类、直根类、茄果类、豆类等蔬菜	主要为害叶片、茎、果实。病斑近圆形、椭圆形、长陵形，回陷，浓褐色或黑褐色，有同心轮纹，黄色晕圈，果实上病斑数个，大小不等，斑面生黑色霉状物，即分生孢子梗和分生孢子	一、农业防治 1. 选用抗病品种；2. 实行轮作；3. 加强肥水管理，使植株生长健壮；4. 防治日灼病；5. 种子播种前温水浸种 二、药剂防治 发病初期，选用 4%嘧啶核苷类抗菌素 400~600 倍液、43%氟菌·肟菌酯（21.5%氟吡菌酰胺＋21.5%肟菌酯）悬浮剂 2 000~3 000倍液、64%噁霜·锰锌（8%噁霜灵＋56%代森锰锌）可湿性粉剂 600 倍液、53%精甲霜灵·锰锌（5%精甲霜灵＋48%代森锰锌）水分散粒剂 600 倍液、50%异菌脲可湿性粉剂 1 000 倍液喷雾防治。各药交替使用。间隔 7~10d 施 1 次，连用 3~4 次
33. 紫斑病	葱蒜类等蔬菜	叶和花梗上病斑紫色，椭圆形或纺锤形，回陷，有同心轮纹，又称"鱼眼病"。通常在叶片产生黑色霉状物，木耳菜（落葵）生紫病斑，2~6 mm 不等的圆形病斑，边缘紫色到中央黄白色，质薄，易穿孔	一、农业防治 1. 实行 2~3 年轮作；2. 施足基肥，加强管理，洋葱鳞茎充分成熟后收获，收后晾晒至鳞片干裂后入库，库温控制在 0℃，相对湿度 65%以下 二、药剂防治 发病初期，可选用 4%嘧啶核苷类抗菌素 400~600 倍液、43%氟菌·肟菌酯（21.5%氟吡菌酰胺＋21.5%肟菌酯）悬浮剂 2 000~3 000倍液、25%嘧菌酯悬浮剂 1 000 倍液、53%精甲霜灵·锰锌（5%精甲霜灵＋48%代森锰锌）水分散粒剂 600 倍液、50%异菌脲可湿性粉剂 1 000 倍液交替喷雾防治。各药交替使用。间隔 7~10d 施 1 次，连用 3~4 次
34. 白星病	茄果类等蔬菜	主要为害叶片，病斑为圆形，直径 1mm 左右，中间为白色，其上散生黑色小粒点。病斑边缘生深褐色且稍隆起。病健界限明显，干燥时病斑中间脱落，严重的可造成大量落叶。病重时叶面布满白色小斑点	一、农业防治 1. 实行轮作；2. 采收后及时清除病叶，集中销毁 二、药剂防治 发病初期，可选用 4%嘧啶核苷类抗菌素 400~600 倍液、50%多菌灵可湿性粉剂 300~400 倍液、70%代森锰锌可湿性粉剂 1 000倍液、10%氟硅唑乳油 1 000~1 200 倍液喷雾防治。各药交替使用。每隔 7~10d 施 1 次，连用 2~3 次

（续）

病害名称	为害蔬菜种类	主要症状	防治方法
35. 斑枯病	绿叶菜、茄果类等蔬菜	植株叶、叶柄、茎均可染病。叶片病斑多散生，大、小不等，直径3～10 mm。初为淡褐色油渍状小斑点，后逐渐扩大，中部呈褐色坏死，外缘明显多为深褐色，中间散生少量小黑点	一、农业防治 1. 选用抗病品种；2. 加强田间管理，施足基肥；3. 设施栽培要注重降温排湿、高于20℃要及时通风排湿、切忌大水漫灌 二、药剂防治 发病初期，可选用50%醚菌酯水分散粒剂2 000倍液、25%吡唑醚菌酯悬浮剂1 200～1 500倍液、70%代森锰锌可湿性粉剂1 000倍液、10%氟硅唑乳油1 000～1 200倍液防治。各药液交替使用，间隔7～10d施1次，连用2～3次
36. 叶枯病	茄果类、瓜类、水生蔬菜等	叶枯病又称灰斑病。在苗期及成株期均可发生、主要为害叶片，有时为害叶柄及茎。叶片发病、初呈灰白褐色小点，迅速扩大为圆形或不规则形病斑，中间灰白色、边缘暗褐色，直径2～10mm、病斑中央坏死处常呈落芽孔，病叶易脱落。病斑一般由下部向上扩展，病斑越多，落叶越严重	一、农业防治 1. 加强苗床管理，用腐熟厩肥作基肥；2. 实施轮作，及时清除病残体；3. 加强田间管理。培育壮苗，增施磷、钾肥，或喷洒多元素叶面肥等。定植后及时松土，追肥，雨季及时排水 二、药剂防治 发病初期，选用50%多菌灵可湿性粉剂300～400倍液、25%嘧菌酯悬浮剂1 000倍液、10%苯醚甲环唑水分散粒剂1 000～1 500倍液、25%丙环唑乳油2 000倍液喷雾防治。各药交替使用，间隔7～10d施1次，连用2～3次
37. 胡麻斑病	茭白等水生蔬菜	胡麻斑病又称麦台叶枯病。主要为害叶片。叶斑初为褐色小点，后扩大为褐色圆形斑，大小和形状如芝麻粒，故称胡麻斑病，病斑有黄晕。发病严重时，病斑密布，有的连合为大斑块，湿度大时斑面生暗灰色至黑色霉状物，终致叶片干枯	一、农业防治 1. 结合冬前割茬、收集病残老叶集中烧毁，减少菌源；2. 加强肥水管理、冬季施腊肥、春施发苗肥、注意增施磷、钾肥和锌肥；3. 适时适度晒田、增强植株抗性 二、药剂防治 发病初期，选用6%春雷霉素可湿性粉剂800～1 000倍液、50%多菌灵可湿性粉剂300～400倍液、10%苯醚甲环唑水分散粒剂1 000～1 500倍液、25%吡唑醚菌酯悬浮剂1 200～1 500倍液、25%丙环唑乳油2 000倍液交替喷雾防治。各药交替使用、间隔7～10d施1次，连续2～3次

（续）

病害名称	为害蔬菜种类	主要症状	防治方法
38. 纹枯病	茭白等水生蔬菜	主要为害叶片和叶鞘，以分蘖期至结荚期易发病。病斑初呈圆形至椭圆形，后扩大为不定形，外观似地图状或呈虎斑状，斑中部露水干后呈草黄色，湿度大时呈墨绿色、边缘深褐色，病健部分界明显	一、农业防治 1. 施足基肥，适当增施磷、钾肥，避免偏施氮肥及生长期深灌，贯彻前浅、中晒、后湿润的管理原则；2. 结合中耕等农事操作，及时摘除下部黄叶、病叶，增加田间通透性 二、药剂防治 发病初期，选用5%井冈霉素可溶液剂800～1 000倍液，70%甲基硫菌灵可溶液剂1 000～1 000倍液，10%苯醚甲环唑水分散颗粒剂1 000～1 500倍液，25%丙环唑乳油2 000倍液喷雾防治。间隔10～15d施1次，连续2～3次
39. 细菌性角斑病	瓜类等蔬菜	主要为害叶片、叶柄、卷须和果实，有时也侵染茎。苗期至成株期均可受害。子叶染病，初呈水浸状近圆形凹陷斑，后微带黄褐色；真叶染病，初为鲜绿色水浸状斑，渐变浅褐色，病斑受叶脉限制呈多角形，灰褐色或黄褐色，湿度大时，叶背溢有乳白色浑浊水珠状菌脓，干后具白痕，病部质脆易穿孔，别干霜霉病	一、农业防治 1. 选用抗病品种；2. 从无病瓜上选留种，干热灭菌72 h，或50℃温水浸种20min，捞出晾干后催芽播种；3. 无病土育苗，与非瓜类作实行2年以上轮作，加强田间管理，清除病叶及时深埋 二、药剂防治 发病初期，可选用80%波尔多液可湿性粉剂400倍液，3%中生菌素可湿性粉剂500～600倍液，6%春雷霉素可湿性粉剂800～1 000倍液，30%噻唑锌悬浮剂500～600倍液喷雾防治。各药交替使用，每隔7～10d施1次，连用3～4次
40. 筋腐病	番茄等蔬菜	筋腐病又称条腐病或带腐病，各地普遍发生，主要为害果实。一是褐变型，幼果期开始为害，在果实长大、果面上出现局部褐变。二是白腐果，主要发生在绿熟果期，其病症是果实在绿熟果实着色变红期，转红部位凸起状，转红部位稍回陷，病部具蜡样光泽。果面呈绿色凸起，品质差。破开茎部见输导束褐变	一、农业防治 1. 选用抗性品种，目前生产上，大大的中果型，果皮薄的中果型，植株叶片不耐花，2. 科学确定播种，定植期；3. 注意轮作换茬，缓和土壤养分平衡，定植期；4. 使用腐熟的有机肥，采用配方施肥，科学浇水，一次浇水不宜过多；5. 勤见光，多见光，增强光合作用产物积累，增施二氧化碳气肥；6. 后期喷施0.3%磷酸二氢钾溶液，提倡喷施多元微肥，增强光合作用效率

（续）

病害名称	为害蔬菜种类	主要症状	防治方法
41. 生理性卷叶病	番茄等蔬菜	番茄采收前或采收期，第一果枝叶片稍卷，或全株叶片呈筒状、变脆，致果实直接暴露于阳光下，影响果实膨大或引致日灼	农业防治 1. 定植后进行适当的抗旱锻炼；2. 采用配方施肥，保证土壤水分供应充足；3. 采用遮阳网覆盖栽培；4. 及时整枝、打杈；5. 选用抗性品种；6. 正确使用植物生长刺激素；7. 及时防治蚜虫
42. 脐腐病	番茄等蔬菜	脐腐病又称蒂腐病或病顶腐病。发病初期在幼果脐部出现暗绿色水浸状斑、回陷，果肉变黑，后期病斑长出黑褐色霉层	农业防治 1. 采用地膜覆盖栽培，保持土壤水分，尤其是果结果期水分应均衡供应，保持土壤湿润；2. 及时适量灌水；3. 选用抗病品种，果实较尖的品种较易发病；4. 采用配方施肥。根部追施钙肥，在番茄着果后1个月内，叶面喷施钙肥，隔10~15d喷1次，连续2次；5. 使用遮阳网覆盖栽培
43. 日灼病	瓜类、茄果类等蔬菜	果实向阳面或病顶腐病。病斑线不明显，呈灰白色或淡黄色。病健界线不明显，长出灰黑色霉层。叶片上发生日灼，初期叶绿素褪色后，叶的一部分变成湿白状，最后变黄枯死或绿素褪绿白状叶缘枯焦	农业防治 1. 设施栽培的，夏季要加强通风，使叶面温度下降；2. 露地栽培的，在夏、秋季采用遮阳网覆盖；3. 及时适度遮阴枝、打杈，保证植株枝繁叶茂；4. 冬瓜盖草或玉米等套种遮阴
44. 空洞果	番茄等蔬菜	空洞果是指果皮与果肉胶状物之间是空洞的果实。常见3种类型：果实、果皮、隔壁发育不良，看不见种子；果皮、隔壁生长过快及心室少的品种，易见到；果皮生长发育迅速、节位高的品种，出现空洞果	农业防治 1. 选用心室多的品种；2. 注意光、温调控；3. 合理使用生长调节剂，在每朵开花有50%花朵开花时喷洒防落素；4. 加强肥水管理，调节好营养生长与生殖生长关系；5. 喷施多元微肥

（续）

病害名称	为害蔬菜种类	主要症状	防治方法
45. 畸形花果	番茄等蔬菜	番茄在低温、光照不足、肥水管理不善、植物生长剂激素使用不当等情况下，花器和果实发育不良，出现尖顶、畸形果	农业防治 1. 选用不易产生畸形果的品种，发现畸形果后应及时摘除；2. 做好光温调控，提倡工厂化育苗，苗床要光照充足并经常通风，幼苗破心后，宜控制昼温在20～25℃，夜温不要低于13℃，以利花芽分化，培育苗龄45d左右的"短日龄大苗"定植；3. 加强肥水管理，增施磷、钾肥，防止植株生理徒长；4. 合理使用生长调节剂，掌握正确的浓度和防止重复处理；5. 幼苗出现徒长时，加强通风降湿，并可喷施壮苗壮素控制徒长；6. 可喷洒多元微肥
46. 花打顶和化瓜	黄瓜、冬瓜等蔬菜	生长点变为花的器官，花开后，瓜条停止生长，无生产价值。单性结实能力差的品种，遇有低温或高温，影响受精则产生化瓜	农业防治 1. 及时松土，提高土温，促进发新根，必要时轻浇水后追肥，再松土提高土温；2. 黄瓜雌花开花后，喷哚乙酸等，可降低化瓜率；3. 人工授粉；4. 喷施多元微肥

表 14 蔬菜主要虫害简明防治技术

虫害名称	为害蔬菜种类	为害特征	防治方法
1. 蚜虫	白菜类、甘蓝类、直根类、豆类、茄果类、瓜类等蔬菜	蚜虫俗称"腻虫""蜜虫""菜蚜子"。为害蔬菜的蚜虫有桃赤蚜、萝卜蚜、甘蓝蚜和瓜蚜4种，是刺吸式口器的多食性害虫。蚜虫虫体很小，分有翅蚜和无翅蚜两种，成群聚集叶背和心叶刺吸液汁，并产生蜜质排泄物污染叶面。被害植株严重失水卷曲、畸形。花荚染色，严重时多枯死。菜蚜还是多种病毒的传播者	一、农业防治 1. 加强预测预报，根据有翅蚜的数量和田间蚜虫数量的增长情况，确定防治适期；2. 出苗后清洁田园；3. 夏、秋季育苗时，用银色遮阳网驱蚜 二、药剂防治 低龄幼虫始发期，可选用 1.5%除虫菊水剂 300~600 倍液、0.5%印楝素乳油 800~1000 倍液、0.5%藜芦概茎提取物可溶液剂 400~500 倍液、10%吡虫啉可湿性粉剂 1500 倍、3%啶虫脒乳油 2000 倍液、10%虫螨腈悬浮剂 1000~1500 倍液、50%抗蚜威可湿性粉剂 2000 倍液喷雾防治。各药交替使用。每隔 7~10d 施 1 次，连用 2~3 次
2. 粉虱	茄果类、瓜类、豆类等蔬菜	主要有白粉虱及烟粉虱。成虫、若虫集中在幼嫩叶片背面吸食汁液，造成叶片褪色变黄。为害时还分泌密器，污染叶片，诱发霉污病，同时传播病毒。严重时秧苗枯死	一、农业防治 1. 及时清洁田园；2. 合理安排茬口，切断害虫食物链，棚室第一茬应先选择一些非寄主性或劣寄主性的蔬菜，如波菜、甘蓝等，使害虫因缺乏寄主或营养不良，发生量受到抑制；3. 培育无虫苗；4. 黄板诱杀；5. 释放天敌昆虫 二、药剂防治 低龄幼虫始发期，可选用 1.5%除虫菊水剂 300~600 倍液、0.5%印楝素乳油 800~1000 倍液、5%d-柠檬烯可溶液剂 500 倍液、21%噻虫嗪悬浮剂 2000~3000 倍液、10%吡虫啉可湿性粉剂 1500 倍液、5%甲氨基阿维菌素苯甲酸盐乳油 10000 倍液喷雾防治。各药交替使用。每隔 7~10d 施 1 次，连用 2~3 次。虫害较重时，用 25%的吡虫啉烟雾剂 300 g/亩熏杀防治，每隔 7~10d 施 1 次，连续熏杀 2~3 次

（续）

虫害名称	为害蔬菜种类	为害特征	防治方法
3. 菜青虫	白菜类、甘蓝类、萝卜等蔬菜	菜青虫又名菜白蝶、白粉蝶。偏嗜十字花科蔬菜。每年3—10月普遍发生。以幼虫为害。低龄时仅在叶背危害，3龄后食量大增，仅留叶脉。虫粪污染叶片，引起腐烂。成虫翅为白色或黄色，有1～2个黑斑。晴暖天气活动最盛。	一、农业防治 1. 清除田间残株和菜叶，减少虫源；2. "拆桥"，6月大面积白菜、甘蓝等蔬菜收获后，清除田间菜叶，使害虫无食料可觅。 二、药剂防治 可选用2%苦参碱水剂1500～2000倍液，23～28亿孢子/g绿僵菌粉200～500倍液，50亿PIB/mL棉铃虫核型多角体病毒悬浮剂800倍液，15%多杀·甲维盐+5%氟螨脲悬浮剂10000倍液，8%甲维·氟螨威（3%甲维·氟螨威）悬浮剂1500～2000倍液，12.5%甲氨基阿维菌素苯甲酸盐乳油+5%氟虫脲悬浮剂1500～2000倍液喷雾防治。各药交替使用。每隔7～10d施1次。连用2～3次。在傍晚时喷雾，要保证叶子的正、反面均被喷到。
4. 小菜蛾	白菜类、甘蓝类、萝卜等蔬菜	小菜蛾又名"两头尖""吊丝鬼"，为杂食性害虫。以幼虫为害，幼虫淡绿色。幼虫取食叶片后留下透明的表皮，如同菜叶开"天窗"。成虫昼伏夜出，受惊后留丝下垂或直接滚落地面，受惊后飞行不远，即重新隐蔽。	一、农业防治 1. 清洁田园，做好"拆桥"工作，方法同菜青虫；2. 合理安排种植布局，避免与十字花科蔬菜连作。 二、药剂防治 可选用2.5%多杀菌素悬浮剂800～1000倍液，23～28亿孢子/g菌粉的绿僵颗粒体病毒悬浮剂600～800倍液，1%苦参碱·印楝素（0.4%苦参碱+0.6%印楝素）水剂50000倍液，300亿OB/mL小菜蛾颗粒体病毒悬浮剂600～800倍液，印楝素15%多杀·印虫威（2.5%多杀·甲维盐+12.5%甲氨基阿维菌素苯甲酸盐乳油+5%甲氨基阿维菌素苯甲酸盐乳油）悬浮剂10000倍液，10%虫螨腈悬浮剂1500倍液，12%氟虫腈10000倍液，10%虫螨腈+9.5%虫螨腈悬浮剂1500倍液，15%（2.5%氟虫脲·虫螨腈）悬浮剂1000～1500倍液，15%甲维·氟虫腈分散粒剂1500～2000倍液，10%虫螨·印虫威（5%甲氨基阿维菌素苯甲酸盐+10%虫螨威）水剂1500～2000倍液，2.5%虫螨交替使用。各药交替防治。（各药交替使用，7.5%虫螨腈）悬浮剂2500～3000，叶子的正、反面均被喷到。每隔7～10d施1次。连用2～3次。在傍晚时喷雾，要保证叶子的正、反面均被喷到。

（续）

虫害名称	为害蔬菜种类	为害特征	防治方法
5. 夜蛾类害虫	白菜类、甘蓝类、豆类、薯芋类、萝卜等蔬菜	主要包括斜纹夜蛾、银纹夜蛾、甜菜夜蛾、甘蓝夜蛾4类。是一种杂食性和暴食性害虫。幼虫食害叶、花及果实，严重时可将全田作物吃光。低龄幼虫群聚叶背取食，留下一大块透明表皮；3龄以上幼虫钻入叶球心叶、影响蔬菜商品性。斜纹夜蛾、大龄幼虫昼伏夜出，白天躲在土块下，夜晚爬上植株取食，故又名夜盗蛾	一、农业防治 1. 可用杀虫灯、性诱剂诱杀成虫；2. 摘除卵块，集中消灭；3. 根据3龄幼虫假死习性，可振落地面捕杀；4. 可用蜘蛛、大螟蜂或赤眼蜂等天敌控制此虫为害 二、药剂防治 掌握在幼虫2龄期前用药。50亿PIB/mL棉铃虫核型多角体病毒悬浮剂800倍液、15%多杀（2.5%多杀霉素+12.5%茚虫威）·印楝素悬浮剂10 000倍液、5%甲氨基阿维菌素苯甲酸盐乳油10 000倍液、24%甲虫酰肼悬浮剂2 500倍液、5%氟虫脲乳油1 000倍液、15%茚虫威悬浮剂3 500倍液、5%氟虫脲悬浮剂2 000倍液、12%氰氟脲（2.5%氯虫苯甲酰胺+9.5%虫螨腈）悬浮剂1 000～1 500倍液、10%虫螨（2.5%茚虫威+7.5%虫螨井（2%甲维·虫酰肼）悬浮剂2 500～3 000倍液、20%甲氧虫酰肼）悬浮剂2 500～3 000倍液、18%甲维·氟啶脲（5%甲氨基阿维菌素苯甲酸盐+10%氟啶脲）水分散粒剂1 500～2 000倍液交替使用。各药交替使用，每隔7～10d施1次，连用2～3次。在傍晚时喷雾，叶子的正、反面均被喷到
6. 甘薯天蛾	薯芋类等蔬菜	初孵幼虫潜入未展开的嫩叶内啃害，有的吐丝把薯叶卷成小虫苞，匿居其中晴天枯死，无法展开叶片留下表皮，严重的把薯叶留下表皮，轻者叶畸缩或叶脉基部遗留痕迹，也有的故啃食出缺刻或孔洞。影响作物生长发育	一、农业防治 1. 冬、春季清除田边地角杂草、枯叶，消灭越冬蛹寄主，结合耕地破坏蛹室，把土中越冬蛹暴露在地表或犁耙拾灭蛹；2. 当发现叶片被咬伤，组织人力捕捉幼虫，利用成虫的趋光性，在田间设置诱蛾灯诱杀 二、药剂防治 用8 000IU/mg苏云金杆菌可湿性粉剂10 000倍液、4.5%高效氯氰菊酯水乳剂1 500倍液、15%甲维·氟啶脲（5%甲氨基阿维菌素苯甲酸盐+10%氟啶脲）水分散粒剂1 500～2 000倍液防治。各药交替使用，每隔7～10d施1次，连用2～3次。在傍晚时喷雾，叶子的正、反面均被喷到

（续）

虫害名称	为害蔬菜种类	为害特征	防治方法
7. 瓜绢螟	瓜类等蔬菜	瓜绢螟又称瓜螟、瓜野螟。低龄幼虫在叶背啃食叶肉，呈灰白斑。3龄后将叶丝缀或嫩梢缀合，藏匿其中取食，致使叶片穿孔或仅留叶脉。幼虫常蛀入瓜内，影响产量和质量	一、农业防治 1. 及时清理瓜地，消灭藏匿于枯藤、落叶中的虫蛹；2. 在幼虫发生初期及时摘除卷叶，以消灭部分幼虫 二、药剂防治 在幼虫盛发期，可选用5%甲氨基阿维菌素苯甲酸盐乳油10 000倍液、24%甲氧虫酰肼悬浮剂2 500倍液、12%氟啶脲·虫螨腈（2.5%氟啶脲+9.5%虫螨腈）悬浮剂1 000~1500倍液10%虫螨·茚虫威（2.5%茚虫威+7.5%虫螨腈）悬浮剂2 500~3 000倍液、20%甲维·虫酰肼（2%甲氨基阿维菌素+18%甲氧虫酰肼）悬浮剂2 500~3 000倍液、15%甲维·氟啶脲（5%甲氨基阿维菌素苯甲酸盐+10%氟啶脲）水分散粒剂1 500~2 000倍液、4.5%高效氯氟氰菊酯水乳剂1 500倍液高效喷雾防治。各药交替使用，每隔7~10d施1次，连用2~3次。在傍晚时喷药
8. 豇豆荚螟	豆科等蔬菜	幼虫蛀入花蕾和豆荚，造成豆粒蛀孔并排有绿色虫类。幼虫还可蛀食嫩茎、纵卷叶片及蚕食叶肉，造成落花、落荚、枯梢，严重影响豆类蔬菜产量和品质	一、农业防治 1. 及时清除田间落花、落荚，并摘除被害的卷叶和豆荚。以减少虫源；2. 在豆田架设黑光灯诱杀成虫 二、药剂防治 现蕾开花后，用0.5%印楝素乳油800~1 000倍液、2%苦参碱水剂1 500~2 000倍液、24%甲氧虫酰肼悬浮剂2 000倍液、5%甲氨基阿维菌素苯甲酸盐乳油10 000倍液、15%茚虫威悬浮剂3 000倍液、12%氟啶脲·虫螨腈（2.5%氟啶脲+9.5%虫螨腈）悬浮剂1 000~1500倍液、10%虫螨·茚虫威（2.5%茚虫威+7.5%虫螨腈）悬浮剂2 500~3 000倍液、20%甲维·虫酰肼（2%甲氨基阿维菌素+18%甲氧虫酰肼）悬浮剂2 500~3 000倍液、15%甲维·氟啶脲（5%甲氨基阿维菌素苯甲酸盐+10%氟啶脲）水分散粒剂1 500~2 000倍液交替喷雾防治。各药交替使用，每隔7~10d施1次，连用2~3次。在傍晚喷药时喷药

（续）

虫害名称	为害蔬菜种类	为害特征	防治方法
9. 菜螟	白菜类、甘蓝类、萝卜等蔬菜	菜螟又名钻心虫、钻心虫。为害蔬菜幼苗期心叶及叶片，受害苗因生长点被破坏，停止生长或萎蔫死亡，造成缺苗断垄。甘蓝、白菜、萝卜受害后，不能结球，肉质根不膨大，并能传播软腐病，导致减产	一、农业防治 1. 清洁田园，残枯叶片销毁；2. 出苗后及时翻耕土地，可消灭一部分在表土或枯叶残株内的越冬幼虫；3. 调整播种期，与菜螟盛发期错开；4. 适当灌水，增加田间湿度，抑制害虫 二、药剂防治 在成虫盛发和幼虫孵化期喷杀，重点在5～6叶期。可选用8 000IU/mg苏云金杆菌可湿性粉剂300～500倍液，60g/L乙基多杀菌素悬浮剂1 200～1 500倍液，15%茚虫威悬浮剂3 000倍液，5%甲氨基阿维菌素苯甲酸盐乳油10 000倍液，12%氰氟虫腙（2.5%氟螨腈＋9.5%虫螨腈）悬浮剂1 000～1 500倍液，20%甲维·虫酰肼（2%甲氨基阿维菌素苯甲酸盐＋18%甲氧虫酰肼）悬浮剂2 500～3 000倍液，15%甲维·氟啶脲（5%甲氨基阿维菌素苯甲酸盐＋10%氟啶脲）水分散粒剂1 500～2 000倍液喷雾防治。每隔7～10d施1次，连用2～3次
10. 烟青虫	茄果类等蔬菜	成虫为烟夜蛾。与棉铃虫蛀食相似。主要为害青椒、番茄，以幼虫蛀食蕾、花、果实，也食嫩茎、叶落果，实被蛀食后，引起腐烂，大量落果，是造成减产的主要原因	一、农业防治 结合整枝打杈，减少卵量，及时摘除虫果，以压低虫口 二、药剂防治 可选用5%甲氨基阿维菌素苯甲酸盐乳油10 000倍液，24%甲氧虫酰肼悬浮剂4 000倍液，5%氟虫脲乳油1 000倍液，15%茚虫威悬浮剂2 500～3 000倍液，10%虫螨腈（2.5%茚虫威＋7.5%早螨啶）悬浮剂2 500～3 000倍液，20%甲维·虫酰肼（2%甲氨基阿维菌素苯甲酸盐＋18%甲氧虫酰肼）悬浮剂2 500～3 000倍液喷雾防治。各药交替使用，每隔7～10d施1次，连用2～3次

（续）

虫害名称	为害蔬菜种类	为害特征	防治方法
11. 美洲斑潜蝇	茄果类、豆类、瓜类、十字花科、葱蒜类等蔬菜	美洲斑潜蝇俗称蔬菜斑潜蝇。成、幼虫均可为害，雌成虫刺伤植物叶片取食和产卵，幼虫潜入叶片和叶柄为害，产生不规则蛇形白色虫道，破坏叶绿素，影响光合作用。受害重的叶片脱落，造成花芽、果实被灼伤，严重的造成毁苗。美洲斑潜蝇发生初期，虫道终端常明显变宽，别于番茄斑潜蝇	一、农业防治 1. 严格检疫，防止该虫扩大蔓延；2. 瓜类、茄果类、豆类等与其不为害作物套种或轮作；3. 适当稀植，增加田间通透性，沤肥或深埋；4. 及时清洁田园，把被斑潜蝇为害作物的残体集中深埋、沤肥或烧毁；5. 采用灭蝇纸诱杀成虫 二、药剂防治 在受害作物叶片发现幼虫5头时，在幼虫2龄前，可选用10%虫螨腈·印虫威（2.5%印虫威+7.5%虫螨腈）悬浮剂2 500～3 000倍液，25%乙基多杀菌素水分散粒剂3 500～4 500倍液，10%虫螨腈（2.5%氟螨脲+9.5%虫螨腈）悬浮剂1 000～1 500倍液，5%甲氨基阿维菌素苯甲酸盐油10 000倍液，30%灭蝇胺可湿性粉剂1 500～2 000倍液，5%噻螨酮乳油2 000倍液喷雾防治。各药交替使用，每隔7～10d施1次，连用2～3次
12. 茶黄螨	瓜类、茄果类、豆类、绿叶菜类等蔬菜	茶黄螨又称白蜘蛛。雌螨浓黄至橙黄色，肉眼很难看见。成螨或幼螨集中在幼苗幼嫩部位及生长点周围，剌吸植物汁液。轻者叶片缓慢伸开，变厚、变硬，叶背呈灰褐色，具油质光泽，严重的幼苗叶片变小，叶缘向下卷，叶片浓绿，不长叶，致生长点枯死，其余叶色浓绿，幼茎变为黄褐色。该虫上为害状与生理病、病毒病相似，生产上主要注意诊断	一、农业防治 1. 定期清理茶园，保持作物的卫生和简洁。蔬菜等收获后要及时将枝叶上的残枝叶收拾清理干净，减少虫源；2. 在中的茶螨侵害别的植株，进一步减少虫源 二、药剂防治 茶黄螨生活周期短，繁殖力极强，应特别注意早期防治。可选用0.5%印楝素乳油600～800倍液、0.5%藜芦根茎提取物可溶液剂400～500倍液、100亿孢子/g白僵菌粉剂1 000～1 500倍液、虫螨腈（2.5%氟螨脲+9.5%虫螨腈）悬浮剂1 500～2 000倍液防治1 000～12%氟螨脲、43%联苯肼酯悬浮剂1 500～2 000倍液，连用2～3次。各药交替使用，每隔7～10d施1次，重点喷洒植株上部的嫩叶青面、花器、生长点及幼果等部位

（续）

虫害名称	为害蔬菜种类	为害特征	防治方法
13. 红蜘蛛	茄果类、瓜类、豆类、绿叶菜类等蔬菜	红蜘蛛又称朱砂叶螨、红蛛。寄主范围很广。虫体很小，肉眼勉强可见。聚集在叶片背面刺吸叶汁，轻则叶红叶，重则落叶，状如火烧，辣椒、茄子、豆类等蔬菜，在干旱时红蜘蛛发生严重，严重影响后期质量。仔细观察叶片背面，可见不断移动的红色小点，即为红蜘蛛	一、农业防治 1. 铲除田边杂草，清除残株败叶，消灭部分虫源；2. 天气干旱时，注意灌溉，增加田间湿度，可抑制其繁殖 二、药剂防治 幼虫为害初期，可选用0.5%印楝素乳油800～1000倍液，100亿孢子/g白僵菌粉剂600～800倍液、12%氟螟、虫螨腈（2.5%噻螨酮+9.5%虫螨腈悬浮剂1000～1500倍液、10%虫螨腈悬浮剂1000～1500倍液）悬浮剂1000～1500倍液。各药交替使用，每隔7～10d施1次，连用2～3次。重点喷洒嫩叶背面、花蕾、生长点及幼果等部位
14. 根结线虫	茄果类、瓜类、绿叶菜类等蔬菜	主要发生在根部的须根或侧根上。病部产生肥肿畸形瘤状结。解剖根结之上可生出细弱新根，再发病，则形成根结病，重度来病，重病株矮小。生育不良。地上部症状一般不明显，结果少。干旱时中午萎蔫或提早枯死。根结线虫集中分布在3～9mm表土层	一、农业防治 1. 合理轮作，采用无病育苗；2. 根结线虫集中烧段或深埋；3. 病残体集中烧段或深埋，高温、高湿杀死线虫；4. 采用基质栽培；5. 夏季采用高温闷棚处理，可彻底防治根结线虫；6. 实行水旱轮作。 二、药剂防治 定植前处理土壤，将98%棉隆微粒剂30kg/亩施入土中闷杀。定植后每亩用5%甲氨基阿维菌素苯甲酸盐乳油500mL/亩冲施或滴灌。或用5%甲氨基阿维菌素苯甲酸盐1500倍液灌根。各药交替使用，每隔7～10d施1次，连用2～3次
15. 黄条跳甲	白菜类、甘蓝类、萝卜等蔬菜	黄条跳甲又名菜蚤。成虫食叶，成虫食叶后整株死亡，叶片被啃咬孔洞而致枯萎；幼虫食根部，可使菜苗枯死。刚出土的幼苗子叶被食成孔洞而致枯萎；幼虫啃食根部，可使菜苗枯死	一、农业防治 1. 清除菜地残株落叶，铲除杂草；2. 播种前深耕晒堡；3. 铺设地膜，避免成虫把卵产在根上 二、药剂防治 可用0.5%印楝素乳油800～1000倍液，2%苦参碱水剂1500～2000倍液，4.5%高效氯氰菊酯乳油1500倍液，10%吡虫啉可湿性粉剂1500倍液或5%甲氨基阿维菌素苯甲酸盐乳油10000倍液喷雾或喷淋防治。各药交替使用，每7d施1次，连续2～3次

（续）

虫害名称	为害蔬菜种类	为害特征	防治方法
16. 猿叶虫	白菜类、甘蓝类、萝卜等蔬菜	成虫和幼虫取食叶片并群聚为害，致使叶片干疮百孔，严重时吃成网状，仅留叶脉，造成减产	一、农业防治 秋季结合积肥，清除菜田残株败叶，铲除杂草，消灭越冬虫源及早春害虫食料 二、药剂防治 可选用2.5%多杀菌素悬浮剂300~500倍液，8 000IU/mg苏云金杆菌可湿性粉剂1 500倍液，5%甲氨基阿维菌素苯甲酸盐乳油10 000倍液。各药交替使用，每隔7~10d施1次，连用2~3次
17. 黄守瓜	主要为害瓜类蔬菜	黄守瓜又名黄萤、瓜守。成虫取食瓜苗的叶和嫩茎，也为害花及幼瓜。幼虫在土中咬食瓜内为害根，导致瓜苗整株枯死，还可蛀入接近地表的瓜内为害	一、农业防治 1. 用温床育苗，提早移栽；2. 雄花初现蕾时，摘除部分雄花花蕾，可提高产量；3. 合理间作，瓜类与甘蓝、芹菜及莴苣等间作可明显减轻受害；4. 在瓜田撒草木灰可阻止成虫产卵 二、药剂防治 瓜类对药剂敏感，用药应慎重。可选用0.5%印楝素杀虫乳油800~1 000倍液，24%甲氧虫酰肼悬浮剂2 000倍液，4.5%高效氯氰菊酯水乳剂1 500倍液，每隔7~10d施1次，连用2~3次。各药液交替防治。
18. 28星瓢虫	茄果类、瓜类等蔬菜	28星瓢虫又名花大姐、茄瓢子。成虫和幼虫舔食瓜叶肉，严重时全叶食尽，此外舔食瓜果表面、残留上表皮成网状，带有苦味，受害部位变硬，影响产量质量	一、农业防治 1. 人工捕捉成虫，利用成虫假死习性，用盆承叩打植株，使之坠落，收集消灭；2. 人工摘除卵块，此虫产卵集中成群，颜色鲜艳，极易发现，易于摘除 二、药剂防治 可选用4.5%高效氯氰菊酯乳剂1 500倍，20%甲氰菊酯乳油1 200倍液，25%噻虫嗪水分散粒剂1 500~2 000倍液喷雾防治。各药交替使用，每隔7~10d施1次，连用2~3次

（续）

虫害名称	为害蔬菜种类	为害特征	防治方法
19. 菜蝽象	白菜类、甘蓝类、直根类等蔬菜	成虫和若虫剌吸蔬菜汁液，尤喜剌吸嫩芽、嫩茎、嫩叶，花蕾和幼荚。被剌处留下黄白色至黑褐色斑点，幼苗子叶期则萎蔫甚至枯死；花期受害则不能结荚或籽粒不饱满。此外，还可传播软腐病	一、农业防治 1. 冬耕和清理菜地，可消灭部分越冬成虫；2. 人工摘除卵块 二、药剂防治 可用54.5%高效氯菊酯水乳剂1500倍液，20%甲氰菊酯乳油1200倍液，10%吡虫啉可湿性粉剂1500倍，3%啶虫脒乳油2000倍液喷雾防治。各药交替使用。每7d施1次，连续2~3次
20. 短额负蝗	白菜类、甘蓝类、直根类、豆类、茄果类、薯芋类等蔬菜	短额负蝗俗称尖头蚂蚱。成虫及若虫食叶，影响作物生长发育，降低蔬菜商品价值	一、农业防治 1. 保护青蛙、蟾蜍等天敌；2. 人工捕杀 二、药剂防治 选用4.5%高效氯菊酯水乳剂1500倍液，20%甲氰菊酯乳油1200倍液喷雾防治。各药交替使用。每7d施1次，连续2~3次
21. 豆芫菁	豆类、茄果类、马铃薯及绿叶蔬菜类等蔬菜	成虫群集，大量取食叶片及花瓣，影响结实	一、农业防治 冬耕冻垡，可消灭部分越冬伪蛹 二、药剂防治 可用4.5%高效氯菊酯水乳剂1500倍液，20%甲氰菊酯乳油1200倍液喷雾防治。各药交替使用。每7d施1次，连续2~3次
22. 蚕豆象	蚕豆等蔬菜	幼虫蛀荚、食害豆粒，影响产量和品质。蚕豆胚部受害，影响发芽率	一、农业防治 在蚕豆收获半个月内，将脱粒晒干后的种子，置入密闭容器内 二、药剂防治 在产卵盛期或卵孵化以前，用4.5%高效氯菊酯水乳剂1500倍液，20%甲氰菊酯乳油1200倍液，5%阿维菌素甲氨基苯甲酸盐乳油10000倍液喷雾防治。各药交替使用，每7d施1次，连续2~3次

（续）

虫害名称	为害蔬菜种类	为害特征	防治方法
23. 种蝇	白菜类、甘蓝类、直根类、葱蒜类、豆类、瓜类等蔬菜	种蝇又名地蛆、菜蛆、根蛆。蝇蛆在土中为害播下的蔬菜种子，取食胚乳或子叶，引起种芽畸形、腐烂，不能出苗；在留种菜株上为害根部，引起根茎腐烂或枯死	一、农业防治 1. 加强预测预报，抓住成虫产卵高峰及地蛆孵化盛期，及时防治；2. 种蝇对生粪有趋性，因此禁用未腐熟的有机肥料作基肥；3. 播种时，要勤灌溉，必要时可水浇灌，以阻止种蝇产卵，抑制地蛆活动及淹死幼虫 二、药剂防治 在成虫发生期用5%甲氨基阿维菌素苯甲酸盐乳油10000倍液、5%氟虫脲乳油2000倍液、30%灭蝇胺可湿性粉剂1500倍液、50%辛硫磷乳油喷雾防治。各药交替使用，每7d施1次，连续3～4次 4. 5%高效氯氰菊酯乳剂1500倍液
24. 金针虫	各类蔬菜种子、幼苗	幼虫在土中取食播下的种子、幼芽、菜苗的根部，使作物枯死，造成缺苗断垄、甚至毁种	一、农业防治 1. 在深秋或初冬耕翻冻垄，使幼虫暴露于地表面冻死；2. 避免使用未腐熟的厩肥 二、药剂防治 播种前，用100亿孢子/g白僵菌粉剂1000g与细土10kg或潮麦麸5～10kg、大豆粉1kg混匀后，随种子一起六施或随耕地机沟施，盖土即可。苗期用100亿孢子/g白僵菌粉剂1000g与少量麦麸搅拌均匀，于傍晚分成小份放置在田间植株根部遮阴处
25. 食根金花虫	茭白、藕等水生蔬菜	幼虫为害茎节和不定根，被害处呈黑褐色斑点，引起根部发黑腐烂，植株受害后，矮小黄瘦，地上部分叶片和花蕾发黄、枯萎，生长受阻，病菌极易侵入根茎引起腐烂。成虫和初孵幼虫还能啃食嫩叶，造成缺刻或空洞	一、农业防治 1. 实行水旱轮作，连食根金花虫发生重的田块改种旱生作物1～2年，或冬季排除田间积水，尤其是眼子菜和鸭舌草等，清除田间杂草；2. 清除田间越冬产卵及产卵场所；3. 结合整田、施药灭虫 二、药剂防治 在灾实栽种或莲藕发芽前选用25%杀虫双剂500倍液喷雾防治，施，在成虫发生初期选用5%辛硫磷颗粒剂2.5～3kg撒

（续）

虫害名称	为害蔬菜种类	为害特征	防治方法
26. 叶蝉	茭白、大豆、马铃薯等蔬菜	成、若虫刺吸植株汁液。可使叶片枯卷、褪色、畸形，甚至全叶枯死。另外，该类虫还是病毒病的主要传播媒介	一、农业防治 1. 选用抗虫、抗病品种；2. 冬季清除苗圃内的落叶、杂草，减少越冬虫源；3. 用黑光灯诱杀成虫，然后集中销毁。二、药剂防治 于若虫低龄、或成、若虫群集时湿喷药剂防治。选用10%吡虫啉可湿性粉剂1500倍液，4.5%高效氯氰菊酯乳剂1500倍液，25%噻虫嗪水分散粒剂1500~2000倍，20%甲氰菊酯乳油1500~2000倍液喷雾水分散剂使用。各药交替使用，每7~10d施1次，连续2~3次
27. 小地老虎	各类蔬菜	小地老虎又名黑土蚕。幼虫将幼苗近地面处咬断，使整株死亡，造成缺苗断垄，甚至毁种	一、农业防治 1. 加强测预报，可用黑光灯或糖醋诱蛾法；2. 早春清除田草及周围杂草，防治成虫产卵；3. 用黑光灯和糖醋诱蛾捕杀成虫；4. 人工捕捉。二、药剂防治 可用毒饵诱杀幼虫。将100亿孢子/g白僵菌粉剂1000g与少量麦麸拌均匀，于傍晚分成小份放置在田间植株根部遮阴处，也可用5%氟虫脲乳油1000倍液或2.5%多杀菌素悬浮剂1000倍液灌根防治。各药交替使用，每隔7~10d施1次，连用2~3次
28. 蛴螬	各类蔬菜	蛴螬又称白土蚕。幼虫食害各种蔬菜幼苗的根系，可使蔬菜秧苗致死，造成缺苗断垄	一、农业防治 1. 加强预测预报，调查地下土壤有虫头数，3头/m²时必须采取防治措施；2. 冬季深耕冻垡，可明显减轻第二年的为害情况；3. 合理安排茬口，前茬为豆类、花生、甘薯和玉米的地块，常会引起蛴螬的严重发生；4. 避免使用未腐熟过的厩肥，合理施用化肥，合铵化肥，可散发出氨气，对蛴螬等地下害虫有一定的驱避作用；5. 在不影响作物生长发育的前提下，合理灌溉。二、药剂防治 可选用100亿孢子/g白僵菌粉剂1000g与少量麦麸拌均匀，或100亿孢子/g白僵菌粉剂在田间植株根部遮阴用；选用23~28亿孢子/g绿僵菌粉干傍晚分成小份放置在田间植株根部遮阴处；选用23~28亿孢子/g绿僵菌粉稀释600~800灌根；或100亿孢子/g白僵菌粉2kg与细土50kg或腐熟有机肥100kg混匀后撒施。每隔7~10d施1次，连用2~3次

（续）

虫害名称	为害蔬菜种类	为害特征	防治方法
29.油葫芦	各类蔬菜	食叶成缺刻或空洞，有的咬食花茎或根	1.灯光诱杀成虫 2.毒饵诱杀：苗期，可选用100亿孢子/g白僵菌粉剂1 000g与少量麦麸搅拌均匀于傍晚分成小份放置在田间植株根部遮阴处。施药要从田四周开始，向中间推进
30.蜗牛	甘蓝类、白菜类、直根类、豆类及薯芋类等蔬菜	取食作物茎、叶、幼苗，严重时造成缺苗断垄	一、农业防治 1.冬季清沟理墒，将沟土深埋；2.冬季深耕冻垡，改墒填沟，对消灭蜗牛有显著效果；3.发生初期，在畦边、田边四周撒石灰粉隔离 二、药剂防治 撒施6%四聚乙醛杀螺颗粒剂0.5kg/亩防治。每隔7～10d施1次，连用2～3次
31.蛞蝓	各类蔬菜	取食蔬菜叶片成孔洞，尤以幼苗、嫩叶为害最烈	一、农业防治 1.冬季清沟理墒，将沟土深埋；2.冬季深耕冻垡，改墒填沟；3.发生初期，在畦边、田边四周撒石灰粉隔离 二、药剂防治 撒施6%四聚乙醛杀螺颗粒剂0.5kg/亩防治。每隔7～10d施1次，连用2～3次
32.韭蛆	主要为害葱蒜类蔬菜	幼虫蛀入葱、蒜、韭等鳞茎内，引起腐烂，叶片枯黄、萎蔫，甚至成片死亡。韭菜受害后造成缺苗断垄，甚至全田毁种	一、农业防治 1.施用充分腐熟有机肥；2.用糖醋液诱杀成虫 二、药剂防治 成虫发生期后10d内，用2%苦参碱水剂1 000倍液、30%灭蝇胺可湿性粉剂1 500倍液、4.5%高效氯氰菊酯1 500倍液、5%氟虫脲乳油2 000倍液喷淋防治。各药交替使用，连续2～3次。蔬菜收前半个月停止用药

183

（续）

虫害名称	为害蔬菜种类	为害特征	防治方法
33. 蓟马	瓜类、葱蒜类、豆类、茭白等蔬菜	成虫、若虫刺吸瓜类、葱等嫩梢、嫩叶、花和幼瓜的汁液，使葱形成许多菱形黄白斑纹。被害嫩叶、嫩梢变硬缩小，植株生长缓慢，节间缩短。茄子受害时，叶脉变黑褐色	一、农业防治 1. 瓜苗出土后，用薄膜覆盖能大大降低虫口；2. 清除田间附近野生茄科植物，减少虫源 二、药剂防治 可选用 2.5%多杀菌素悬浮剂 1 000 倍液、0.5%印楝素乳油 800～1 000 倍液、60g/L 多杀菌素悬浮剂 2 500～5 000 倍液、25%噻虫嗪水分散粒剂 1 500～2 000 倍液、10%虫螨悬浮剂 1 000～1 500 倍液、20%联苯·虫螨腈悬浮剂 1 500 倍液（6%联苯菊酯＋14%虫螨腈）悬浮剂 1 200～1 500 倍液、4.5%高效氯氰菊酯乳剂 1 500 倍液喷雾使用，各药交替防治。每隔 7～10d 1 次，连用 2～3 次

附件 1 绿色食品生产允许使用的农药清单

AA 级和 A 级绿色食品生产可按照农药产品标签或《农药合理使用准则》（GB/T 8321）的规定（不属于农药使用登记范围的产品除外）使用表 1 中的农药。

表 1　AA 级和 A 级绿色食品生产均允许使用的农药清单

类别	物质名称	备注
Ⅰ. 植物和动物来源	楝素（苦楝、印楝等提取物，如印楝素等）	杀虫
	天然除虫菊素（除虫菊科植物提取液）	杀虫
	小檗碱（黄连、黄柏等提取物）	杀菌
	蛇床子素（蛇床子提取物）	杀虫、杀菌
	苦参碱及氧化苦参碱（苦参等提取物）	杀虫
	大黄素甲醚（大黄、虎杖等提取物）	杀菌
	乙蒜素（大蒜提取物）	杀菌
	苦皮藤素（苦皮藤提取物）	杀虫
	藜芦碱（百合科藜芦属和喷嚏草属植物提取物）	杀虫
	桉油精（桉树叶提取物）	杀虫
	植物油（如薄荷油、松树油、香菜油、八角茴香油等）	杀虫、杀螨、杀真菌、抑制发芽
	寡聚糖（甲壳素）	杀菌、植物生长调节
	天然诱集和杀线虫剂（如万寿菊、孔雀草、芥子油等）	杀线虫
	具有诱杀作用的植物（如香根草等）	杀虫
	植物醋（如食醋、木醋、竹醋等）	杀菌
	菇类蛋白多糖（菇类提取物）	杀菌
	水解蛋白质	引诱
	蜂蜡	保护嫁接和修剪伤口
	明胶	杀虫
	具有驱避作用的植物提取物（大蒜、薄荷、辣椒、花椒、薰衣草、柴胡、艾草、辣根等的提取物）	驱避
	害虫天敌（如寄生蜂、瓢虫、草蛉、捕食螨等）	控制虫害
Ⅱ. 微生物来源	真菌及真菌提取物（白僵菌、轮枝菌、木霉菌、耳霉菌、淡紫拟青霉、金龟子绿僵菌、寡雄腐霉菌等）	杀虫、杀菌、杀线虫
	细菌及细菌提取物（芽孢杆菌类、荧光假单胞杆菌、短稳杆菌等）	杀虫、杀菌

（续）

类别	物质名称	备注
Ⅱ.微生物来源	病毒及病毒提取物（核型多角体病毒、质型多角体病毒、颗粒体病毒等）	杀虫
	多杀霉素、乙基多杀菌素	杀虫
	春雷霉素、多抗霉素、井冈霉素、嘧啶核苷类抗菌素、宁南霉素、申嗪霉素、中生菌素	杀菌
	S-诱抗素	植物生长调节
Ⅲ.生物化学产物	氨基寡糖素、低聚糖素、香菇多糖	杀菌、植物诱抗
	几丁聚糖	杀菌、植物诱抗、植物生长调节
	苄氨基嘌呤、超敏蛋白、赤霉酸、烯腺嘌呤、羟烯腺嘌呤、三十烷醇、乙烯利、吲哚丁酸、吲哚乙酸、芸薹素内酯	植物生长调节
Ⅳ.矿物来源	石硫合剂	杀菌、杀虫、杀螨
	铜盐（如波尔多液、氢氧化铜等）	杀菌，每年铜使用量不能超过 6kg/hm²
	硫黄	杀菌、杀螨、驱避
	高锰酸钾	杀菌，仅用于果树和种子处理
	氢氧化钙（石灰水）	杀菌、杀虫
	碳酸氢钾	杀菌
	矿物油	杀虫、杀螨、杀菌
	氯化钙	用于治疗缺钙带来的抗性减弱
	硅藻土	杀虫
	黏土（如斑脱土、珍珠岩、蛭石、沸石等）	杀虫
	硅酸盐（硅酸钠、石英）	驱避
	硫酸铁（3价铁离子）	杀软体动物
Ⅴ.其他	二氧化碳	杀虫，用于储存设施
	过氧化物类和含氯类消毒剂（如过氧乙酸、二氧化氯、二氯异氰尿酸钠、三氯异氰尿酸等）	杀菌，用于土壤、培养基质、种子和设施消毒
	乙醇	杀菌
	海盐和盐水	杀菌，仅用于种子（如稻谷等）处理
	软皂（钾肥皂）	杀虫
	松脂酸钠	杀虫
Ⅴ.其他	乙烯	催熟等
	石英砂	杀菌、杀螨、驱避
	昆虫性信息素	引诱或干扰
	磷酸氢二铵	引诱

注：国家新禁用或列入《限制使用农药名录》的农药未列入。

附件 2　A 级绿色食品生产允许使用的其他农药清单

当附件 1 表 1 所列农药不能满足生产需要时，A 级绿色食品生产还可按照农药产品标签或 GB/T 8321 的规定使用下列农药：

1. 杀虫杀螨剂

（1）苯丁锡 fenbutatin oxide

（2）吡丙醚 pyriproxifen

（3）吡虫啉 imidacloprid

（4）吡蚜酮 pymetrozine

（5）虫螨腈 chlorfenapyr

（6）除虫脲 diflubenzuron

（7）啶虫脒 acetamiprid

（8）氟虫脲 flufenoxuron

（9）氟啶虫胺腈 sulfoxaflor

（10）氟啶虫酰胺 flonicamid

（11）氟铃脲 hexaflumuron

（12）高效氯氰菊酯 beta-cypermethrin

（13）甲氨基阿维菌素苯甲酸盐 emamectin benzoate

（14）甲氰菊酯 fenpropathrin

（15）甲氧虫酰肼 methoxyfenozide

（16）抗蚜威 pirimicarb

（17）喹螨醚 fenazaquin

（18）联苯肼酯 bifenazate

（19）硫酰氟 sulfuryl fluoride

（20）螺虫乙酯 spirotetramat

（21）螺螨酯 spirodiclofen

（22）氯虫苯甲酰胺 chlorantraniliprole

（23）灭蝇胺 cyromazine

（24）灭幼脲 chlorbenzuron

（25）氰氟虫腙 metaflumizone

（26）噻虫啉 thiacloprid

（27）噻虫嗪 thiamethoxam

（28）噻螨酮 hexythiazox

（29）噻嗪酮 buprofezin

（30）杀虫双 bisultap thiosultapdisodium

（31）杀铃脲 triflumuron

（32）虱螨脲 lufenuron

（33）四聚乙醛 metaldehyde

（34）四螨嗪 clofentezine

（35）辛硫磷 phoxim

（36）溴氰虫酰胺 cyantraniliprole

（37）乙螨唑 etoxazole

（38）茚虫威 indoxacard

（39）唑螨酯 fenpyroximate

2. 杀菌剂

(1) 苯醚甲环唑 difenoconazole

(2) 吡唑醚菌酯 pyraclostrobin

(3) 丙环唑 propiconazol

(4) 代森联 metriam

(5) 代森锰锌 mancozeb

(6) 代森锌 zineb

(7) 稻瘟灵 isoprothiolane

(8) 啶酰菌胺 boscalid

(9) 啶氧菌酯 picoxystrobin

(10) 多菌灵 carbendazim

(11) 噁霉灵 hymexazol

(12) 噁霜灵 oxadixyl

(13) 噁唑菌酮 famoxadone

(14) 粉唑醇 flutriafol

(15) 氟吡菌胺 fluopicolide

(16) 氟吡菌酰胺 fluopyram

(17) 氟啶胺 fluazinam

(18) 氟环唑 epoxiconazole

(19) 氟菌唑 triflumizole

(20) 氟硅唑 flusilazole

(21) 氟吗啉 flumorph

(22) 氟酰胺 flutolanil

(23) 氟唑环菌胺 sedaxane

(24) 腐霉利 procymidone

(25) 咯菌腈 fludioxonil

(26) 甲基立枯磷 tolclofos-methyl

(27) 甲基硫菌灵 thiophanate-methyl

(28) 腈苯唑 fenbuconazole

(29) 腈菌唑 myclobutanil

(30) 精甲霜灵 metalaxyl-M

(31) 克菌丹 captan

(32) 喹啉铜 oxine-copper

(33) 醚菌酯 kresoxim-methyl

(34) 嘧菌环胺 cyprodinil

(35) 嘧菌酯 azoxystrobin

(36) 嘧霉胺 pyrimethanil

(37) 棉隆 dazomet

(38) 氰霜唑 cyazofamid

(39) 氰氨化钙 calcium cyanamide

(40) 噻呋酰胺 thifluzamide

(41) 噻菌灵 thiabendazole

(42) 噻唑锌

(43) 三环唑 tricyclazole

(44) 三乙膦酸铝 fosetyl-aluminium

(45) 三唑醇 triadimenol

(46) 三唑酮 triadimefon

(47) 双炔酰菌胺 mandipropamid

(48) 霜霉威 propamocarb

(49) 霜脲氰 cymoxanil

(50) 威百亩 metam-sodium

(51) 萎锈灵 carboxin

(52) 肟菌酯 trifloxystrobin

(53) 戊唑醇 tebuconazole

(54) 烯肟菌胺

(55) 烯酰吗啉 dimethomorph

(56) 异菌脲 iprodione

(57) 抑霉唑 imazalil

3. 除草剂

（1）2 甲 4 氯 MCPA

（2）氨氯吡啶酸 picloram

（3）苄嘧磺隆 bensulfuron-methyl

（4）丙草胺 pretilachlor

（5）丙炔噁草酮 oxadiargyl

（6）丙炔氟草胺 flumioxazin

（7）草铵膦 glufosinate-ammonium

（8）二甲戊灵 pendimethalin

（9）二氯吡啶酸 clopyralid

（10）氟唑磺隆 flucarbazone-sodium

（11）禾草灵 diclofop-methyl

（12）环嗪酮 hexazinone

（13）磺草酮 sulcotrione

（14）甲草胺 alachlor

（15）精吡氟禾草灵 fluazifop-P

（16）精喹禾灵 quizalofop-P

（17）精异丙甲草胺 s-metolachlor

（18）绿麦隆 chlortoluron

（19）氯氟吡氧乙酸（异辛酸）fluroxypyr

（20）氯氟吡氧乙酸异辛酯 fluroxypyr-mepthyl

（21）麦草畏 dicamba

（22）咪唑喹啉酸 imazaquin

（23）灭草松 bentazone

（24）氰氟草酯 cyhalofop butyl

（25）炔草酯 clodinafop-propargyl

（26）乳氟禾草灵 lactofen

（27）噻吩磺隆 thifensulfuron-methyl

（28）双草醚 bispyribac-sodium

（29）双氟磺草胺 florasulam

（30）甜菜安 desmedipham

（31）甜菜宁 phenmedipham

（32）五氟磺草胺 penoxsulam

（33）烯草酮 clethodim

（34）烯禾啶 sethoxydim

（35）酰嘧磺隆 amidosulfuron

（36）硝磺草酮 mesotrione

（37）乙氧氟草醚 oxyfluorfen

（38）异丙隆 isoproturon

（39）唑草酮 carfentrazone-ethyl

4. 植物生长调节剂

（1）1-甲基环丙烯 1 - methylcyclopropene

（2）2,4 -滴 2,4 - D（只允许作为植物生长调节剂使用）

（3）矮壮素 chlormequat

（4）氯吡脲 forchlorfenuron

（5）萘乙酸 1 - naphthal acetic acid

（6）烯效唑 uniconazole

国家新禁用或列入《限制使用农药名录》的农药未列入。

参考文献

程智慧，等，2017. 蔬菜栽培学各论. 北京：科学出版社.

李洪奎，孙平，赵俊靖，等，2015. 蔬菜病虫害绿色防控技术. 北京：中国农业科学技术出版社.

王恒亮，等，2013. 蔬菜病虫害诊治原色图鉴. 北京：中国农业科学技术出版社.

雷恩春，肖彦春，等，2014. 作物营养与施肥. 北京：化学工业出版社.

毛久庚，等，2012. 南京蔬菜十二月. 北京：五洲传播出版社.

曹碚生，江解增，李良俊，等，2004. 水生蔬菜栽培实用技术. 北京：中国农业出版社.

杨兴国，赵永年，黄志君，等，2004. 绿叶菜类蔬菜栽培实用技术. 北京：中国农业出版社.

郑仲君，2006. 白菜类甘蓝类蔬菜栽培技术. 北京：金盾出版社.

刘海河，张彦萍，2012. 豆类蔬菜安全优质高效栽培技术. 北京：化学工业出版社.

陈小丽，钱堃，童建，2016. 泰州市水资源保护现状及规划. 治淮（2）：8 - 19.

王爱莉，孙敬东，刘云飞，等，2018. 浅析供给侧结构调整下江苏泰州市蔬菜产业发展现状. 中国园艺文摘（6）：64 - 65.

焦金芝，2020. 生态农业发展模式研究：以江苏省泰州市为例. 新疆农垦经济（3）：18 - 23.

山娜，2018. 水生蔬菜，让泰州农业更添风情与魅力. 长江蔬菜（1）：1 - 2.

祖艳侠，郭军，顾闽峰，等，2012. 江苏沿海地区牛蒡优质高产栽培技术. 上海蔬菜（4）：28 - 29.

史新敏，周志林，唐忠厚，等，2010. 江苏省淮山药生产现状与产业发展. 江苏农业科学（5）：527 - 528.

史新敏，唐君，赵冬兰，2009. 苏北地区块状菜用紫山药高效栽培技术规程. 江苏农业科学（3）：205 - 206.

江解增，2011. 菱角设施栽培要点. 农家致富（20）：33.

洪斌，2018. 泰州地方扁豆品种的特征特性及露地栽培技术. 现代农业科技（11）：90 - 91.

梁明文，董玉霞，尹淑莲，2008. 百合栽培技术. 现代农业科技（6）：28 - 29.

王建荣，2001. 宜兴百合稳产高产栽培技术. 上海蔬菜（6）：25.

高慧敏，2018. 茴香高产栽培技术. 河北科技报（2）.

代进营，2021. 生姜优质栽培种植技术措施. 农业开发与装备（1）：175 - 176.

刘昱卉，吴光辉，左小义，等，2019. 湘西小黄姜高产栽培技术规程. 长江蔬菜（23）：41 - 43.

江蛟，王述彬，刘金兵，等，2019. 设施专用品种苏椒1614栽培技术规程. 辣椒杂志（2）：20 - 22.

胡莲生，将长富，徐东旭，等，2007. 兴化香葱越夏栽培技术. 上海蔬菜（1）：38.

乐有章，刘义满，魏玉翔，2021. 水生蔬菜答农民问（43）水芹主要栽培技术有哪些. 长江蔬菜，5：45 - 47.

万慧娟，2020. 蔬菜皇冠——黄花菜优质高效栽培关键技术. 农家科技（4）：44 - 45.

朱丽娜，2016. 水生蔬菜水芹栽培技术. 乡村科技（33）：17.

陈爱国，冯咏芳，苏生平，等，2021. 江苏沿海地区大棚西瓜春连夏高效栽培技术. 长江蔬菜（1）：26 - 28.

农业农村部，2020. 绿色食品农药使用准则：NY/T393 - 2020.